やさしい
Java
活用編
第6版

高橋麻奈
Mana Takahashi

本書に関するお問い合わせ

　この度は小社書籍をご購入いただき誠にありがとうございます。本書のお問い合わせに関しましては以下のガイドラインを設けております。恐れ入りますが、ご質問の際は最初に下記ガイドラインをご確認ください。

ご質問の前に

　本書サポートページで「正誤情報」をご確認ください。正誤情報は、下記のサポートページに掲載しております。

> 本書のサポートページ　http://mana.on.coocan.jp/yasajk.html

ご質問の際の注意点

- ご質問はメール、または郵便など、必ず文書にてお願いいたします。お電話では承っておりません。
- ご質問は本書の記述に関することのみとさせていただいております。従いまして、○○ページの○○行目というように記述箇所をはっきりお書き沿えください。記述箇所が明記されていない場合、ご質問を承れないことがございます。
- ご質問の内容によっては、回答に数日ないしそれ以上の期間を要する場合もありますので、あらかじめご了承ください。なお、本書の記載内容と関係のない一般的なご質問、本書の記載内容以上の詳細なご質問、お客様固有の環境に起因する問題についてのご質問、具体的な内容を特定できないご質問など、そのお問い合わせへの対応が、他のお客様ならびに関係各位の権益を減損しかねないと判断される場合には、ご対応をお断りせざるをえないこともあります。

ご質問送付先

　ご質問については下記のいずれかの方法をご利用ください。

- **Webページより**：小社の本書の商品ページ内にある「この商品に関する問い合わせはこちら」をクリックすると、メールフォームが開きます。要綱に従ってご質問を記入の上、送信ボタンを押してください。

> 本書の商品ページ　https://isbn2.sbcr.jp/00839/

- **郵送**：郵送の場合は下記までお願いいたします。

〒106-0032
東京都港区六本木2-4-5
SBクリエイティブ　読者サポート係

本書に掲載されている会社名、商品名、製品名などは、一般に各社の商標または登録商標です。なお、本書中では、TM、®マークは明記しておりません。
インターネット上のホームページ、URLなどは、予告なく変更されることがあります。

© 2019 Mana Takahashi
本書の内容は、著作権法による保護を受けております。著作権者および出版権者の文書による許諾を得ずに、本書の内容の一部あるいは全部を無断で複写、複製することは禁じられております。

まえがき

　Javaは現在、さまざまな環境で活躍しているプログラミング言語です。Javaには、さまざまなプログラムを作成するための機能が数多く用意されています。こうした機能は、ウィンドウ・Web・データベース・ネットワークなど、多彩な分野にわたっています。本書ではこれらの機能を利用して、プログラムを作成する基礎知識を習得していきます。高度なアプリケーションを手軽に作成することも可能です。

　本書にはたくさんのサンプルプログラムが掲載されています。プログラミング上達への近道は、実際にプログラムを入力し、実行してみることです。ひとつずつたしかめながら、一歩一歩学習を進めていってください。

　本書が読者のみなさまのお役にたつことを願っております。

著者

Contents

Lesson 1 はじめの一歩 1

1.1 Java言語 2
　プログラミング言語Java 2

1.2 アプリケーションの作成 3
　アプリケーションを作成する 3
　ソースコードをコンパイルする 3
　アプリケーションを実行する 4

1.3 ウィンドウアプリケーションの作成 6
　ウィンドウアプリケーションを作成する 6

1.4 レッスンのまとめ 9
　練習 10

Lesson 2 クラスライブラリ 11

2.1 Javaの文法 12
　Javaの文法を復習する 12

2.2 クラスライブラリ 14
　クラスライブラリをながめる 14
　さまざまなクラスライブラリを利用する 15
　クラスライブラリを調べる 16
　クラスを調べる 16

2.3 レッスンのまとめ 20
　練習 21

Lesson 3 GUIの基本 23

3.1 GUIの基本 24
　GUIのしくみを知る 24
　JavaFXアプリケーションを作成する 25
　コントロールとペインを知る 28
　クラスライブラリのクラスからオブジェクトを作成する ... 29
　クラスライブラリのクラスを拡張する 30

iv

Contents

	クラスライブラリのクラスを調べる ……………………	32
3.2	**コントロールの利用** …………………………………	**33**
	ほかのコントロールを使う ………………………………	33
	複数のコントロールを使う ………………………………	35
3.3	**イベント** ………………………………………………	**38**
	動きのあるアプリケーションを作成する …………………	38
	イベント処理のしくみを知る ……………………………	38
	イベント処理を記述する …………………………………	39
	ボタンを押したときのコードを知る ……………………	40
	イベント処理を担当するクラスを知る …………………	43
	画面をクリックしたときのコードを知る ………………	46
	マウスが出入りしたときのコードを知る ………………	49
	キーを入力したときのコードを知る ……………………	52
3.4	**レッスンのまとめ** ……………………………………	**56**
	練習 ………………………………………………………	57

Lesson
4 コントロールの応用 ……………………… 59

4.1	**レイアウト** ……………………………………………	**60**
	ペインのしくみを知る ……………………………………	60
	横に並べてレイアウトする ………………………………	64
	格子状にレイアウトする …………………………………	67
	詳細なレイアウトをする …………………………………	69
4.2	**ラベル** …………………………………………………	**72**
	ラベルの設定をする ………………………………………	72
	ラベルにフォントを設定する ……………………………	75
	ラベルに画像を設定する …………………………………	78
4.3	**ボタン** …………………………………………………	**82**
	ボタンの種類を知る ………………………………………	82
	チェックボックスのしくみを知る ………………………	85
	ラジオボタンのしくみを知る ……………………………	88
4.4	**テキストフィールド** …………………………………	**92**
	テキストフィールドのしくみを知る ……………………	92
4.5	**レッスンのまとめ** ……………………………………	**95**
	練習 ………………………………………………………	96

Contents

Lesson 5 コントロールの活用 ・・・・・・・・・・・・・・・・・・・・・・・・・・・・ **97**

5.1 コンボボックス ・・ **98**
　コンボボックスのしくみを知る ・・・・・・・・・・・・・・・・・・・・・・・ 98

5.2 リストビュー ・・ **103**
　リストビューのしくみを知る ・・・・・・・・・・・・・・・・・・・・・・・・・ 103

5.3 テーブルビュー ・・・・・・・・・・・・・・・・・・・・・・・・・・・・・・・・・・・・・・ **107**
　テーブルビューを表示する ・・・・・・・・・・・・・・・・・・・・・・・・・・・・ 107

5.4 メニューバーとツールバー ・・・・・・・・・・・・・・・・・・・・・・・・ **115**
　メニューバーのしくみを知る ・・・・・・・・・・・・・・・・・・・・・・・・・ 115
　ツールバーのしくみを知る ・・・・・・・・・・・・・・・・・・・・・・・・・・・ 119

5.5 アラート ・・ **124**
　アラートを表示する ・・・・・・・・・・・・・・・・・・・・・・・・・・・・・・・・・・・ 124
　アラートで確認する ・・・・・・・・・・・・・・・・・・・・・・・・・・・・・・・・・・・ 127

5.6 キャンバス ・・・ **129**
　キャンバスに描画する ・・・・・・・・・・・・・・・・・・・・・・・・・・・・・・・・ 129

5.7 レッスンのまとめ ・・・・・・・・・・・・・・・・・・・・・・・・・・・・・・・・・・ **133**
　練習 ・・・ 134

Lesson 6 サーブレット ・・・・・・・・・・・・・・・・・・・・・・・・・・・・・・・・・・・・ **135**

6.1 Webアプリケーション ・・・・・・・・・・・・・・・・・・・・・・・・・・・・・ **136**
　Webアプリケーションとは ・・・・・・・・・・・・・・・・・・・・・・・・・・・ 136
　Webのしくみを知る ・・・・・・・・・・・・・・・・・・・・・・・・・・・・・・・・・・ 137
　Webサーバー上のプログラムを知る ・・・・・・・・・・・・・・・・ 138

6.2 サーブレットの基本 ・・・・・・・・・・・・・・・・・・・・・・・・・・・・・・・・ **140**
　サーブレットを作成する ・・・・・・・・・・・・・・・・・・・・・・・・・・・・・・ 140
　Webサーバーを起動する ・・・・・・・・・・・・・・・・・・・・・・・・・・・・ 142
　サーブレットを実行する ・・・・・・・・・・・・・・・・・・・・・・・・・・・・・・ 143
　サーブレットのコードを知る ・・・・・・・・・・・・・・・・・・・・・・・・・ 145

6.3 フォームからの実行 ・・・・・・・・・・・・・・・・・・・・・・・・・・・・・・・・ **147**
　フォームのデータを表示する ・・・・・・・・・・・・・・・・・・・・・・・・・ 147
　サーブレットの実行方法 ・・・・・・・・・・・・・・・・・・・・・・・・・・・・・・ 151
　場合に応じたWebページを表示する ・・・・・・・・・・・・・・・ 153

6.4 セッション管理 ・・・・・・・・・・・・・・・・・・・・・・・・・・・・・・・・・・・・・ **157**
　セッション管理を行う ・・・・・・・・・・・・・・・・・・・・・・・・・・・・・・・・ 157

6.5 リクエストの転送 ・・・・・・・・・・・・・・・・・・・・・・・・・・・・・・・・・・ **162**
　ほかのHTML文書と連携する ・・・・・・・・・・・・・・・・・・・・・・・ 162

Contents

	ほかのサーブレットと連携する	167
6.6	**サーブレットの設定**	**170**
	デプロイメントディスクリプタを設定する	170
	フィルタのしくみを知る	172
	リスナのしくみを知る	176
	認証のしくみを知る	177
6.7	**レッスンのまとめ**	**180**
	練習	181

Lesson 7 JSP **183**

7.1	**JSPの基本**	**184**
	JSPのしくみを知る	184
	JSPを作成する	186
	JSPの書式を知る	188
7.2	**JSPの応用**	**190**
	フォームのデータを表示する	190
	JSPのオブジェクトを知る	193
	場合に応じたWebページを表示する	194
7.3	**JSPの活用**	**197**
	HTML文書を埋め込む	197
	サーブレットと連携する	200
7.4	**JavaBeans**	**204**
	JavaBeansのしくみを知る	204
	JavaBeansのクラスを知る	205
	プロパティのしくみを知る	207
	サーブレット・JSP・Beanを連携する	208
	JavaでWebアプリケーションを構築する	213
	JSPを利用しやすくする	216
7.5	**レッスンのまとめ**	**218**
	練習	219

Lesson 8 JDBC **223**

8.1	**データベースの基本**	**224**
	データベースを使うプログラムを作成する	224
	データベースのしくみを知る	224
	SQL文のしくみを知る	225

vii

Contents

JDBCのしくみを知る ………………………………………… 226

8.2 データベースの利用 ………………………………… **227**
表の作成 ……………………………………………………… 227
表にデータを追加する ……………………………………… 228
表からデータを問い合わせる ……………………………… 229
データベースを利用する …………………………………… 230

8.3 データベースの応用 ………………………………… **235**
条件で検索する ……………………………………………… 235
コマンドライン引数からデータを指定する ……………… 237

8.4 Webとデータベース ………………………………… **239**
Webとデータベースを連携する …………………………… 239

8.5 レッスンのまとめ …………………………………… **247**
練習 …………………………………………………………… 248

Lesson
9

ファイル操作 ……………………………………… 249

9.1 ファイル情報 ………………………………………… **250**
ファイルを扱うプログラムを作成する …………………… 250
ファイルに関する情報を調べる …………………………… 250
ファイル名を変更する ……………………………………… 252
ファイルチューザを使う …………………………………… 254

9.2 テキストファイル …………………………………… **259**
テキストファイルを読み書きする ………………………… 259

9.3 バイナリファイル …………………………………… **264**
バイナリファイルを読み書きする ………………………… 264
ランダムアクセスのしくみを知る ………………………… 269

9.4 ファイルの応用と正規表現 ………………………… **274**
アコーディオンにファイルを表示する …………………… 274
文字列を置換する …………………………………………… 277
文字列を検索する …………………………………………… 280
正規表現のしくみを知る …………………………………… 283
外部プログラムを起動する ………………………………… 284

9.5 レッスンのまとめ …………………………………… **289**
練習 …………………………………………………………… 290

viii

Contents

Lesson 10 XML ··· 293

10.1 DOMの基本 ·· **294**
XMLを知る ·· 294
DOM・SAX ··· 296
XML文書を読み書きする ································· 297
要素を取り出す ·· 301

10.2 データ形式の変換 ··································· **305**
CSVファイルをXML文書に変換する ················· 305
データベースの内容をXML文書にする ·············· 309

10.3 XMLとWeb ··· **313**
XSLを使う ·· 313
XSLを指定してWebブラウザに表示する ············ 317

10.4 レッスンのまとめ ·································· **321**
練習 ·· 322

Lesson 11 ネットワーク ································· 323

11.1 ネットワークの基本 ······························ **324**
ネットワークを利用する ································· 324
URLのしくみを知る ······································ 324
インターネットアドレスを知る ························ 328
ほかのマシンのインターネットアドレスを知る ········· 331

11.2 ソケット ·· **335**
クライアント・サーバーのしくみを知る ············· 335
サーバーのプログラムを作成する ····················· 336
クライアントのプログラムを作成する ················ 337
クライアントとサーバーを実行する ·················· 340
ソケットのしくみを知る ································· 341

11.3 スレッド ·· **344**
スレッドのしくみを知る ································· 344
スレッドによるプログラムを作成する ················ 345

11.4 レッスンのまとめ ·································· **352**
練習 ·· 353

ix

Contents

Lesson 12 大規模なプログラムの開発 ……………… 355

12.1 プログラムの設計 …………………………… 356
大規模なプログラムの開発 ………………………… 356
仕様を考える ………………………………………… 356
外観を設計する ……………………………………… 359

12.2 データ・機能の設計 …………………………… 361
データをまとめる …………………………………… 361
クラス階層を設計する ……………………………… 362
機能をまとめる ……………………………………… 363
アプリケーションのクラスも考える ……………… 366
キャンバスに関する処理を書く …………………… 367
メニューに関する処理を書く ……………………… 368

12.3 コードの作成 …………………………………… 372
コードを作成する …………………………………… 372

12.4 レッスンのまとめ ……………………………… 381

Appendix A 練習の解答 ………………………………… 383

Appendix B Quick Reference ……………………… 417

リソース ……………………………………………… 418
主なクラスライブラリ ……………………………… 418

Appendix C 開発環境のセットアップ ……………… 431

Windows PowerShellを使う ……………………… 432
OpenJDKを入手する ……………………………… 434
OpenJFXを入手・設定する ……………………… 439
プログラムを作成・実行する ……………………… 441
Derbyを入手する …………………………………… 444
Tomcatを入手する ………………………………… 446
DerbyとTomcatを使う …………………………… 449

Index ……………………………………… 458

x

コラム

JavaFXプログラムのコンパイルと実行 …	8
Javaの文法と基本 ………………………	13
クラスライブラリのリファレンス ………	19
AWTとJavaFX …………………………	27
クラスの拡張とインターフェイスの実装 …	43
委譲 ……………………………………	46
列挙型 …………………………………	64
ピリオドで続けて呼び出す ……………	66
テキストの入力と表示 …………………	74
背景の設定 ……………………………	81
ボタンコントロール ……………………	91
テキスト入力コントロール ……………	94
コレクション …………………………	102
さまざまなデータの表示 ………………	106
いろいろなメニュー ……………………	119
ツールチップ …………………………	123
JavaFXのデザイン ……………………	132
Webページ ……………………………	138
Webサーバー上のプログラム開発環境を	
準備する ……………………………	139
サーブレットのコンパイル……………	141
Webサーバー …………………………	142
サーブレットの起動 ……………………	145

サーブレットの作成 ……………………	146
文字コードの扱い ……………………	156
セッション管理の実際 …………………	161
サーブレットの処理 ……………………	169
JSPとサーブレット ……………………	187
JSPとXML ……………………………	189
文書を埋め込むタイミング ……………	199
サーブレット・JSP・HTML文書 ………	203
MVCモデルとWeb ……………………	215
リレーショナルデータベース製品 ……	226
データベースへの接続情報 ……………	234
SQL ……………………………………	237
データベースの実際 ……………………	246
トークンを取得するクラス ……………	308
XMLの利点 ……………………………	312
スタイルシート ………………………	316
XML・XSLを学ぶ ……………………	320
ホスト名とIPアドレスの対応 ………	334
サーバーのホスト名 ……………………	339
TCPとUDP ……………………………	343
スレッドを利用する処理 ………………	351
初期設定を行う ………………………	367
オブジェクトの保存 ……………………	371
各種ツール ……………………………	380

Lesson 1

はじめの一歩

Javaは現在、最も使われているプログラミング言語のうちのひとつです。Javaの開発環境には、さまざまなプログラムを開発するための機能が付属しています。私たちはこれから、こうした機能を利用して、バリエーションに富むJavaのプログラムを作成していくことにしましょう。

Check Point!

- Java言語
- アプリケーション
- ソースコード
- ソースファイル
- コンパイル
- クラスファイル
- インタプリタ

1.1 Java言語

プログラミング言語Java

　Javaは現在、最も使われているプログラミング言語のひとつです。PCやスマートフォン、タブレットなど、各種機器でJavaによるプログラムが使われるようになっています。Java言語を使うと、さまざまな種類のプログラムを作成することができます。

- ウィンドウをもつプログラム
- Webサーバー上で動作するプログラム
- データベースと連携するプログラム
- ネットワークを利用するプログラム

　本書ではこれから、バリエーションに富んだJavaプログラムを作成していくことにしましょう。
　なお、本書で利用するJavaの開発環境やツールのセットアップ・使い方などについては、巻末の付録C（431ページ）で紹介しています。

1.2 アプリケーションの作成

アプリケーションを作成する

この節ではまず、かんたんなJavaプログラムを作成してみることにしましょう。次に紹介するJavaプログラムは、アプリケーション（application）と呼ばれています。アプリケーションは、単体で動く基本のJavaプログラムです。

メモ帳などのテキストエディタを起動して、次のソースコード（source code）を入力してみてください。本書では、これを単純に、コードと呼ぶことにします。

入力したコードは、「Sample1.java」というファイル名をつけて保存します。保存したファイルは、ソースファイル（source file）と呼ばれています。

Sample1.java ▶ アプリケーションを作成する

```java
public class Sample1        ← 半角英数字で入力します
{
    public static void main(String[] args)
    {
        System.out.println("ようこそアプリケーションへ!");
    }                                                    ← セミコロンをつけます
}
```

ソースコードをコンパイルする

コードを作成したら、次にコンパイル（compile）という作業を行いましょう。この作業を行うには、コンパイラ（compiler）と呼ばれるソフトウェアを使います。Windows付属のWindows PowerShell（またはコマンドプロンプト）を起動して、ソースファイルを保存したディレクトリに移動してください（付録Cを参照）。そして、次のように入力します。

3

Lesson 1 ● はじめの一歩

Sample1のコンパイル方法

```
javac Sample1.java ↵
```
ソースファイル名を指定してコンパイルします

すると、ソースコードが**バイトコード**（byte code）と呼ばれる形式に変換され、Sample1.classという名前のファイルが作成されます。このファイルは、**クラスファイル**（class file）と呼ばれています。

アプリケーションを実行する

クラスファイルが作成されると、いよいよアプリケーションを実行することができます。私たちはこのために、**インタプリタ**（interpreter）と呼ばれるソフトウェアを使います。Windows PowerShellから次のように入力して、インタプリタを起動してください。このとき、さきほどコードの先頭に入力した「Sample1」を指定します。これを**クラス名**と呼んでいます。

Sample1の実行方法

```
java Sample1 ↵
```
クラス名を指定してアプリケーションを実行します

すると、次の文字列が画面に出力されることがわかるでしょう。

Sample1の実行画面

```
ようこそアプリケーションへ！
```
画面に出力されます

ここで紹介したアプリケーションは、最も基本のプログラムです。作成手順をおさえておきましょう。

1.2 アプリケーションの作成

❶ テキストエディタにJavaのコードを入力する
➡ ソースファイルを作成する

❷ コンパイラを起動してソースファイルをコンパイルする
➡ クラスファイルが作成される

❸ クラス名を指定してインタプリタを起動する
➡ プログラムが実行される

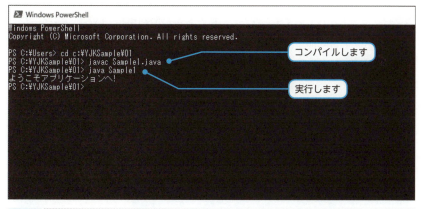

図1-1 アプリケーションの実行

コンパイラとインタプリタを使って、アプリケーションを実行することができます。

1.3 ウィンドウアプリケーションの作成

 ## ウィンドウアプリケーションを作成する

　さてこの節では、もうひとつ基本となるプログラムを作成することにしましょう。Sample1で作成したプログラムは、キーボードから文字を入力して操作する形式のプログラムとなっています。ただし、私たちが普段利用しているアプリケーションは、ウィンドウ画面をマウスで操作するプログラムでしょう。

　そこで今度は、ウィンドウをもったマウスで操作する形式のプログラムを作成してみましょう。

　ウィンドウをもったアプリケーションを作成するには、さまざまな方法があります。本書ではJavaFXという環境を用意して、アプリケーションを作成していくことにします。付録Cを参照してJavaFXをインストール・設定しておいてください。

　インストールを確認したら、次のようにコードを作成します。

Sample2.java ▶ ウィンドウアプリケーション（JavaFX）

```java
import javafx.application.*;
import javafx.stage.*;
import javafx.scene.*;
import javafx.scene.control.*;
import javafx.scene.layout.*;

public class Sample2 extends Application
{
    public static void main(String[] args)
    {
        launch(args);
    }
    public void start(Stage stage)throws Exception
    {
        BorderPane bp = new BorderPane();
```

ウィンドウをもつアプリケーションのコードです

1.3 ウィンドウアプリケーションの作成

```
        Scene sc = new Scene(bp, 300, 200);

        stage.setScene(sc);
        stage.setTitle("サンプル");
        stage.show();
    }
}
```

次に、コードをコンパイルします。このとき、JavaFXのための指定が必要となります。ここではJavaFXのインストール場所と、JavaFXに必要な**モジュール**（module）と呼ばれる名前の指定をすることになります。そのほかの手順はかんたんなアプリケーションのコンパイル方法と同じです。

たとえば、本書付録Cのように設定した場合は、Windows PowerShellでは次のように入力します（コマンドプロンプトでは「$env:FX」の部分を「"%FX%"」に変更）。ハイフンの数、記号やスペースなどに注意して入力してください。くわしくは付録Cの解説を参照してみてください。

JavaFXのコンパイル

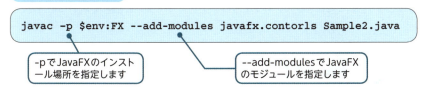

さて、コードがコンパイルされると、これまでと同様にクラスファイルが作成されます。クラスファイルが作成されたら、プログラムを実行しましょう。次のように入力します。JavaFXに必要な指定以外は、通常のアプリケーションの実行方法と同じです。

JavaFXの実行

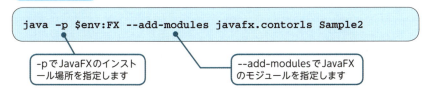

Lesson 1 ● はじめの一歩

Sample2の実行画面

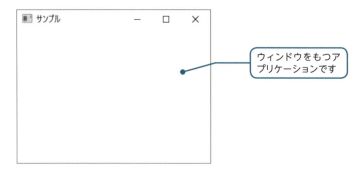

ウィンドウをもつアプリケーションです

タイトルに「サンプル」と入ったウィンドウが表示されたでしょうか。

このアプリケーションは、キーボードから操作するアプリケーションと比べて少しむずかしくなっていますが、私たちが普段利用するウィンドウアプリケーションの基本をそなえています。

本書では、このアプリケーションを基本として、さまざまなアプリケーションを作成していきます。ウィンドウの作成方法は、これからくわしく学んでいくことにしましょう。ここでは、ウィンドウをもつアプリケーションに慣れておいてください。

JavaFXプログラムのコンパイルと実行

　JavaFXのプログラムの実行は複雑になっていますので、内容をみておきましょう。

　「-p」は、JavaFXをインストールした場所を指定します。本書では環境変数「FX」にJavaFXをインストールした場所を指定しているため（付録C参照）、前述の指定でコンパイル・実行するのです。

　JavaFXの環境は、後述するライブラリと呼ばれるかたちで入手することになっています。コンパイル・実行の際には、このライブラリをインストール（配置）した場所を指定する必要があるのです。

　また、「--add-modules」は、JavaFXのために追加するモジュールを指定します。JavaFXなどの各種ライブラリのクラスは、モジュールと呼ばれる概念に含まれています。JavaFXではこうしたモジュールを追加する必要があるのです。一般的なJavaFXプログラムでは、javafx.controlsモジュールを追加します。

1.4 レッスンのまとめ

この章では、次のようなことを学びました。

- Javaを使って作成したテキスト形式のプログラムを、ソースコードと呼びます。
- ソースコードをコンパイルすると、バイトコード形式のクラスファイルが得られます。
- インタプリタによって、アプリケーションを実行することができます。
- ウィンドウをもつアプリケーションを作成することができます。

　この章では、アプリケーションの作成手順を学びました。これから私たちは、これらの基本のプログラムをもとにして、さまざまなプログラムを作成していくことにします。作成手順をしっかりおさえておくようにしてください。

Lesson 1 ● はじめの一歩

練習

1. 次のように画面に出力するアプリケーションを作成・実行してください。

> こんにちは
> さようなら

2. Sample2を変更して次のアプリケーションを作成・実行してください。

Lesson 2

クラスライブラリ

Javaにはさまざまな文法規則があります。Javaのプログラムを作成するには、こうした文法規則をおさえておくことが必要です。また、プログラムを作成するときには、クラスライブラリを活用すると便利です。Javaの開発環境には、さまざまな機能をもつクラスライブラリが付属しています。この章では、Javaの文法規則とクラスライブラリについて学ぶことにしましょう。

Check Point!

- Javaの文法
- クラスライブラリ
- パッケージ

2.1 Javaの文法

Javaの文法を復習する

　私たちはこれから、数多くのJavaプログラムを作成していきます。このためには、Javaの文法規則をマスターしておかなければなりません。そこでこの節では最初に、Javaの文法をまとめておくことにしましょう。

　次のコードをみてください。これは前の章で入力したウィンドウアプリケーションのコードです。この中には、Javaのさまざまな文法が使われています。

Sample1.java ▶ Java言語を復習する

```java
import javafx.application.*;      ┐
import javafx.stage.*;            │
import javafx.scene.*;            ├─ パッケージをインポートします
import javafx.scene.control.*;    │
import javafx.scene.layout.*;     ┘

public class Sample1 extends Application   ● Applicationクラスを拡張します
{
    public static void main(String[] args)
    {
        launch(args);                       ← Sample1クラスのメソッドです
    }
    public void start(Stage stage)throws Exception
    {                                       ← Stageクラスのオブジェクトが渡されます
        BorderPane bp = new BorderPane();

        Scene sc = new Scene(bp, 300, 200);

        stage.setScene(sc);
        stage.setTitle("サンプル");
        stage.show();                       ← StageクラスのsetTitle()メソッドを呼び出します
    }
}
```

Javaのコードを記述するときには、多くの文法規則を使うことになります。本書では、これらの文法規則についてくわしく説明はしませんが、コードをたどりながらJavaの文法規則をたしかめておくとよいでしょう。

表2-1　Javaの文法

概念	意味	キーワード
クラス	モノに関するデータ・機能をまとめるしくみ	class
フィールド	モノに関するデータをあらわすしくみ	
メソッド	モノに関する機能・操作をまとめるしくみ	
メンバ	フィールドとメソッドのこと	
オブジェクト	クラスをもとに作成される実際のモノのこと	new
コンストラクタ	オブジェクトを初期化するためのしくみ	
拡張	あるクラス（スーパークラス）のメンバを受け継ぐクラス（サブクラス）を設計すること	extends
スーパークラス	拡張されるクラスのこと	
サブクラス	スーパークラスを拡張したクラスのこと	
継承	スーパークラスのメンバがサブクラスに受け継がれること	
インターフェイス	メソッドの名前や定数をまとめるしくみ	interface
実装	あるインターフェイスで宣言されているメソッドの内容を、クラスで実際に定義すること	implements
オーバーロード	引数・型の異なる同じ名前のメソッドを定義すること	
オーバーライド	スーパークラスのメソッドにかわってサブクラスのメソッドが機能すること	
パッケージ	クラスの名前を分類するしくみ	package
インポート	パッケージ内のクラス名をとり込むしくみ	import
修飾子	クラスやメンバへのアクセス範囲を指定するキーワードのこと	private public

Javaの文法と基本

Javaの文法については、シリーズの『やさしいJava』で解説しています。サンプルのコードをみながら、文法をたしかめてみてください。

2.2 クラスライブラリ

クラスライブラリをながめる

　Javaで実用的なプログラムを作成するには、クラスライブラリ（class library）を活用していくと便利です。Javaでは、クラスライブラリのことをAPI（Application Programming Interface）と呼ぶこともあります。

　Javaの開発環境であるJDK（Java Development Kit）には、ファイルやネットワークなどのよく使う機能がクラスの集まりとして添付されています。このクラスの集まりを標準クラスライブラリ（コアAPI）と呼びます。

　これらのクラスは機能ごとにパッケージ（package）と呼ばれるしくみの中に分類されています。主なクラスライブラリのクラスを次の表で紹介しておきましょう。

表2-2　主なクラスライブラリ

パッケージ名	内容
java.lang	言語に関するクラス
java.io	入出力に関するクラス
java.util	ユーティリティに関するクラス
java.security	セキュリティに関するクラス
java.text	数値や日付などの国際化に関するクラス
java.awt	AWT (Abstract Window Toolkit) に関するクラス
javafx.application	JavaFXアプリケーションに関するクラス
javax.swing	Swingに関するクラス
java.beans	JavaBeansに関するクラス
java.math	数値の演算に関するクラス
java.net	ネットワークに関するクラス
java.rmi	RMI (Remote Method Invocation) に関するクラス
java.sql	データソースへのアクセスに関するクラス
javax.accessibility	ユーザー補助機能に関するクラス

2.2 クラスライブラリ

パッケージ名	内容
javax.naming	名前検索サービスに関するクラス
javax.sound	サウンドに関するクラス
javax.xml.parsers	XML文書を処理するクラス
javax.xml.transform	XML文書の変換を実行するクラス

さまざまなクラスライブラリを利用する

　クラスライブラリは、標準で添付されているもののほかにも、さまざまな種類が公開されています。

　たとえば、第1章で使ったJavaFXは、ウィンドウを表示する機能をまとめたクラスライブラリのひとつとなっています。ここで使ったApplicationクラスや、Stageクラスは、ウィンドウをもつアプリケーションを作成するための、JavaFXのクラスライブラリのクラスなのです。

　私たちはこうしたクラスライブラリを入手することで、ウィンドウを使った高機能なプログラムをかんたんに作成できるようになります。

```
...
public class Sample2 extends Application
{
    public static void main(String[] args)
    {
        launch(args);
    }
    public void start(Stage stage)throws Exception
    {
        ...
```

Applicationクラスを利用しています

Stageクラスを利用しています

　このほかにも、私たちはこれから、Webサーバーやデータベースを取り扱うクラスライブラリを利用していくことにします。クラスライブラリは、実用的なプログラムを作成するために欠かせないものとなっているのです。

クラスライブラリを調べる

さて、私たちがクラスライブラリを利用してプログラムを作成するときには、

クラスライブラリについて調べる

という作業が必要になります。クラスライブラリのクラスを調べ、その機能をたしかめながら、プログラムを作成していくことになるのです。

このためには、リファレンスを使います。図2-1の画面は、JavaFXのクラスライブラリのリファレンスです。本書の付録Bでリファレンスが掲載されているサイトを紹介していますので、アクセスしてみてください。

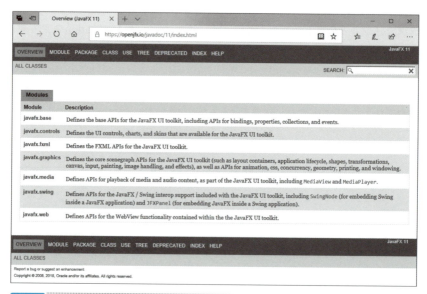

図2-1 クラスライブラリのリファレンス
　　クラスライブラリの機能は、リファレンスで調べることができます。

クラスを調べる

リファレンスにアクセスしたら、さっそくクラスを調べてみることにしましょう。ここではためしに、すでにコード中に登場した「Stageクラス」を調べてみること

にします。このクラスはJavaFXのリファレンスに掲載されています。

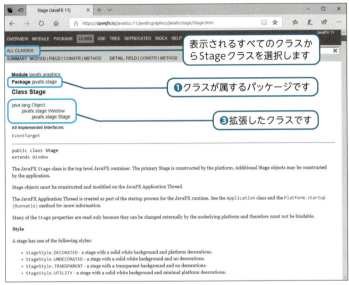

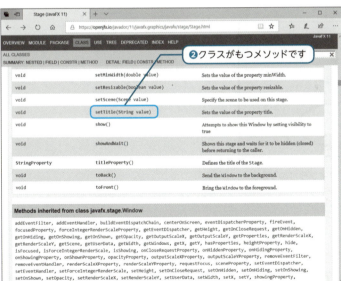

図2-2 クラスの調べ方

クラスライブラリのクラスの一覧から「Stage」を選択すると、その内容を確認できます。

Lesson 2 ● クラスライブラリ

　リファレンスでは、クラスライブラリのすべてのクラスを表示させることができます。この一覧の中から「Stage」を選んでください。
　すると、Stageクラスの説明が表示されます。説明を読んでみるとまず、

　❶ Stageクラスは、javafx.stageパッケージに含まれている

ということがわかりますね。また、

　❷ Stageクラスにはタイトルを設定する、setTitle()メソッドがある

ということもわかります。プログラムの中で「画面にテキストを表示する」という処理を行いたいときには、このsetTitle()メソッドを使えばよいことになります。
　さらに上のほうに戻ってみると、

　❸ Stageクラスは、Windowクラスを拡張したサブクラスである

ということもわかります。
　このようにして、クラスライブラリの各クラスをくわしく調べることができるのです。

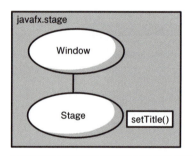

図2-3　**クラスライブラリのクラス**
　　　　クラスライブラリのリファレンスを調べて、各クラスの機能を知ることができます。

私たちはこれから、クラスライブラリを利用しながら、プログラムを作成することになります。サンプル中でわからないクラスやメソッドが登場した場合には、リファレンスを調べてみてください。さまざまなクラスが登場しますが、1つずつ根気よく調べていくことがたいせつです。私たちはさまざまなクラスの機能を知って、自分で作るプログラムに利用していくことになります。私たちはクラスライブラリを調べることで、バリエーションに富んだプログラムを作成していくことができるようになるのです。

クラスライブラリのリファレンス

　本書で使用するクラスライブラリの内容は、次のドキュメントとして公開されています。

- JDKドキュメント（標準クラスライブラリ関連）
- JavaFXドキュメント（JavaFX関連）
- Servletドキュメント（サーブレット関連）
- Apache Derbyドキュメント（データベース関連）

付録Bでサイトを紹介していますので参照してみてください。

2.3 レッスンのまとめ

この章では、次のようなことを学びました。

- Javaにはさまざまな文法規則があります。
- 多様な機能を提供するクラスの集まりを、クラスライブラリといいます。
- JDKには、標準的な機能をまとめた標準のクラスライブラリが添付されています。
- クラスライブラリの機能を調べるには、リファレンスを使います。

この章では、Javaの文法とクラスライブラリの調べかたについて学びました。これから私たちは、バリエーションに富んだプログラムを数多く作成していくことになります。プログラムを作成するためには、Javaの文法を身につけ、クラスライブラリを使いこなしていくことが不可欠です。ここで作成したプログラムをもとに、基本を確認しておいてください。

2.3 レッスンのまとめ

練習

Lesson
2

1. Applicationクラスのメソッドを調べてください。

2. Applicationクラスのスーパークラスを調べてください。

GUIの基本

私たちはこれから、ウィンドウをもったアプリケーションを作成していくことにします。ウィンドウ関連の機能をまとめたパッケージは、JavaFXと呼ばれています。この章から、JavaFXによってグラフィカルなGUIのプログラムを作成していくことにしましょう。

Check Point!
- GUI
- コントロール
- オーバーライド
- イベント
- ソース
- イベントハンドラ

3.1 GUIの基本

GUIのしくみを知る

　私たちは第1章で2つのアプリケーションを作成しました。キーボードから入力するアプリケーションと、ウィンドウをもつアプリケーションです。

　キーボードから文字を入力して実行するアプリケーションは、

　　CUI（Character User Interface）

と呼ばれています。CUIはキーボードから入力してプログラムを実行・操作する方式の意味です。

　一方、ウィンドウをもつグラフィカルなプログラムの操作方式は

　　GUI（Graphical User Interface）

と呼ばれます。私たちは第1章でCUIとGUIのアプリケーションを作成したのです。

　さて、私たちがふだん使っているプログラムは、ウィンドウ上のボタンやアイコンをクリックして操作する方式が普通でしょう。そこでこの章からは、ウィンドウをもつGUIアプリケーションを取り上げ、さらにくわしく学んでいくことにします。

　第1章で作成したウィンドウは、JavaFXによるウィンドウ部品のクラスの集まりを利用しています。JavaFXにはGUIに必要なウィンドウ部品のクラスがまとめられています。JavaFXを使うと、ボタンやアイコン、メニューなどをとりいれたGUIプログラムを作成できるようになります。これから私たちはJavaFXを使って、GUI方式のプログラムを作成していくことにします。

3.1 GUIの基本

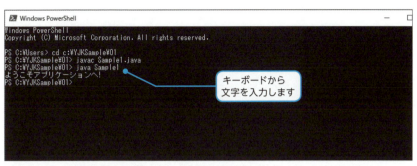

キーボードから
文字を入力します

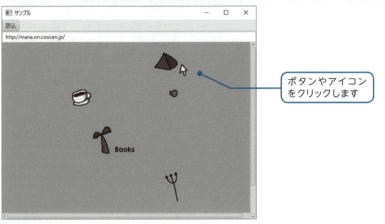

ボタンやアイコン
をクリックします

図3-1 CUIとGUI
プログラムの操作方式には、CUI（上）とGUI（下）があります。

JavaFXアプリケーションを作成する

それでは、ウィンドウをもつJavaFXアプリケーションについてくわしくみていくことにしましょう。次のコードを作成してみてください。

Sample1.java ▶ JavaFXアプリケーションを作成する

```
import javafx.application.*;
import javafx.stage.*;
import javafx.scene.*;
import javafx.scene.control.*;
```

25

Lesson 3 ● GUIの基本

```java
import javafx.scene.layout.*;

public class Sample1 extends Application          ← Applicationク
{                                                    ラスを拡張します
    private Label lb;

    public static void main(String[] args)
    {
        launch(args);
    }
    public void start(Stage stage)throws Exception
    {
        //コントロールの作成
        lb = new Label();                         ← コントロール（ラベ
                                                     ル）を作成します
        //コントロールの設定
        lb.setText("いらっしゃいませ。");

        //ペインの作成
        BorderPane bp = new BorderPane();         ← ペインを作成します

        //ペインへの追加
        bp.setCenter(lb);                         ← ペインにコントロ
                                                     ールを追加します
        //シーンの作成
        Scene sc = new Scene(bp, 300, 200);       ← ペインを設定したシ
                                                     ーンを作成します
        //ステージへの追加
        stage.setScene(sc);                       ← ステージにシー
                                                     ンを追加します
        //ステージの表示
        stage.setTitle("サンプル");
        stage.show();                             ← ステージを表示します
    }
}
```

26

3.1 GUIの基本

Sample1の実行画面

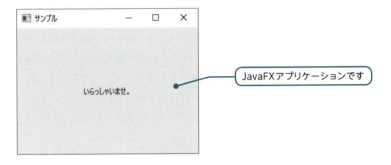

このアプリケーションには、JavaFXのウィンドウ部品をとりつけました。第1章で作成したウィンドウに加えて文字列が表示されます。

AWTとJavaFX

標準クラスライブラリには、**AWT** (Abstract Window Toolkit) と呼ばれる、かんたんなウィンドウ部品が用意されています。

AWTは実行中のコンピュータに依存するウィンドウとなることが特徴です。左の画面のように、AWTはOSであるWindowsと同じボタンが表示されます。右はJavaFXです。

AWTは、java.awtパッケージのクラスを利用して作成します。AWTについては、シリーズの『やさしいJava』で解説していますので、参照してみてください。

AWT JavaFX

コントロールとペインを知る

それではSample1の内容をもう一度みてください。Sample1では、JavaFXのウィンドウ部品であるラベル（Label）をウィンドウに表示する処理をしています。ラベルは画面にテキストを表示するためのウィンドウ部品です。ここでは「いらっしゃいませ。」というテキストを表示するためにラベルを使っています。

ウィンドウに表示する作業は、次のようにして行っています。

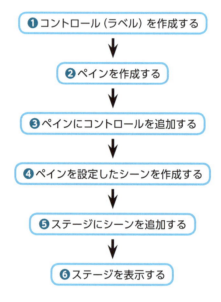

ラベルのような部品はコントロール（Control）と呼ばれています（❶）。またコントロールをレイアウトして配置することができるようになっている領域をペイン（Pane）といいます（❷）。コントロールはペインに追加することができます（❸）。

そして、これらの内容全体はシーン（Scene）と呼ばれるものに追加されます（❹）。

ステージ（Stage）はウィンドウをあらわします。このステージにシーンを追加し（❺）、表示することで（❻）、部品をとりつけたウィンドウアプリケーションを作成することができるようになっています。

3.1 GUIの基本

ウィンドウ部品などのことをコントロールと呼ぶ。
コントロールをレイアウトできる領域をペインと呼ぶ。

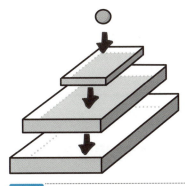

コントロール（部品）

ペイン（レイアウト）

シーン

ステージ（ウィンドウ）

図3-2 コントロール
コントロールを追加することができます。

クラスライブラリのクラスから オブジェクトを作成する

　このように、クラスライブラリのクラスを使えば、ウィンドウをもつプログラムを、かんたんに作成できるようになっています。
　そこでここでは、クラスライブラリを使うことの利点をもう少しくわしくみてみることにしましょう。
　まずSample1では、クラスライブラリの中のLabelクラスを利用していますね。このように、**あるクラスのオブジェクトを作成**することで、

「JavaFXのラベルとはどのようなウィンドウ部品であるのか」

というコードを記述しなくても、すぐに画面上にテキストを表示することができます。「ラベル」というウィンドウ部品を利用することができるわけです。
　このように、クラスライブラリのクラスを利用すれば、あらかじめ用意されている「モノ」の機能をすぐに使うことができるようになっているのです。

Lesson 3 ● GUIの基本

```
//コントロールの作成
lb = new Label();
...
//コントロールの設定
lb.setText("いらっしゃいませ。");
```

Labelクラスのオブジェクトを作成すれば・・・

すぐにその「モノ」の機能を使うことができます

重要 クラスライブラリのクラスのオブジェクトを作成することで、その機能をすぐに利用することができる。

クラスライブラリのクラスを拡張する

さらにもうひとつ、クラスライブラリの利点を知っておいてください。

私たちは、クラスライブラリのApplicationクラスを拡張して、自分のアプリケーションを作成しています。このように、クラスライブラリの<u>クラスを拡張したクラスを宣言</u>することも、クラスライブラリの便利な利用方法のひとつです。

```
public class Sample1 extends Application
{
    ...
}
```

Applicationクラスを拡張して、クラスを宣言します

たとえば、ここで利用しているApplicationクラスは、ユーザーがアプリケーションを実行したときにあわせて、次の名前のメソッドが呼び出されるように設定されています。

表3-1　Applicationクラスのメソッド

メソッド名	メソッドが呼び出されるとき
init()	アプリケーションが初期化されるとき
start()	アプリケーションの実行が開始・再開されるとき
stop()	アプリケーションの実行が停止されるとき

3.1 GUIの基本

そこで私たちはアプリケーションの動作を考えながら、表3-1のうち、必要なメソッドだけをサブクラスの中で定義します。たとえばSample1では、start()メソッドだけを定義していますね。

すると、実際にユーザーが私たちのアプリケーションを実行したときには、私たちが定義したほうのstart()メソッドが、自動的に呼び出されるようになっています。定義しなかったメソッドについてはApplicationクラスのメソッドが呼び出されます。

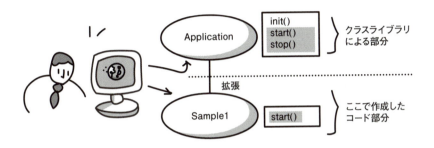

実際にどちらのクラスのメソッドが呼び出されるかについては、Javaのオーバーライド（override）と呼ばれる機能によって、自動的に選択されることになっています。

このため、私たちは、

クラスライブラリですでに提供されている
Applicationクラスなどの「枠組み」を利用し、
最低限のコードを記述するだけで、
効率よくプログラムを作成できる

ということになるのです。

私たちは、これからもこうしてクラスライブラリのクラスを拡張することがあります。クラスライブラリの枠組みを利用して、効率よくプログラムを作成していくわけです。なお、このようなクラスライブラリの枠組みは、フレームワーク（framework）と呼ばれることもあります。

Lesson 3 ● GUIの基本

クラスライブラリのクラスを拡張することで、クラスライブラリの枠組みを利用したプログラムを作成できる。

クラスライブラリのクラスを調べる

　クラスライブラリの利点をおさえることができたでしょうか？　では最後に、Sample1で使ったクラスライブラリの内容を紹介しておきましょう。下の表をみてください。Sample1で使われたクラスライブラリのクラスと、そのかんたんな説明を示しました。私たちは、下表のクラスのメソッドを呼び出して、プログラムを作成したのです。各クラスのさらにくわしい機能については、第2章で紹介した方法で、リファレンスを調べるとよいでしょう。

　本書では、これからも各サンプルコードを作成しながら、たくさんのクラスを紹介していきます。1つずつリファレンスで確認しながら、読み進めてみてください。

Sample1の関連クラス

クラス	説明
javafx.stage.Stageクラス	
void setScene(Scene value)	ステージにシーンを設定する
void setTitle(String value)	ステージのタイトルを設定する
void show()	ステージをウィンドウとして表示する
javafx.scene.Sceneクラス	
Scene(Parent root, double width, double height)	サイズを指定してシーンを作成する

3.2 コントロールの利用

ほかのコントロールを使う

この節では、新しいコントロールを使ったアプリケーションを作成してみることにしましょう。今度はボタン（Button）コントロールを使ってみます。さっそくコードを入力してみてください。

Sample2.java ▶ ほかのコントロールを使う

```java
import javafx.application.*;
import javafx.stage.*;
import javafx.scene.*;
import javafx.scene.control.*;
import javafx.scene.layout.*;

public class Sample2 extends Application
{
    private Button bt;

    public static void main(String[] args)
    {
        launch(args);
    }
    public void start(Stage stage)throws Exception
    {
        //コントロールの作成
        bt = new Button();           ← ボタンを作成します

        //コントロールの設定
        bt.setText("購入");

        //ペインの作成
        BorderPane bp = new BorderPane();

        //ペインへの追加
```

```
        bp.setCenter(bt);     ← ボタンをペインに追加します

        //シーンの作成
        Scene sc = new Scene(bp, 300, 200);

        //ステージへの追加
        stage.setScene(sc);

        //ステージの表示
        stage.setTitle("サンプル");
        stage.show();
    }
}
```

すると今度はボタンが表示されることがわかります。

Sample2の実行画面

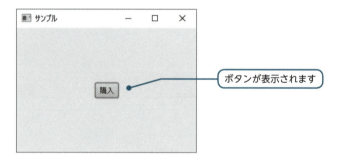

ボタンが表示されます

このようにウィンドウには、ラベルやボタンなどといったさまざまなコントロールを表示することができるようになっているのです。さまざまなコントロールを使えるようになると便利であることがわかるでしょう。

3.2 コントロールの利用

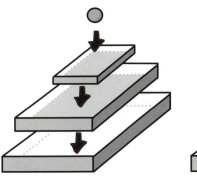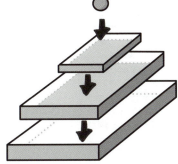

図3-3 さまざまなコントロール
JavaFXではさまざまなコントロールを使うことができます。

複数のコントロールを使う

では今度は、ここまでに登場した2つのコントロールをいっしょに並べてみることにしましょう。コードを作成してアプリケーションを実行してください。

Sample3.java ▶ 複数のコントロールを並べる

```java
import javafx.application.*;
import javafx.stage.*;
import javafx.scene.*;
import javafx.scene.control.*;
import javafx.scene.layout.*;

public class Sample3 extends Application
{
    private Label lb;
    private Button bt;

    public static void main(String[] args)
    {
        launch(args);
    }
    public void start(Stage stage)throws Exception
    {
        //コントロールの作成
```

```
        lb = new Label("いらっしゃいませ。");    ラベルとボタン
        bt = new Button("購入");              を作成します

        //ペインの作成
        BorderPane bp = new BorderPane();

        //ペインへの追加
        bp.setTop(lb);          位置を指定し
        bp.setCenter(bt);       て追加します

        //シーンの作成
        Scene sc = new Scene(bp, 300, 200);

        //ステージへの追加
        stage.setScene(sc);

        //ステージの表示
        stage.setTitle("サンプル");
        stage.show();
    }
}
```

Sample3の実行画面

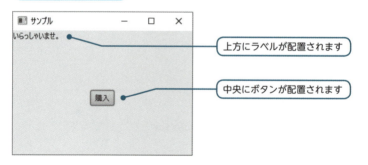

　コントロールをペインに追加するときには、位置を指定することがあります。ここでは上方と中央にコントロールを配置しました。
　配置のしかたについては次の章でくわしく学ぶことにしましょう。ここでは複数のコントロールの配置をながめておいてください。このようにウィンドウ上にはペインに追加したコントロールを多数配置することができます。たくさんのコントロールを使った便利なウィンドウを作成していくことができるのです。

ところで、ここで作成したアプリケーションは、ボタンを押しても何か目にみえる動作がおこることはありません。そこで次の節では、ボタンを押したときにアプリケーションが動くようにしていきましょう。

複数のコントロールを追加することができる。

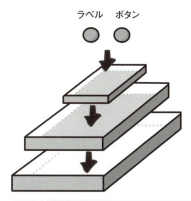

図3-4 **複数のコントロール**
複数のコントロールをペインに追加することができます。

3.3 イベント

動きのあるアプリケーションを作成する

さて、前の節で作成したアプリケーションでは、ボタンを押しても何か目にみえる動きがおこることはありませんでした。そこでこの節では、

**ユーザーがコントロールを操作したときに、
何か処理をするプログラム**

を作成していくことにしましょう。
　たとえば、

**ユーザーがボタンを押したときに、
ラベルのテキストをかえるプログラム**

を作成するわけです。このしくみを知ることで、動きのあるアプリケーションを作成することができます。

イベント処理のしくみを知る

　では最初に、「ユーザーが操作をしたときに、何か処理をする」というプログラムのしくみについて学んでおくことにしましょう。
　通常、GUI方式のプログラムでは、「ボタンを押した」といったユーザーの操作を、**イベント**（event）という概念で扱うことになっています。そこでこのプログラムのしくみは、**イベント処理**（event handling）と呼ばれています。
　イベントの発生元となるコンポーネントは、**イベントソース**（event source）、または**ソース**（source）と呼ばれています。つまり、「ボタンを押した」というイベントを考えるときには、ボタンがソースとなるわけです。

3.3 イベント

　発生したイベントは、**イベントハンドラ**（event handler）と呼ばれる部分で処理することになります。「ラベルのテキストをかえる」といった動きを、イベントハンドラが処理することになるのです。

ソース

イベントハンドラ
イベント

図3-5　イベント処理
イベント処理はソース、イベント、イベントハンドラによって行います。

イベント処理を記述する

　さて、私たちは次のようにコードを記述することで、イベントを処理するプログラムを作成します。

> ❶ イベントを処理するイベントハンドラを宣言しておく
> ↓
> ❷ そのイベントハンドラをソース（ボタン）に登録する

　すると、アプリケーションを実行して、実際に「ボタンを押した」というイベントがおこったときに、

　ソースからイベントハンドラのメソッドが呼び出され、イベントが処理される

というしくみになっています。次のコードでたしかめてみることにしましょう。

Lesson 3 ● GUIの基本

図3-6 イベント処理

❶イベントハンドラを宣言し、❷ソースにイベントハンドラを登録しておくと、イベントがおきたときに、イベントハンドラでイベントの処理が行われます。

ボタンを押したときのコードを知る

イベント処理をするコードをみてください。

Sample4.java ▶ イベント処理を行う

```
import javafx.application.*;
import javafx.stage.*;
import javafx.scene.*;
import javafx.scene.control.*;
import javafx.scene.layout.*;
import javafx.event.*;

public class Sample4 extends Application
{
    private Label lb;
    private Button bt;

    public static void main(String[] args)
    {
        launch(args);
    }
    public void start(Stage stage)throws Exception
    {
        //コントロールの作成
        lb = new Label("いらっしゃいませ。");
        bt = new Button("購入");
```

3.3 イベント

```
    //ペインの作成
    BorderPane bp = new BorderPane();

    //ペインへの追加
    bp.setTop(lb);
    bp.setCenter(bt);

    //イベントハンドラの登録
    bt.setOnAction(new SampleEventHandler());

    //シーンの作成
    Scene sc = new Scene(bp, 300, 200);

    //ステージへの追加
    stage.setScene(sc);

    //ステージの表示
    stage.setTitle("サンプル");
    stage.show();
}
//イベントハンドラクラス
class SampleEventHandler implements
        EventHandler<ActionEvent>
{
    public void handle(ActionEvent e)
    {
        lb.setText("ご購入ありがとうございます。");
    }
}
}
```

❷ソースにイベントハンドラを登録します

❶イベントハンドラクラスを宣言します

ボタンが押されたとき、このメソッドが呼び出されます

ラベルのテキストを変更します

Sample4の実行画面

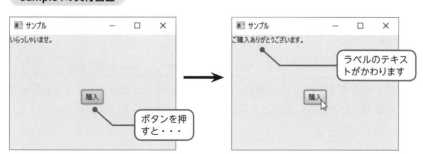

ボタンを押すと・・・

ラベルのテキストがかわります

このコードでは、次のようにイベント処理を記述しています。

❶ EventHandlerインターフェイスを実装した
イベントハンドラクラスを宣言しておく

❷ ボタンのsetOnAction()メソッドを呼び出して、
イベントハンドラを登録する

このアプリケーションを起動し、ボタンを押すと、「ボタンを押した」ことをあらわすイベントが発生します。すると、（ソースから）イベントハンドラのhandle()メソッドが呼び出されて、その処理が行われるのです。

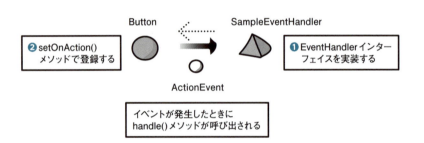

私たちは、Sample4のhandle()メソッドで、ラベルのテキストを変更する処理を定義しました。このため、ユーザーがボタンを押したときに、画面の表示が「ご購入ありがとうございます。」にかわることになります。

なお、ボタンを押したときのイベント処理を行うには、

❶ EventHandlerインターフェイス
❷ setOnAction()メソッド
❸ handle()メソッド

という名前を使うことが、クラスライブラリの枠組みの中ですでに取り決められています。私たちはこれら❶～❸の名前をコード中で使うだけで、ボタンを押したときの処理をかんたんに記述できるようになっているのです。

3.3 イベント

クラスの拡張とインターフェイスの実装

　私たちは前の節で、クラスライブラリのクラスを拡張し、効率よくプログラムを作成していくことを学びました。ここで記述したインターフェイスを利用する方法も、同じ利点をもっています。

　ここではEventHandlerインターフェイスを実装して、イベントハンドラクラスを宣言しています。こうすることで、ボタンを押したときに、私たちが作成したイベントハンドラクラスのhandle()メソッドが呼び出されるようになっているのです。

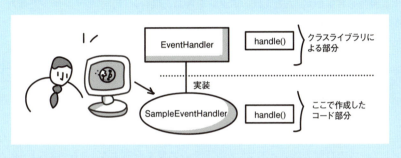

 イベント処理を担当するクラスを知る

　ではここで、イベント処理についてまとめておきましょう。一般的にイベントは、次の名前をもつクラスによって処理されます。

表3-2　イベント処理を行うクラス

役割		クラス
ソース		コントロールクラスなど
イベント		××Eventクラス
イベントハンドラ	インターフェイス	EventHandler<××Event>インターフェイスを実装したクラス
	メソッド	handle()メソッドなど
イベントハンドラの登録		ソースのaddEventHandler()メソッド（またはsetOnAction()メソッドなど）

Lesson 3 ● GUIの基本

addEventHandler()メソッドで登録する際には、イベントの種類とイベントハンドラを引数として指定します。

> イベントの種類と・・・

```
bt.AddEventHandler(MouseEvent.MOUSE_CLICKED,
    new SampleEventHandler());
```

> イベントハンドラを指定します

なお、よくあるイベントについては、イベントの種類を省略したメソッドが存在する場合もあります。たとえば、ボタンを押した場合には、このサンプルでみたように、ボタンのsetOnAction()メソッドを利用することができます。

> イベントハンドラだけ
> でよい場合もあります

```
bt.setOnAction(new SampleEventHandler());
```

また、かんたんなイベント処理の場合は、イベントハンドラ名を省略し、イベントソースの登録の際にイベントハンドラの処理を記述することもできるようになっています。このようなイベントハンドラは無名クラス（anonymous class）と呼ばれます。ここではイベントハンドラ名であるSampleEventHandlerを省略しました。

> イベントハンドラを省略できます

```
bt.setOnAction(new EventHandler<ActionEvent>(){
    public void handle(ActionEvent e){
        lb.setText("ご購入ありがとうございます。");
    }
});
```

さらに、JDKバージョン8以降に導入されたラムダ式（lambda expression）と呼ばれる記法を使うと、よりかんたんに処理を記述することもできるようになっています。

> ラムダ式を使うことができます

```
bt.setOnAction( e-> {
    lb.setText("ご購入ありがとうございます。");
});
```

44

ラムダ式では、引数が2つ以上の場合は()でくくります。処理が1文の場合は{}も省略できます。

本書ではイベント処理のしくみをおさえるために、イベントハンドラクラスを記述するものとしますが、こうした無名クラスやラムダ式も実践上使われていますので、おぼえておくとよいでしょう。

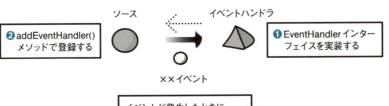

図3-7 イベント処理を行うクラス
イベント処理は、ソース・イベント・イベントハンドをあらわすクラスによって行われます。

Sample4のイベント処理

役割		クラス
ソース		Button
イベント		ActionEventクラス
イベントハンドラ	インターフェイス	EventHandler<ActionEvent>
	メソッド	handle()
イベントハンドラの登録		setOnAction()

私たちはこれからいろいろな種類のコントロールを使っていきます。イベントやソースの種類によって、使われるクラスの名前は異なりますが、イベント処理のしくみは同じです。いろいろなイベントが処理できるように、しくみをおさえておくとよいでしょう。

ユーザーからの入力操作などをあらわすクラスをイベントと呼ぶ。
イベントが発生するクラスをソースと呼ぶ。
イベントを処理するクラスをイベントハンドラと呼ぶ。

Lesson 3 ● GUIの基本

> **委譲**
>
> 　JavaFXでは、ソースで発生したイベントをイベントハンドラが処理しています。つまり、イベントの処理を、ソースがイベントハンドラにまかせているわけです。
>
>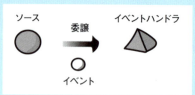
>
> 　このように、あるクラスが別のクラスに処理をまかせることを、**委譲** (delegation：デリゲーション) といいます。
> 　デリゲーションでは、登録したイベントハンドラにだけイベントを渡して処理させるため、効率のよい処理が行われるようになっています。
> 　なお、Sample4のイベントハンドラクラスは、Sample4クラスの内部に記述しました。このようなクラスを、**内部クラス** (inner class) といいます。内部クラスは、あるクラスと密接な関係をもつクラスを記述する場合に利用することがあります。

 ## 画面をクリックしたときのコードを知る

　では、もうひとつイベント処理をしてみることにしましょう。今度は「ボタンを押したとき」ではなく、「ウィンドウ画面自体をマウスでクリックしたとき」というイベントを処理します。次のコードをみてください。

Sample5.java ▶ 画面をクリックしたときに処理をする

```
import javafx.application.*;
import javafx.stage.*;
import javafx.scene.*;
import javafx.scene.control.*;
import javafx.scene.layout.*;
import javafx.scene.input.*;
```

3.3 イベント

```java
import javafx.event.*;

public class Sample5 extends Application
{
    private Label lb;

    public static void main(String[] args)
    {
        launch(args);
    }
    public void start(Stage stage)throws Exception
    {
        //コントロールの作成
        lb = new Label("いらっしゃいませ。");

        //ペインの作成
        BorderPane bp = new BorderPane();

        //ペインへの追加
        bp.setTop(lb);

        //シーンの作成
        Scene sc = new Scene(bp, 300, 200);

        //イベントハンドラの登録
        sc.addEventHandler(MouseEvent.MOUSE_CLICKED,
                           new SampleEventHandler());

        //ステージへの追加
        stage.setScene(sc);

        //ステージの表示
        stage.setTitle("サンプル");
        stage.show();
    }

    //イベントハンドラクラス
    class SampleEventHandler implements
    EventHandler<MouseEvent>
    {
        public void handle(MouseEvent e)
        {
            lb.setText("ご購入ありがとうございます。");
        }
    }
}
```

❷ ソースにイベントハンドラを登録します

❶ イベントハンドラクラスを宣言します

マウスでクリックしたとき、このメソッドが呼び出されます

Lesson
3

Lesson 3 ● GUIの基本

Sample5の実行画面

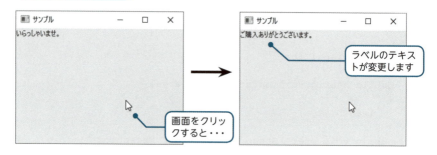

このアプリケーションでは、ウィンドウ画面自体をクリックすると、ラベルのテキストが変更されるようになっています。このコードでは**ソースをシーン（全体）**としているからです。

なお、シーンにはかんたんな登録メソッドがないため、addEventHandler()メソッドでイベントの種類を指定してイベントハンドラを登録しています。

マウスイベントの種類は、MouseEventクラスのフィールドとして決められていますので紹介しておきましょう。

表3-3　主なマウスイベント（javafx.scene.input.MouseEventクラス）

種類	説明
MOUSE_ENTERED	マウスが入った
MOUSE_EXITED	マウスが出た
MOUSE_CLICKED	マウスボタンがクリックされた
MOUSE_PRESSED	マウスボタンが押された
MOUSE_DRAGGED	マウスがドラッグされた
MOUSE_MOVED	マウスが動いた

このコードでのイベント処理は次のようになっています。しくみをおさえておきましょう。

3.3 イベント

Sample5のイベント処理

役割		クラス
ソース		Scene
イベント		MouseEventクラス
イベントハンドラ	インターフェイス	EventHandler<MouseEvent>
	メソッド	handle()
イベントハンドラの登録		addEventHandler()

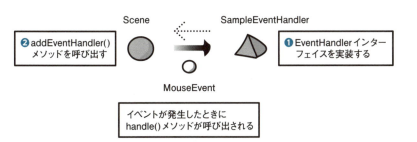

図3-8 マウスをクリックしたときのイベント
マウスをクリックしたときに発生するイベントを処理することができます。

マウスが出入りしたときのコードを知る

今度は、さらに異なるイベント処理をしてみましょう。ここでは、「マウスのカーソルがウィンドウ画面の上に入った」「出た」というイベントに対応するプログラムを作成します。

Sample6.java ▶ マウスが出入りしたときに処理をする

```
import javafx.application.*;
import javafx.stage.*;
import javafx.scene.*;
import javafx.scene.control.*;
import javafx.scene.layout.*;
import javafx.scene.input.*;
import javafx.event.*;
```

Lesson 3 ● GUIの基本

```java
public class Sample6 extends Application
{
    private Label lb;

    public static void main(String[] args)
    {
        launch(args);
    }
    public void start(Stage stage)throws Exception
    {
        //コントロールの作成
        lb = new Label("いらっしゃいませ。");

        //ペインの作成
        BorderPane bp = new BorderPane();

        //ペインへの追加
        bp.setTop(lb);

        //シーンの作成
        Scene sc = new Scene(bp, 300, 200);

        //イベントハンドラの登録
        sc.addEventHandler(MouseEvent.MOUSE_ENTERED,
                            new SampleEventHandler());
        sc.addEventHandler(MouseEvent.MOUSE_EXITED,
                            new SampleEventHandler());

        //ステージへの追加
        stage.setScene(sc);

        //ステージの表示
        stage.setTitle("サンプル");
        stage.show();
    }
//イベントハンドラクラス
class SampleEventHandler implements
        EventHandler<MouseEvent>
{
    public void handle(MouseEvent e)
    {
        if(e.getEventType() == MouseEvent.MOUSE_ENTERED){
            lb.setText("いらっしゃいませ。");
        }
```

❷ソースにイベントハンドラを登録します

❶イベントハンドラクラスを宣言します

マウスが入ったときに、処理を行います

3.3 イベント

```
            else if(e.getEventType() == MouseEvent.MOUSE_EXITED)
            {
                lb.setText("ようこそ。");
            }
        }
    }
}
```
マウスが出たときに、処理を行います

Sample6の実行画面

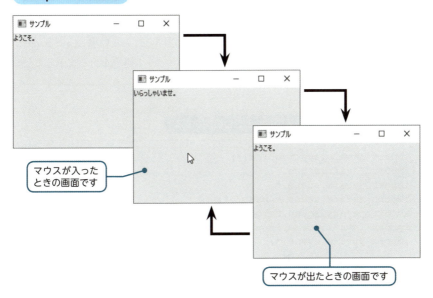

マウスが入ったときの画面です

マウスが出たときの画面です

　今度は、addEventHandler()メソッドで「マウスが入ったとき（MouseEvent.MOUSE_ENTERED）」「マウスが出たとき（MouseEvent.MOUSE_EXITED）」という2つのイベントを指定しています。この結果、マウスが入ったときに「いらっしゃいませ。」、マウスが出たとき「ようこそ。」にかわるようになっています。
　また、このイベント処理では、イベントハンドラの中でイベントの種類を判断して処理を行うようにしています。イベントクラスのgetEventType()メソッドを使うとイベントの種類を調べることができます。

Lesson 3 ● GUIの基本

Sample6の関連クラス

クラス	説明
javafx.event.ActionEventクラス	
EventType<? extends ActionEvent> getEventType()	イベントの種類を取得する

キーを入力したときのコードを知る

　ここまでのアプリケーションは、マウス操作にかかわるイベントを処理しました。しかし中には、キーボードから入力をしたときに処理を行いたい場合もあるかもしれません。そこで、今度はキーを入力したときのイベント処理を行ってみることにしましょう。

Sample7.java ▶ キーを入力したときに処理をする

```java
import javafx.application.*;
import javafx.stage.*;
import javafx.scene.*;
import javafx.scene.control.*;
import javafx.scene.layout.*;
import javafx.scene.input.*;
import javafx.event.*;

public class Sample7 extends Application
{
    private Label lb1, lb2;

    public static void main(String[] args)
    {
        launch(args);
    }
    public void start(Stage stage)throws Exception
    {
        //コントロールの作成
        lb1 = new Label("矢印キーでお選びください。");
        lb2 = new Label();

        //ペインの作成
        BorderPane bp = new BorderPane();
```

3.3 イベント

```java
    //ペインへの追加
    bp.setTop(lb1);
    bp.setBottom(lb2);

    //シーンの作成
    Scene sc = new Scene(bp, 300, 200);

    //イベントハンドラの登録
    sc.setOnKeyPressed(new SampleEventHandler());

    //ステージへの追加
    stage.setScene(sc);

    //ステージの表示
    stage.setTitle("サンプル");
    stage.show();
  }
//イベントハンドラクラス
class SampleEventHandler implements EventHandler<KeyEvent>
{
    public void handle(KeyEvent e)
    {
        String str;
        KeyCode k = e.getCode();
        switch(k){
            case UP:
              str = "上"; break;
            case DOWN:
              str = "下"; break;
            case LEFT:
              str = "左"; break;
            case RIGHT:
              str = "右"; break;
            default:
              str = "他のキー";
        }
        lb2.setText(str + "ですね。");
    }
  }
}
```

❷ソースにイベントハンドラを登録します

❶イベントハンドラクラスを宣言します

キーが押されたときに、このメソッドが呼び出されます

Lesson 3 ● GUIの基本

Sample7の実行画面

押した矢印キーの種類が表示されます

　ここでは、キーボードの矢印キーを押したときに、キーの方向を表示するアプリケーションを作成しました。マウスでアプリケーションをクリックしてから、キーを押してください。

　ユーザーが「キーを入力した」というイベントは、次のクラスで処理されます。

Sample7のイベント処理

役割		クラス
ソース		Scene
イベント		KeyEventクラス
イベントハンドラ	インターフェイス	EventHandler<KeyEvent>
	メソッド	handle()
イベントハンドラの登録		AddEventHandler()

　なお、コードの中では、押したキーの種類をswitch文で調べています。

```
String str;
KeyCode k = e.getCode();
switch(k){
    case UP:
        str = "上"; break;         ↑キーが押されたときの処理です
    case DOWN:
        str = "下"; break;         ↓キーが押されたときの処理です
    case LEFT:
        str = "左"; break;         ←キーが押されたときの処理です
    case RIGHT:
        str = "右"; break;         →キーが押されたときの処理です
```

```
    default:
      str = "他のキー";
  }
```

他のキーが押されたときの処理です

キーイベントでは、キーイベントクラスの getCode() メソッドでキーコードを知ることができます。ここでは、この値が「UP（上）」「DOWN（下）」「LEFT（左）」「RIGHT（右）」であるかを調べています。これらの値は矢印キーの種類をあらわしています。

キーを入力したときのコードも、マウスで操作したときのコードも、イベント処理としては同じしくみをもっていることがわかるでしょう。

私たちはこれからもさまざまなイベント処理を行っていきます。イベント処理の基本をおさえておいてください。

Sample7の関連クラス

クラス	説明
javafx.scene.input.KeyEventクラス	
KeyCode getCode()	キーのコードを取得する

3.4 レッスンのまとめ

この章では、次のようなことを学びました。

- GUIプログラムを作成するために、JavaFXを利用することができます。
- ウィンドウ部品をコントロールと呼びます。
- コントロールをレイアウトする領域をペインと呼びます。
- コントロール全体を含む内容をシーンと呼びます。
- ユーザーが行う操作などは、イベントとして処理されます。
- イベント処理はソース・イベント・イベントハンドラによって行われます。
- イベントハンドラをあらかじめソースに登録しておくと、イベントが発生したときに、ソースからイベントハンドラにイベントが渡されて処理されます。

　この章ではGUIの基本について学びました。そして、コントロールをアプリケーションに表示する方法を学びました。さらに、イベント処理を行ってアプリケーションに動きをつける方法も学びました。この章での知識をもとに、次の章からコントロールを使いこなす方法を学ぶことにしましょう。

練習

1. ボタンを押したときに、ボタンの表示が「Thanks!」にかわるアプリケーションを作成してください。

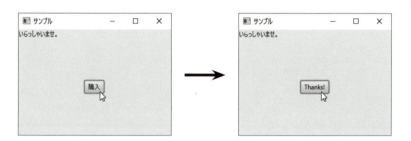

2. ボタンの上にマウスのカーソルが入ったときに、ボタンの表示が「いらっしゃいませ」にかわるアプリケーションを作成してください。

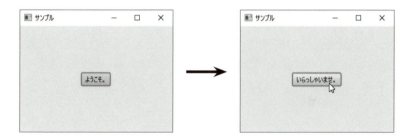

3. 入力されたキーの文字を表示するアプリケーションを作成してください（KeyCodeクラスのtoString()メソッドを使います）。

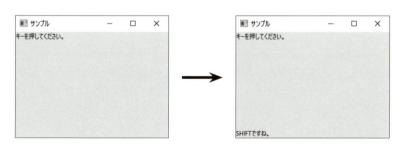

Lesson 4

コントロールの応用

第3章では、GUIの基本について学びました。JavaFXには豊富な種類のコントロールが用意されています。アイコン・ボタン・テキストフィールドなど、豊富なコントロールを使うことができます。この章では、JavaFXのコントロールについて、くわしく学んでいくことにしましょう。

Check Point!

- ● ペイン
- ● ラベル
- ● ボタン
- ● テキストフィールド

4.1 レイアウト

ペインのしくみを知る

　アプリケーションにはさまざまなコントロールを配置することができます。この章では最初に、コントロールを配置する方法について学ぶことにしましょう。

　すでに紹介したように、コントロールはペインに配置することでレイアウトされます。これまでの章では、**ボーダーペイン**（BorderPane）と呼ばれるペインを使ってコントロールを配置しました。そこでボーダーペインの使い方をくわしくみることにしましょう。

Sample1.java ▶ ボーダーペインにレイアウトする

```
import javafx.application.*;
import javafx.stage.*;
import javafx.scene.*;
import javafx.scene.control.*;
import javafx.scene.layout.*;
import javafx.geometry.*;

public class Sample1 extends Application
{
    private Button[] bt = new Button[5];

    public static void main(String[] args)
    {
        launch(args);
    }
    public void start(Stage stage)throws Exception
    {
        //コントロールの作成
        bt[0] = new Button("Top");
        bt[1] = new Button("Bottom");          ボタンを5つ作成します
        bt[2] = new Button("Center");
        bt[3] = new Button("Left");
```

4.1 レイアウト

```
        bt[4] = new Button("Right");

        //ペインの作成
        BorderPane bp = new BorderPane();          ボーダーペイン
                                                   を作成します
        //ペインへの追加
        bp.setTop(bt[0]);
        bp.setBottom(bt[1]);
        bp.setCenter(bt[2]);                       ボーダーペインでの位置
        bp.setLeft(bt[3]);                         を指定して配置します
        bp.setRight(bt[4]);

        for(int i=0; i<bt.length; i++){            範囲内での位置
            bp.setAlignment(bt[i], Pos.CENTER);    を指定できます
        }

        //シーンの作成
        Scene sc = new Scene(bp, 300, 200);

        //ステージへの追加
        stage.setScene(sc);

        //ステージの表示
        stage.setTitle("サンプル");
        stage.show();
    }
}
```

Sample1の実行画面

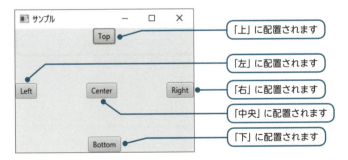

　ボーダーペインは上・下・左・右・中央にコントロールを配置できます。ちょっとかわった並べかたのようにみえますが、ツールバーがついたウィンドウのかた

ちを思い出してください。

「上」の位置はツールバーや表のタイトルなどを置く位置だと考えられます。また「下」や「左」「右」に移動できるツールバーもあります。ボーダーペインでは「set方向()」という名前のメソッドでコントロールを指定位置に配置することができます。

また、ここではsetAlignment()メソッドで、各範囲の中央に配置するようにしています。

```
for(int i=0; i<bt.length; i++){
    bp.setAlignment(bt[i], Pos.CENTER);
}
```
範囲内の中央に配置します

Pos.CENTERは位置をあらわす値で、CENTERのほかにも「TOP_LEFT」など、「垂直方向の指定_水平方向の指定」の組みあわせで使うことができます。

表4-1 位置をあらわす値（javafx.geometry.POS列挙型）

垂直方向の指定	水平方向の指定
TOP（上）	LEFT（左）
CENTER（中央）	CENTER（中央）
BASELINE（ベースライン）	RIGHT（右）
BOTTOM（下）	

コントロールを上・下・左・右・中央に配置するには、ボーダーペインを使う。

4.1 レイアウト

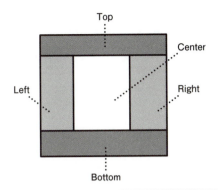

図4-1 ボーダーペインの配置
ボーダーペインを使って、コントロールを上・下・左・右・中央に配置することができます。

Sample1の関連クラス

クラス	説明
javafx.scene.layout.BorderPaneクラス	
BorderPane()	ボーダーペインを作成する
void setTop(Node value)	上に配置する
void setBottom(Node value)	下に配置する
void setCenter(Node value)	中央に配置する
void setLeft(Node value)	左に配置する
void setRight(Node value)	右に配置する
static void setAlignment(Node child, Pos value)	コントロールの位置を設定する

列挙型

Javaでは、キーワード**enum**を使ってオブジェクトの羅列をあらわすことができ、列挙型と呼ばれます。通常、定数値をあらわすために使われます。

```
enum Cup{SMALL, MEDIUM, LARGE}
```

たとえば、上の列挙型Cupの場合、「Cup.SMALL」「Cup.MEDIUM」「Cup.LARGE」で小・中・大という値の列をあらわすことができます。表4-1で紹介した位置をあらわす列挙型の値についても確認してみてください。

 ## 横に並べてレイアウトする

ボーダーペインのほかにも、ペインにはさまざまな種類があります。たとえば、フローペイン（FlowPane）は、

コントロールを横に並べる

というペインです。どんな配置になるのか、ボタンを10個並べてたしかめてみることにしましょう。

Sample2.java ▶ フローペインを調べる

```java
import javafx.application.*;
import javafx.stage.*;
import javafx.scene.*;
import javafx.scene.control.*;
import javafx.scene.layout.*;

public class Sample2 extends Application
{
    private Button[] bt = new Button[10];

    public static void main(String[] args)
```

4.1 レイアウト

```
{
    launch(args);
}
public void start(Stage stage)throws Exception
{
    //コントロールの作成
    for(int i=0; i<bt.length; i++){
        bt[i] = new Button(Integer.toString(i));  // ボタンを10個作成します
    }

    //ペインの作成
    FlowPane fp = new FlowPane();  // フローペインを作成します

    //ペインへの追加
    for(int i=0; i<bt.length; i++){
        fp.getChildren().add(bt[i]);  // ボタンを追加します
    }

    //シーンの作成
    Scene sc = new Scene(fp, 300, 100);

    //ステージへの追加
    stage.setScene(sc);

    //ステージの表示
    stage.setTitle("サンプル");
    stage.show();
}
}
```

Sample2の実行画面

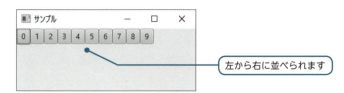

左から右に並べられます

このペインでは、ボタンが左から右に並べられます。

フローペインに追加するには、まずペインの子となるリストをgetChildren()メソッドで取得します。そして、そのリストにボタンを追加することになります。

Lesson 4 ● コントロールの応用

```
//ペインへの追加
for(int i=0; i<bt.length; i++){
    fp.getChildren().add(bt[i]);
}
```

子リストを取得し・・・　　　ボタンを追加します

重要 コントロールを横に並べるには、フローペインを使う。

Sample2の関連クラス

クラス	説明
javafx.scene.layout.FlowPaneクラス	
FlowPane()	フローペインを作成する
javafx.scene.layout.Paneクラス	
ObservableList<Node> getChildren()	子のリストを取得する

ピリオドで続けて呼び出す

　オブジェクトに「.」（ピリオド）をつけてメソッドを呼び出すことは、Javaのオブジェクトの利用方法の基本です。なお、メソッドで戻されたオブジェクトについて、そのメソッドをさらに呼び出したいときには、「.」をつけて呼び出すことができます。

　このサンプルコードでは、フローペインオブジェクトのgetChildren()メソッドで子リストを取得し、さらにその子リストのadd()メソッドを続けて呼び出しています。

```
for(int i=0; i<bt.length; i++){
    fp.getChildren().add(bt[i]);
}
```

フローペインの子リストの・・・　　　add()メソッドを呼び出してボタンを追加します

　返された子リストをいったん変数に格納したうえで、ボタンを追加するメソッ

4.1 レイアウト

ドを呼び出すこともできますが、ボタンを追加する処理が目的である場合には、ピリオドで続けて呼び出すことで、コードがシンプルでわかりやすくなります。

こうした処理は実践の場でよく使われる記述ですので、使いこなせるようになると便利でしょう。

格子状にレイアウトする

続いて、グリッドペイン（GridPane）を学ぶことにしましょう。このペインを使うと、縦横の数を指定して、格子状にコントロールを並べることができます。

次のコードを入力してください。

Sample3.java ▶ グリッドペインを調べる

```
import javafx.application.*;
import javafx.stage.*;
import javafx.scene.*;
import javafx.scene.control.*;
import javafx.scene.layout.*;

public class Sample3 extends Application
{
    private Button[][] bt = new Button[6][3];

    public static void main(String[] args)
    {
        launch(args);
    }
    public void start(Stage stage)throws Exception
    {
        //コントロールの作成
        for(int i=0; i<bt.length; i++){
            for(int j=0; j<bt[i].length; j++){
                bt[i][j] = new Button(Integer.toString(i) +
                                    Integer.toString(j));
            }
        }

        //ペインの作成
        GridPane gp = new GridPane();
```

番号つきのボタンを作成します

グリッドペインを作成します

Lesson 4 ● コントロールの応用

```
    //ペインへの追加
    for(int i=0; i<bt.length; i++){
        for(int j=0; j<bt[i].length; j++){
            gp.add(bt[i][j], i, j);
        }
    }

    //シーンの作成
    Scene sc = new Scene(gp, 300, 200);

    //ステージへの追加
    stage.setScene(sc);

    //ステージの表示
    stage.setTitle("サンプル");
    stage.show();
    }
}
```

位置を指定してボタンを追加します

Sample3の実行画面

格子状に表示されます

　ここでは6列×3行の格子にコントロールを配置しています。グリッドペインでは（列, 行）の組みあわせでコントロールの位置を指定します。格子の数を変更してためしてみるとよいでしょう。

```
//ペインへの追加
for(int i=0; i<bt.length; i++){
    for(int j=0; j<bt[i].length; j++){
        gp.add(bt[i][j], i, j);
    }
```

i、jの位置にボタンを配置します

4.1 レイアウト

```
}
```

Sample3の関連クラス

クラス	説明
javafx.scene.layout.GridPaneクラス	
GridPane()	グリッドペインを作成する
void add(Node child, int columnIndex, int rowIndex)	列番号と行番号を指定して配置する

コントロールを格子状に配置するには、グリッドペインを使う。

図4-2 グリッドペインの配置
グリッドペインを使って、コントロールを格子状に配置することができます。

詳細なレイアウトをする

　さて今度は、さらに詳細なレイアウトを設定する方法について学んでおきましょう。詳細なレイアウトをするときには水平ボックス（HBox）、垂直ボックス（VBox）を使用すると便利です。これらはペインの一種で、水平方向または垂直方向にコントロールを配置します。さっそく使ってみることにしましょう。

Lesson 4 ● コントロールの応用

Sample4.java ▶ 水平・垂直ボックスを使用する

```java
import javafx.application.*;
import javafx.stage.*;
import javafx.scene.*;
import javafx.scene.control.*;
import javafx.scene.layout.*;
import javafx.geometry.*;

public class Sample4 extends Application
{
    private Button[] bt = new Button[10];
    private Label[] lb = new Label[5];

    public static void main(String[] args)
    {
        launch(args);
    }
    public void start(Stage stage)throws Exception
    {
        //コントロールの作成
        for(int i=0; i<bt.length; i++){
            bt[i] = new Button(Integer.toString(i));
        }
        for(int i=0; i<lb.length; i++){
            lb[i] = new Label(Integer.toString(i));
        }

        //ペインの作成
        BorderPane bp = new BorderPane();
        HBox hb = new HBox();           ← 水平ボックスを作成します
        VBox vb = new VBox();           ← 垂直ボックスを作成します

        //ペインへの追加
        for(int i=0; i<bt.length; i++){
            hb.getChildren().add(bt[i]);    ← 水平ボックスに追加します
        }
        for(int i=0; i<lb.length; i++){
            vb.getChildren().add(lb[i]);    ← 垂直ボックスに追加します
        }

        hb.setAlignment(Pos.CENTER);
        vb.setAlignment(Pos.CENTER);

        bp.setTop(hb);
        bp.setCenter(vb);
```

70

```
        //シーンの作成
        Scene sc = new Scene(bp, 300, 200);

        //ステージへの追加
        stage.setScene(sc);

        //ステージの表示
        stage.setTitle("サンプル");
        stage.show();
    }
}
```

Sample4の実行画面

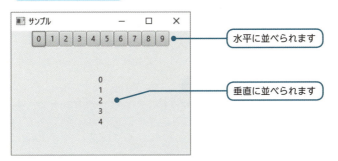

水平に並べられます

垂直に並べられます

　ここでは10個のボタンを水平ボックスに、5個のラベルを垂直ボックスに配置しています。

　そして、これらのボックスをボーダーレイアウトに配置しているのです。ボタンが水平に、ラベルが垂直に配置されています。

　こうしたボックスを組みあわせて使うことで、さらに詳細なレイアウトができるようになります。おぼえておくと便利でしょう。

Sample4の関連クラス

クラス	説明
javafx.scene.layout.HBoxクラス	
HBox()	水平のレイアウトを作成する
javafx.scene.layout.VBoxクラス	
VBox()	垂直のレイアウトを作成する

4.2 ラベル

ラベルの設定をする

前の節では、コントロールの配置方法について学びました。この節から基本的なコントロールについて、1つずつ使いかたをみていくことにしましょう。

最初に、これまでにも使ったラベル（Label）についてみていくことにします。ラベルは画面にテキストを表示するためのコントロールです。ラベルにはさまざまな設定をすることができます。次のコードを入力してください。

Sample5.java ▶ ラベルにテキストを設定する

```
import javafx.application.*;
import javafx.stage.*;
import javafx.scene.*;
import javafx.scene.control.*;
import javafx.scene.layout.*;
import javafx.scene.paint.*;
import javafx.scene.text.*;

public class Sample5 extends Application
{
    private Label[] lb = new Label[3];

    public static void main(String[] args)
    {
        launch(args);
    }
    public void start(Stage stage)throws Exception
    {
        //コントロールの作成
        for(int i=0; i<lb.length; i++){
            lb[i] = new Label("車" + i + "はいかがですか？");
        }
```

4.2 ラベル

```
        //コントロールの設定
        lb[0].setTextFill(Color.BLACK);
        lb[1].setTextFill(Color.BLUE);
        lb[2].setTextFill(Color.RED);

        //ペインの作成
        BorderPane bp = new BorderPane();
        VBox vb = new VBox();

        //ペインへの追加
        for(int i=0; i<lb.length; i++){
            vb.getChildren().add(lb[i]);
        }
        bp.setCenter(vb);

        //シーンの作成
        Scene sc = new Scene(bp, 300, 200);

        //ステージへの追加
        stage.setScene(sc);

        //ステージの表示
        stage.setTitle("サンプル");
        stage.show();
    }
}
```

テキスト色を設定します

Sample5の実行画面

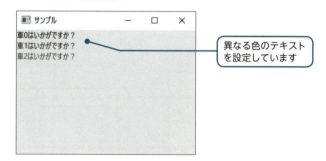

異なる色のテキストを設定しています

　ここでは3つのラベルにテキスト色を設定しています。色には次の指定などを使うことができます。

Lesson 4 ● コントロールの応用

表4-2 色の指定（javafx.scene.paint.Colorクラス）

静的フィールド	説明	静的フィールド	説明
BLACK	黒	YELLOW	黄
BLUE	青	WHITE	白
RED	赤	GREEN	緑

　色の設定はラベル以外のコントロールでも設定することができます。それぞれのコントロールの設定については、コントロールについてのリファレンスで確認し、使ってみるとよいでしょう。

Sample5の関連クラス

クラス	説明
javafx.scene.control.Labelクラス	
Label(String text)	指定したテキストをもつラベルを作成する
javafx.scene.control.Labeledクラス	
void setTextFill(Paint value)	テキストの色を設定する

テキストの入力と表示

　ラベルは、決まったテキストを表示するときに使われるコンポーネントです。これに対して、ユーザーから何かテキストを入力してもらいたい場合には、テキストフィールド（TextField）やテキストエリア（TextArea）というコントロールを使います。これらのコントロールはあとで学ぶことにしましょう。

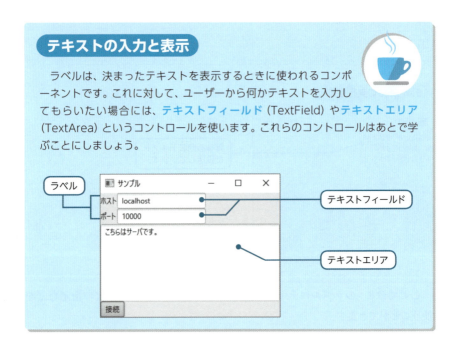

4.2 ラベル

ラベルにフォントを設定する

さて、ラベルはテキストを表示するものですから、表示されている文字のフォントをかえることができれば便利です。そこで、今度はラベルのフォントを変更してみることにしましょう。

Sample6.java ▶ ラベルにフォントを設定する

```java
import javafx.application.*;
import javafx.stage.*;
import javafx.scene.*;
import javafx.scene.control.*;
import javafx.scene.layout.*;
import javafx.scene.paint.*;
import javafx.scene.text.*;

public class Sample6 extends Application
{
    private Label[] lb = new Label[3];

    public static void main(String[] args)
    {
        launch(args);
    }
    public void start(Stage stage)throws Exception
    {
        //コントロールの作成
        for(int i=0; i<lb.length; i++){
            lb[i] = new Label("This is a car.");
        }

        //コントロールの設定
        lb[0].setTextFill(Color.BLACK);
        lb[1].setTextFill(Color.BLUE);
        lb[2].setTextFill(Color.RED);

        lb[0].setFont(Font.font("Serif", 12));
        lb[1].setFont(Font.font("SansSerif",
                                FontPosture.ITALIC, 14));
        lb[2].setFont(Font.font("SansSerif",
                                FontWeight.BLACK, 16));
```

フォントを設定します

Lesson 4 ● コントロールの応用

```
        //ペインの作成
        BorderPane bp = new BorderPane();
        VBox vb = new VBox();

        //ペインへの追加
        for(int i=0; i<lb.length; i++){
            vb.getChildren().add(lb[i]);
        }
        bp.setCenter(vb);

        //シーンの作成
        Scene sc = new Scene(bp, 300, 200);

        //ステージへの追加
        stage.setScene(sc);

        //ステージの表示
        stage.setTitle("サンプル");
        stage.show();
    }
}
```

Sample6の実行画面

異なるフォントで表示されます

ここでは、

フォントを作成してラベルに設定する

というコードを作成しています。このコードでは次のように指定しています。

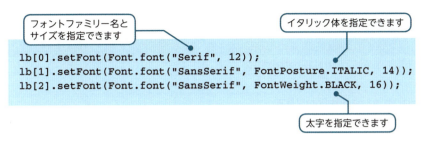

```
lb[0].setFont(Font.font("Serif", 12));
lb[1].setFont(Font.font("SansSerif", FontPosture.ITALIC, 14));
lb[2].setFont(Font.font("SansSerif", FontWeight.BLACK, 16));
```

指定できる値には次のものなどがあります。

表4-3 フォントファミリー名

値	説明
Serif	明朝体
SansSerif	ゴシック体
Cursive	草書体
Fantasy	装飾体
MonoSpace	等幅書体

表4-4 フォントのかたち (javafx.scene.text.FontPosture列挙型)

値	説明
REGULAR	通常
ITALIC	イタリック

表4-5 フォントの太さ (javafx.scene.text.FontWeight列挙型)

値	説明
THIN	太さ (100)
LIGHT	太さ (300)
NORMAL	太さ (400)
BOLD	太さ (600)
BLACK	太さ (900)

色・フォント・太さなどを変えて、いろいろな表示をためしてみてください。

Sample6の関連クラス

クラス	説明
javafx.scene.control.Labeledクラス	
void setFont(Font value)	テキストのフォントを設定する
javafx.scene.text.Fontクラス	
static Font font(String family, FontPosture posture, double size)	ファミリー名・かたち・サイズからフォントを取得する
static Font font(String family, FontWeight weight, double size)	ファミリー名・太さ・サイズからフォントを取得する

ラベルに画像を設定する

　ラベルには画像を表示することもできます。次のコードを入力してみましょう。また、「car.jpg」という画像ファイルを作成してコードと同じディレクトリ内に保存してください。

Sample7.java ▶ ラベルに画像を表示する

```java
import javafx.application.*;
import javafx.stage.*;
import javafx.scene.*;
import javafx.scene.control.*;
import javafx.scene.layout.*;
import javafx.scene.paint.*;
import javafx.scene.text.*;
import javafx.scene.image.*;

public class Sample7 extends Application
{
    private Label[] lb = new Label[3];
    private Image im;

    public static void main(String[] args)
    {
        launch(args);
    }
    public void start(Stage stage)throws Exception
    {
```

4.2 ラベル

```
//コントロールの作成
for(int i=0; i<lb.length; i++){
    lb[i] = new Label("車" + i + "はいかがですか?");
}
im = new Image(getClass()
            .getResourceAsStream("car.jpg"));        // 画像を作成します

//コントロールの設定
lb[0].setGraphic(new ImageView(im));                 // 画像を設定します
lb[1].setGraphic(new ImageView(im));
lb[1].setContentDisplay(ContentDisplay.RIGHT);       // 画像の位置を設定します
lb[2].setBackground(new Background
                    (new BackgroundFill(Color.WHITE,
                                    null, null)));    // 背景を設定します

//ペインの作成
BorderPane bp = new BorderPane();
VBox vb = new VBox();

 //ペインへの追加
for(int i=0; i<lb.length; i++){
    vb.getChildren().add(lb[i]);
}
bp.setCenter(vb);

//シーンの作成
Scene sc = new Scene(bp, 300, 200);

//ステージへの追加
stage.setScene(sc);

//ステージの表示
stage.setTitle("サンプル");
stage.show();
    }
}
```

Lesson
4

Lesson 4 ● コントロールの応用

Sample7の実行画面

　ラベルに画像を設定するにはsetGraphic()メソッドを使います。読み込んだ画像をイメージビュー（ImageView）として設定します。画像の位置は次の指定などができます。

表4-6　画像の位置（javafx.scene.control.ContentDisplay列挙型）

値	説明
TOP	上
BOTTOM	下
LEFT	左
RIGHT	右
CENTER	中央

　また、背景として塗りつぶし色や画像を設定できます。このためには、Backgroundクラスのコンストラクタに背景塗りつぶし（BackgroundFill）クラス、または背景イメージ（BackgroundImage）クラスのオブジェクトを指定します。サンプルでは塗りつぶしの指定を行っています。

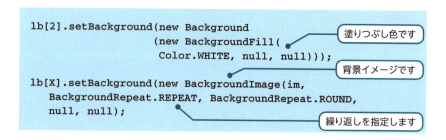

背景イメージを指定した場合は、BackgroundRepeat列挙型の値を指定して繰り返しの方式を指定します。塗りつぶしの場合は角丸や縁、イメージの場合は画像の位置の指定など、さらにくわしい設定もできますので、リファレンスを参照して使いこなすとよいでしょう。

Sample7の関連クラス

クラス	説明
javafx.scene.control.Labeledクラス	
void setGraphic(Node value)	ラベルのアイコンを設定する
void setContentDisplay(ContentDisplay value)	アイコンの位置を設定する
javafx.scene.layout.Regionクラス	
void setBackground(Background value)	背景を設定する
javafx.scene.layout.Backgroundクラス	
Background(BackgroundFill... fills)	背景塗りつぶしを指定して背景を作成する
Background(BackgroundImage... images)	背景イメージを指定して背景を作成する
javafx.scene.layout.BackgroundFillクラス	
BackgroundFill(Paint fill, CornerRadii radii, Insets insets)	背景塗りつぶしを作成する
javafx.scene.layout.BackgroundImageクラス	
BackgroundImage(Image image, BackgroundRepeat repeatX, BackgroundRepeat repeatY, BackgroundPosition position, BackgroundSize size)	背景イメージを作成する

Lesson
4

背景の設定

　背景塗りつぶしや背景イメージを設定するsetBackground()メソッドは、Regionクラスから継承されています。このクラスはペインやコントロールクラスのスーパークラスとなっていますので、各種ペイン・コントロールでも同じ方法で背景を設定することができます。

4.3 ボタン

ボタンの種類を知る

この節では、**ボタン**(Button)について、さらにくわしく学ぶことにしましょう。JavaFXのボタンには、いろいろな種類があります。

表4-7 ボタンの種類

種類	説明	画像
ボタン (Button)	通常のボタン	読込
チェックボックス (CheckBox)	「はい」または「いいえ」の選択をするときに使うボタン	☑ トラック
ラジオボタン (RadioButton)	複数項目から1つだけを選択するときに使うボタン	◉ 車

表4-7のうち、これまでは通常のボタン(Button)を使ってきました。

そこでまず、通常のボタンを復習するために、次のコードを入力してみましょう。

Sample8.java ▶ ボタンを使う

```java
import javafx.application.*;
import javafx.stage.*;
import javafx.scene.*;
import javafx.scene.control.*;
import javafx.scene.layout.*;
import javafx.scene.input.*;
import javafx.event.*;
import javafx.scene.image.*;
```

4.3 ボタン

```java
public class Sample8 extends Application
{
    private Label lb;
    private Button bt;
    private Image im;

    public static void main(String[] args)
    {
        launch(args);
    }
    public void start(Stage stage)throws Exception
    {
        //コントロールの作成
        lb = new Label("いらっしゃいませ。");
        bt = new Button("購入");

        //コントロールの設定
        im = new Image(getClass()
                        .getResourceAsStream("car.jpg"));
        bt.setGraphic(new ImageView(im));

        //ペインの作成
        BorderPane bp = new BorderPane();

        //ペインへの追加
        bp.setTop(lb);
        bp.setCenter(bt);

        //イベントハンドラの登録
        bt.setOnAction(new SampleEventHandler());

        //シーンの作成
        Scene sc = new Scene(bp, 300, 200);

        //ステージへの追加
        stage.setScene(sc);

        //ステージの表示
        stage.setTitle("サンプル");
        stage.show();
    }

    //イベントハンドラクラス
    class SampleEventHandler implements
        EventHandler<ActionEvent>
    {
```

ボタンを作成します

❶ボタンに画像を設定します

Lesson
4

83

Lesson 4 ● コントロールの応用

```
    public void handle(ActionEvent e)
    {
        lb.setText("ご購入ありがとうございます。");
        bt.setDisable(true);
      }
   }
}
```
❷ボタンを無効に設定します

Sample8の実行画面

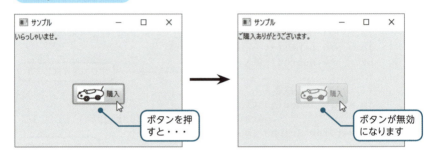

ボタンを押すと・・・
ボタンが無効になります

ここではまず、

❶ **ボタンに画像を設定する**

という処理をしています。そして次に、ボタンを押したときに、

❷ **ボタンを無効にして使用できなくする**

という設定をしています。ボタンに限らず、コントロールでは、ユーザーが誤った操作をしないように、コントロールを無効に設定することがあります。これにはsetDisabled()メソッドを使います。おぼえておくと便利でしょう。

Sample8の関連クラス

クラス	説明
javafx.scene.Nodeクラス	
void setDisabled(boolean value)	無効にする

4.3 ボタン

チェックボックスのしくみを知る

今度は違う種類のボタンを紹介しましょう。まず最初に、チェックボックス（CheckBox）を紹介します。チェックボックスは、ある項目に対して、「はい」または「いいえ」の答えを入力するためのボタンです。

Sample9.java ▶ チェックボックスを使う

```java
import javafx.application.*;
import javafx.stage.*;
import javafx.scene.*;
import javafx.scene.control.*;
import javafx.scene.layout.*;
import javafx.scene.input.*;
import javafx.event.*;
import javafx.geometry.*;

public class Sample9 extends Application
{
    private Label lb;
    private CheckBox ch1, ch2;

    public static void main(String[] args)
    {
        launch(args);
    }
    public void start(Stage stage)throws Exception
    {
        //コントロールの作成
        lb = new Label("いらっしゃいませ。");
        ch1 = new CheckBox("車");              ┐ チェックボック
        ch2 = new CheckBox("トラック");         ┘ スを作成します

        //ペインの作成
        BorderPane bp = new BorderPane();
        HBox hb = new HBox();

        //ペインへの追加
        hb.getChildren().add(ch1);
        hb.getChildren().add(ch2);
```

Lesson 4 ● コントロールの応用

```java
        hb.setAlignment(Pos.CENTER);

        bp.setTop(lb);
        bp.setCenter(hb);

        //イベントハンドラの登録
        ch1.setOnAction(new SampleEventHandler());
        ch2.setOnAction(new SampleEventHandler());

        //シーンの作成
        Scene sc = new Scene(bp, 300, 200);

        //ステージへの追加
        stage.setScene(sc);

        //ステージの表示
        stage.setTitle("サンプル");
        stage.show();
    }

    //イベントハンドラクラス
    class SampleEventHandler implements
        EventHandler<ActionEvent>
    {
        public void handle(ActionEvent e)
        {
            CheckBox tmp = (CheckBox) e.getSource();
            if(tmp.isSelected() == true){
                lb.setText(tmp.getText() + "を選びました。");
            }
            else if(tmp.isSelected() == false){
                lb.setText(tmp.getText() + "をやめました。");
            }
        }
    }
}
```

クリックしたチェックボックスを調べます(❶)

チェックマークをつけたときの・・・(❷)

テキストを設定します

チェックマークをはずしたときの・・・(❸)

テキストを設定します

4.3 ボタン

Sample9の実行画面

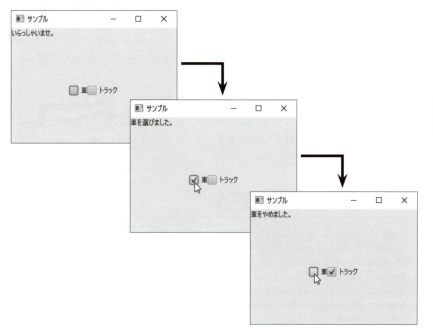

　ここではイベントのgetSource()メソッドでイベントが起こったソースを取得し、クリックしたチェックボックスを特定しています（❶）。さらに、そのチェックボックスの選択状態を調べ、適切なテキストを表示しているのです（❷・❸）。

Sample9の関連クラス

クラス	説明
javafx.scene.control.CheckBoxクラス	
CheckBox(String text)	指定したテキストをもつチェックボックスを作成する
boolean isSelected()	チェックボックスの選択状態を取得する
javaf.util.EventObjectクラス	
Object getSource()	イベントソースを取得する

Lesson 4 ● コントロールの応用

ラジオボタンのしくみを知る

次に、**ラジオボタン**（RadioButton）を学ぶことにしましょう。ラジオボタンは複数の選択肢の中から、1つの項目を選ぶためのコントロールです。1つを選ぶと、ほかの項目の選択が自動的にはずされます。

ラジオボタンでは、複数の選択肢をグループ化するために、**トグルグループ**（ToggleGroup）というコントロールと組みあわせて使います。さっそくコードを入力してみることにしましょう。

Sample10.java ▶ ラジオボタンを使う

```java
import javafx.application.*;
import javafx.stage.*;
import javafx.scene.*;
import javafx.scene.control.*;
import javafx.scene.layout.*;
import javafx.scene.input.*;
import javafx.event.*;
import javafx.geometry.*;

public class Sample10 extends Application
{
    private Label lb;
    private RadioButton rb1, rb2;
    private ToggleGroup tg;

    public static void main(String[] args)
    {
        launch(args);
    }
    public void start(Stage stage)throws Exception
    {
        //コントロールの作成
        lb  = new Label("いらっしゃいませ。");
        rb1 = new RadioButton("車");           ──┐ ラジオボタン
        rb2 = new RadioButton("トラック");      ──┘ を作成します
        tg = new ToggleGroup();           ●──── トグルグループを作成します

        //トグルグループへの追加
```

4.3 ボタン

```java
        rb1.setToggleGroup(tg);
        rb2.setToggleGroup(tg);

        rb1.setSelected(true);

        //ペインの作成
        BorderPane bp = new BorderPane();
        HBox hb = new HBox();

        //ペインへの追加
        hb.getChildren().add(rb1);
        hb.getChildren().add(rb2);
        hb.setAlignment(Pos.CENTER);

        bp.setTop(lb);
        bp.setCenter(hb);

        //イベントハンドラの登録
        rb1.setOnAction(new SampleEventHandler());
        rb2.setOnAction(new SampleEventHandler());

        //シーンの作成
        Scene sc = new Scene(bp, 300, 200);

        //ステージへの追加
        stage.setScene(sc);

        //ステージの表示
        stage.setTitle("サンプル");
        stage.show();
    }

    //イベントハンドラクラス
    class SampleEventHandler implements
        EventHandler<ActionEvent>
    {
        public void handle(ActionEvent e)
        {
            RadioButton tmp = (RadioButton) e.getSource();
            lb.setText(tmp.getText() + "を選びました。");
        }
    }
}
```

> トグルグループにラジ
> オボタンを追加します

> 1つ目のラジオボタン
> を選択状態にします

Lesson
4

Sample10の実行画面

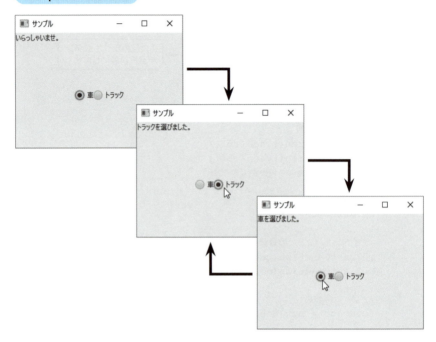

ここでは、「トラック」項目をチェックすると、同じグループ内の「車」項目のチェックが解除されます。

このように、複数のラジオボタンを1つのグループにするには、

ラジオボタンをトグルグループ (ToggleGroup) に追加する

という処理が必要です。setToggleGroup()メソッドを使ってトグルグループに追加します。それ以外は、普通のボタンを扱う場合と同じ処理を行います。

Sample10の関連クラス

クラス	説明
javafx.scene.control.RadioButtonクラス	
RadioButton(String text)	指定したテキストをもつラジオボタンを作成する
void setSelected(boolean value)	選択状態を設定する
javafx.scene.control.ToggleGroupクラス	
ToggleGroup()	トグルグループを作成する

4.3 ボタン

ボタンコントロール

ボタン関連のコントロールは、**ButtonBaseクラス**（javafx.scene.controlパッケージ）のサブクラスとなっています。

ラジオボタンは、押し込まれた状態が継続するボタン（トグルボタン）の機能を継承していることが特徴です。また、次の章で紹介するメニューを表示するメニューボタンもあります。

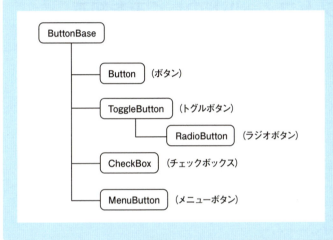

4.4 テキストフィールド

テキストフィールドのしくみを知る

この節では、テキストフィールド（TextField）というコントロールを使ってみることにしましょう。

これまでにもテキストを表示するコントロールである、ラベルを使ったことを思い出してください。テキストフィールドを使えば、テキストを表示するばかりでなく、ユーザーからの入力を受けつけることもできるようになります。

Sample11.java ▶ テキストフィールドを使う

```
import javafx.application.*;
import javafx.stage.*;
import javafx.scene.*;
import javafx.scene.control.*;
import javafx.scene.layout.*;
import javafx.scene.input.*;
import javafx.event.*;

public class Sample11 extends Application
{
    private Label lb;
    private TextField tf;

    public static void main(String[] args)
    {
        launch(args);
    }
    public void start(Stage stage)throws Exception
    {
        //コントロールの作成
        lb = new Label("いらっしゃいませ。");
        tf = new TextField();    ← テキストフィールドを作成します
```

4.4 テキストフィールド

```
    //ペインの作成
    BorderPane bp = new BorderPane();

    //ペインへの追加
    bp.setTop(lb);
    bp.setBottom(tf);

    //イベントハンドラの登録
    tf.setOnAction(new SampleEventHandler());

    //シーンの作成
    Scene sc = new Scene(bp, 300, 200);

    //ステージへの追加
    stage.setScene(sc);

    //ステージの表示
    stage.setTitle("サンプル");
    stage.show();
  }
}
//イベントハンドラクラス
class SampleEventHandler implements
    EventHandler<ActionEvent>
{
    public void handle(ActionEvent e)
    {
        lb.setText(tf.getText() + "ですね。");  ← テキストフィールドの
    }                                              テキストを取得します
  }
}
```

Sample11の実行画面

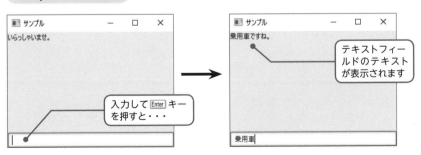

入力して Enter キーを押すと・・・

テキストフィールドのテキストが表示されます

Lesson 4 ● コントロールの応用

　このサンプルを実行すると、テキストフィールドに「乗用車」や「トラック」などというテキストを入力することができます。
　テキストを入力して漢字などに変換したあと、さらに Enter キーをもう1回押すと、その内容がラベルに設定されます。イベント処理は、ボタンのときと同様です。
　テキストフィールドに入力した文字列が、ラベルに表示されていますね。

Sample11の関連クラス

クラス	説明
javafx.scene.control.TextFieldクラス	
TextField()	テキストフィールドを作成する

テキスト入力コントロール

　テキスト入力関連のコントロールは、**TextInputControlクラス**（javafx.scene.controlパッケージ）のサブクラスになっています。TextInputControlクラスには、テキスト入力関連コントロールに共通する機能がまとめられています。テキストエリアは第9章で紹介します。

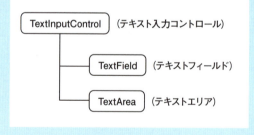

94

4.5 レッスンのまとめ

この章では、次のようなことを学びました。

- ペインは、コントロールをレイアウトします。
- ラベルは、テキストを表示するためのコントロールです。
- ボタンは、ユーザーからの操作を受けつけるためのコントロールです。
- チェックボックスやラジオボタンは、ボタンの一種です。
- テキストフィールドは、テキストを入力するためのコントロールです。

この章では、JavaFXの応用について学びました。まず、コントロールの配置方法を管理するペインの使いかたを学びました。また、基本的なコントロールの機能についても学びました。これらの知識を利用すれば、みばえのよいプログラムを作成することができます。次の章では、さらに複雑なJavaFXコントロールについて学びます。

練習

1. ラジオボタンをチェックしたときに、ラベルの背景色を変更するアプリケーションを作成してください。

2. チェックボックスをチェックしたときに、ラベルに画像が表示されるアプリケーションを作成してください。

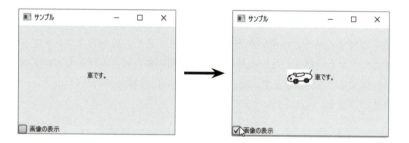

3. ラジオボタンをチェックしたときに、ラベルのフォントを変更するアプリケーションを作成してください。

Lesson 5

コントロールの活用

第4章では、さまざまなJavaFXのコントロールについて学びました。
この章では、さらに新しいコントロールについて学んでいくことにしま
しょう。JavaFXの豊富なコントロールを利用すれば、Javaプログラム
をより強力なものとすることができます。

Check Point!

- コンボボックス
- リストビュー
- テーブルビュー
- メニューバー
- ツールバー
- アラート
- キャンバス

5.1 コンボボックス

コンボボックスのしくみを知る

　この章では、さまざまな形式でデータを表示するコントロールを使ってみることにしましょう。

　まず、**コンボボックス**（ComboBox）というコントロールを使ってみることにしましょう。コンボボックスは、マウスでボックスの右端をクリックすると、リストがドロップダウンして表示されるコントロールです。

Sample1.java ▶ コンボボックスを利用する

```
import javafx.application.*;
import javafx.stage.*;
import javafx.scene.*;
import javafx.scene.control.*;
import javafx.scene.layout.*;
import javafx.scene.input.*;
import javafx.event.*;
import javafx.collections.*;
import javafx.beans.value.*;

public class Sample1 extends Application
{
    private Label lb;
    private ComboBox<String> cb;
    private ObservableList<String> ol;

    public static void main(String[] args)
    {
        launch(args);
    }
    public void start(Stage stage)throws Exception
    {
        //コントロールの作成
```

5.1 コンボボックス

```java
        lb = new Label("いらっしゃいませ。");
        cb = new ComboBox<String>();

        //コントロールの設定
        ObservableList<String> ol =
            FXCollections.observableArrayList("乗用車",
                "トラック", "オープンカー", "タクシー", "スポーツカー",
                "ミニカー");
        cb.setItems(ol);

        //ペインの作成
        BorderPane bp = new BorderPane();

        //ペインへの追加
        bp.setTop(lb);
        bp.setCenter(cb);

        //イベントハンドラの登録
        cb.setOnAction(new SampleEventHandler());

        //シーンの作成
        Scene sc = new Scene(bp, 300, 200);

        //ステージへの追加
        stage.setScene(sc);

        //ステージの表示
        stage.setTitle("サンプル");
        stage.show();
    }

//イベントハンドラクラス
class SampleEventHandler implements
    EventHandler<ActionEvent>
{
    public void handle(ActionEvent e)
    {
        ComboBox tmp = (ComboBox) e.getSource();
        String str = tmp.getValue().toString();
        lb.setText(str + "ですね。");
    }
}
}
```

❶コンボボックス
を作成します

❷コンボボックスの
データを作成します

❸データをコンボボッ
クスに設定します

Lesson
5

Lesson 5 ● コントロールの活用

Sample1の実行画面

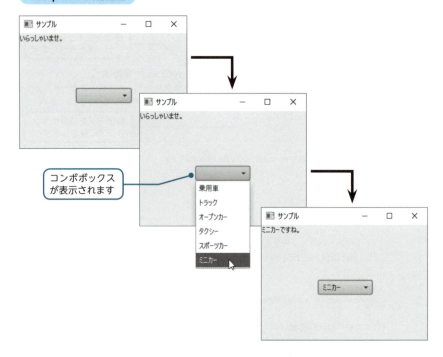

コンボボックスが表示されます

このサンプルでは、コンボボックスをクリックすると、ドロップダウンして項目が表示されます。コンボボックスは次のような手順で作成しています。

❶ コンボボックスを作成する
❷ コンボボックスのデータを作成する
❸ コンボボックスにデータを設定する

　コンボボックスのデータは、JavaFXの**ObservableListインターフェイス**を実装するクラスのオブジェクトとして作成することが必要です。FXCollectionsクラスのobservableArrayList()メソッドを利用して配列からデータ項目を作成しています。

　なお、JavaFXのObservableListインターフェイスは、java.utilパッケージのListインターフェイスなどを拡張するもので、**コレクション**（Collection）と呼ばれるデータ管理方法のひとつです。

　コレクションは各種のデータ構造と、その追加・削除・参照を行うメソッドが

用意されており、配列よりも高度なデータ管理を行うことができます。<>内に管理するデータの型を指定します。

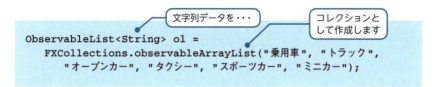

```
ObservableList<String> ol =
    FXCollections.observableArrayList("乗用車", "トラック",
      "オープンカー", "タクシー", "スポーツカー", "ミニカー");
```

　ここでは文字列を管理していますが、<>内にはさまざまな種類の型を指定することができます。こうしたコレクションクラスなどの型の指定は**ジェネリクス**（generics：総称型）と呼ばれています。コンボボックスのデータとしては、ラベルや画像など、ほかのコントロールを管理することもできますので、高度なGUIを作成していく場合に応用してみるとよいでしょう。

　このコレクションによるデータをコンボボックスに設定することで、コンボボックスにデータが表示されます。

　コンボボックスを扱ったときのイベント処理は、ボタンを押したときと同じです。これまでのコードを復習してみてください。

コンボボックスを扱うには、ComboBoxクラスを使う。

Sample1の関連クラス

クラス	説明
javafx.scene.control.ComboBox<T>クラス	
ComboBox()	コンボボックスを作成する
javafx.collections.FXCollectionsクラス	
static <E> ObservableList<E> observableArrayList(E... items)	対象となる配列要素を指定して作成する

Lesson 5 ● コントロールの活用

コレクション

リストは最もよく利用されるコレクションのひとつです。java.utilパッケージでは、ほかにもデータ構造・管理方法に応じて以下の表などのコレクションを利用することができます。リスト・セット・マップに分類されるこれらのコレクションはさまざまなデータ管理方法として利用されています。

コレクション

インターフェイス	データ構造	主な操作方法（メソッド）	実装するクラス
List	リスト	追加 add(E value) 削除 remove(int index) 参照 get(int index) 要素数 size()	ArrayList（ランダムアクセスを行う） LinkedList（線形アクセスを行う）
Set	要素の重複を許さない集合（セット）	追加 add(E value) 削除 remove(Object o) 参照 contains(Object o) 要素数 size()	HashSet（順序はなし） TreeSet（順序は要素の昇順） LinkedHashSet（順序は挿入順）
Map	キーと値の組を管理する（マップ）	追加 put(K key, E value) 削除 remove(Object key) 参照 get(Object key) 要素数 size()	HashMap（順序はなし） TreeMap（順序はキーの昇順） LinkedHashMap（順序は挿入順）

よく利用されるArrayListクラスの場合は、次のように利用することができます。

```
ArrayList<String> list = new ArrayList<String>();

list.add("乗用車");
list.add("トラック");
・・・
for(String str : list){
   ・・・
}
```

管理する型を指定し・・・

リストを作成します

リストにデータを追加します

リストのデータを取り出して利用します

5.2 リストビュー

 ### リストビューのしくみを知る

今度は、全体がリスト形式で表示されるコントロールを使ってみましょう。このコントロールはリストビュー (ListView) と呼ばれます。

Sample2.java ▶ リストビューを利用する

```
import javafx.application.*;
import javafx.stage.*;
import javafx.scene.*;
import javafx.scene.control.*;
import javafx.scene.layout.*;
import javafx.scene.input.*;
import javafx.event.*;
import javafx.collections.*;
import javafx.beans.value.*;

public class Sample2 extends Application
{
    private Label lb;
    private ListView<String> lv;

    public static void main(String[] args)
    {
        launch(args);
    }
    public void start(Stage stage)throws Exception
    {
        //コントロールの作成
        lb = new Label("いらっしゃいませ。");
        lv = new ListView<String>();

        //コントロールの設定
        ObservableList<String> ol =
```

❶リストビューを作成します

Lesson 5 ● コントロールの活用

```
            FXCollections.observableArrayList
                        ("乗用車", "トラック", "オープンカー",
                        "タクシー", "スポーツカー", "ミニカー",
                        "自転車", "三輪車", "バイク",
                        "飛行機", "ヘリコプター", "ロケット");
        lv.setItems(ol);

        //ペインの作成
        BorderPane bp = new BorderPane();

        //ペインへの追加
        bp.setTop(lb);
        bp.setCenter(lv);

        //イベントハンドラの登録
        lv.getSelectionModel().selectedItemProperty()
            .addListener(new SampleChangeListener());

        //シーンの作成
        Scene sc = new Scene(bp, 300, 200);

        //ステージへの追加
        stage.setScene(sc);

        //ステージの表示
        stage.setTitle("サンプル");
        stage.show();
    }

//イベントハンドラクラス
class SampleChangeListener implements
    ChangeListener<String>
{
    public void changed(ObservableValue ob,
                        String bs, String as)
    {
        lb.setText(as + "ですね。");
    }
}
}
```

❷リストビューのデータを作成します

❸データをリストビューに設定します

モデルの選択項目をソースとします

イベントハンドラクラスを宣言します

項目を選択したときに、このメソッドが呼び出されます

5.2 リストビュー

Sample2の実行画面

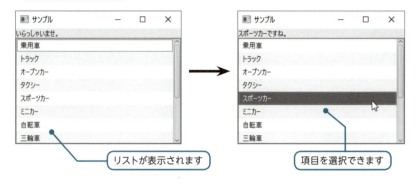

リストビューのデータも、コンボボックスのデータと同様にObservableListとして作成・設定します。

なお、リストビューの項目を選択したときのイベントは、次の項目で処理することが一般的です。

Sample2のイベント処理

役割		クラス
ソース		ItemProperty
イベント		ChangeEvent
イベントハンドラ	インターフェイス	ChangeListener
	メソッド	changed()
イベントハンドラの登録		addListener()

リストビューは、データを保持するクラスがリストの外観（ビュー）とは別になっており、これをモデル（Model）といいます。ここでは、このデータをあらわすモデルの選択項目（ItemProperty）をソースとします。データ項目の選択が変更された際に発生するイベントによってイベント処理を行うのです。イベント処理の方法をよく確認してみてください。

リストを扱うには、ListViewクラスを使う。

Sample2の関連クラス

クラス	説明
javafx.scene.control.ListView<T>クラス	
ListView()	リストビューを作成する
MultipleSelectionModel<T> getSelectionModel()	モデルを取得する
javafx.scene.control.SelectionModel<T>クラス	
ReadOnlyObjectProperty<T> selectedItemProperty()	選択項目を取得する

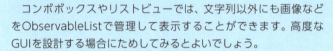

さまざまなデータの表示

　コンボボックスやリストビューでは、文字列以外にも画像などをObservableListで管理して表示することができます。高度なGUIを設計する場合にためしてみるとよいでしょう。

5.3 テーブルビュー

テーブルビューを表示する

この節では、テーブルビュー（TableView）について学ぶことにしましょう。テーブルビューは表形式データを表示するコントロールです。さっそくコードを入力してみましょう。

Sample3.java ▶ テーブルビューを利用する

```java
import java.util.*;
import javafx.application.*;
import javafx.stage.*;
import javafx.scene.*;
import javafx.scene.control.*;
import javafx.scene.layout.*;
import javafx.scene.control.cell.*;
import javafx.collections.*;
import javafx.beans.value.*;
import javafx.beans.property.*;

public class Sample3 extends Application
{
    private Label lb;
    private TableView<RowData> tv;

    public static void main(String[] args)
    {
        launch(args);
    }
    public void start(Stage stage)throws Exception
    {
        //コントロールの作成
        lb = new Label("いらっしゃいませ。");
```

Lesson 5 ● コントロールの活用

```
tv = new TableView<RowData>();
```
❷テーブルビューを作成します

❸テーブルビューの列を作成します

```
//コントロールの設定
TableColumn<RowData, String> tc1 =
    new TableColumn<RowData, String>("車名");
TableColumn<RowData, String> tc2 =
    new TableColumn<RowData, String>("価格");
TableColumn<RowData, String> tc3 =
    new TableColumn<RowData, String>("月日");
```

❹列にデータクラスのプロパティを関連づけます

```
tc1.setCellValueFactory(new
    PropertyValueFactory<RowData, String>("name"));
tc2.setCellValueFactory(new
    PropertyValueFactory<RowData, String>("price"));
tc3.setCellValueFactory(new
    PropertyValueFactory<RowData, String>("date"));

ObservableList<RowData> ol
    = FXCollections.observableArrayList();
ol.add(new RowData("乗用車", 1200,"10-01"));
ol.add(new RowData("トラック", 2400,"10-05"));
ol.add(new RowData("オープンカー", 3600,"10-06"));
ol.add(new RowData("タクシー", 2500,"10-10"));
ol.add(new RowData("スポーツカー", 2600,"10-11"));
ol.add(new RowData("ミニカー", 300,"10-12"));
ol.add(new RowData("自転車", 800,"10-15"));
ol.add(new RowData("三輪車", 600,"10-18"));
ol.add(new RowData("飛行機", 15000,"10-19"));
ol.add(new RowData("乗用車", 1200,"10-01"));
ol.add(new RowData("ヘリコプター", 3500,"10-21"));
```

❺テーブルビューのデータを作成します

```
tv.getColumns().add(tc1);
tv.getColumns().add(tc2);
tv.getColumns().add(tc3);
```
❻テーブルビューに列を設定します

```
tv.setItems(ol);
```
❼テーブルビューにデータを設定します

```
//ペインの作成
BorderPane bp = new BorderPane();

//ペインへの追加
bp.setTop(lb);
bp.setCenter(tv);

//シーンの作成
Scene sc = new Scene(bp, 300, 200);
```

5.3 テーブルビュー

```
    //ステージへの追加
    stage.setScene(sc);

    //ステージの表示
    stage.setTitle("サンプル");
    stage.show();
}                               ❶テーブルのデータを        ❽Propertyのサブクラス
                                あらわすクラスです          型のXXフィールド（プロ
public class RowData                                       パティ）をもたせます
{
    private final SimpleStringProperty name;
    private final SimpleIntegerProperty price;
    private final SimpleStringProperty date;
                                                 ❾プロパティ
    public RowData(String n, Integer p, String d)  に値を設定
    {                                              します
       this.name = new SimpleStringProperty(n);
       this.price = new SimpleIntegerProperty(p);
       this.date = new SimpleStringProperty(d);
    }
     public StringProperty nameProperty(){return name;}
     public IntegerProperty priceProperty(){return price;}
     public StringProperty dateProperty(){return date;}
}                                       ❿プロパティの値を取得する
}                                        XXProperty()という名前の
                                         メソッドを定義します
```

Sample3の実行画面

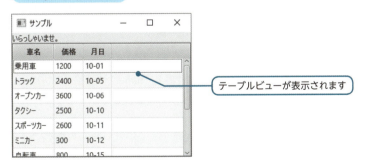

テーブルビューが表示されます

テーブルビューは少し複雑になっていますので、あせらず、順を追って1つず
つみていくことにしましょう。テーブルビューは次のような手順で作成できるよう
になっています。

Lesson 5 ● コントロールの活用

❶ データのプロパティをあらわすクラスを設計しておく

❷ テーブルビューを作成する

❸ テーブルビューの列を作成する

❹ ❸の列に❶のプロパティを関連付ける

❺ ❶からテーブルビューのデータを作成する

❻ ❸の列をテーブルビューに設定する

❼ ❺のデータをテーブルビューに設定する

テーブルビューに表示するデータ項目は、自分でクラスとして設計しておくことが必要になります（❶）。これはデータを保持するフィールドをもつクラスです。このようなクラスのフィールドは**プロパティ**（property）と呼ばれています。たとえば、ここでは「車名」「価格」「日付」をあらわすフィールドをプロパティとして考えることになります。

さて、このようなテーブルビューのデータクラスは次のように設計します。

❽ 表の各列をあらわすフィールドXX（プロパティ）をもたせる

❾ プロパティXXに各行の値が設定されるようにする

❿ プロパティの値を返すXXProperty()という名前のメソッドをもたせる

なお、プロパティは、Propertyインターフェイスを実装するクラスのサブクラス型とすることが必要です。

つまり、「車名（name）」をデータとするためには、

❽ SimpleStringPropertyクラスのnameフィールドをプロパティとして設計し、

❾ コンストラクタで車名をnameプロパティに設定し、

❿ namePropertyメソッドでnameプロパティの値を返す

ようにしておくわけです。ここでは、次のように「車名（name）」「価格（date）」「日付（date）」の3つの列をプロパティとしてもつクラスを設計しました。

❽Propertyのサブクラス型のXXフィールド（プロパティ）をもたせます

```
public class RowData
{
    private final SimpleStringProperty name;
    private final SimpleIntegerProperty price;
    private final SimpleStringProperty date;
```

110

5.3 テーブルビュー

```
    public RowData(String n, Integer p, String d)
    {
       this.name = new SimpleStringProperty(n);
       this.price = new SimpleIntegerProperty(p);
       this.date = new SimpleStringProperty(d);
    }
    public StringProperty nameProperty(){return name;}
    public IntegerProperty priceProperty(){return price;}
    public StringProperty dateProperty(){return date;}
  }
}
```

❾ プロパティに値を設定します

❿ プロパティの値を取得するXXProperty()という名前のメソッドを定義します

　さらに、テーブルビューを作成し（❷）、テーブルビューの列をあらわすTableColumnクラスのオブジェクトを作成します（❸）。この列とデータクラスのプロパティを関連付けます（❹）。またプロパティからデータ全体を作成します（❺）。

　最後にこの列とデータをテーブルビューに設定します（❻・❼）。これでデータがテーブルビューに表形式で表示されることになるのです。

重要 表形式のデータを扱うには、TableViewクラスを使う。

Sample3の関連クラス

クラス	説明
javafx.scene.control.TableView<S>クラス	
TableView()	テーブルビューを作成する
ObservableList<TableColumn<S,?>> getColumns()	列リストを取得する
javafx.scene.control.TableColumn<S,T>クラス	
TableColumn(String text)	テーブルの列を作成する
void setCellValueFactory(Callback<TableColumn.CellDataFeatures<S,T>,ObservableValue<T>> value)	セル値を生成するクラスを設定する
javafx.scene.control.cell.PropertyValueFactory<S,T>クラス	
PropertyValueFactory(String property)	プロパティ値を生成するクラスを作成する

Lesson 5 ● コントロールの活用

表の作成は少し複雑ですが、決められた形式にしたがえばさまざまな表を同じように作成することができるようになります。もうひとつ表を作成してみましょう。

Sample4.java ▶ テーブルのデータを設計する

```java
import java.time.*;
import java.time.format.*;
import javafx.application.*;
import javafx.stage.*;
import javafx.scene.*;
import javafx.scene.control.*;
import javafx.scene.layout.*;
import javafx.scene.input.*;
import javafx.scene.control.cell.*;
import javafx.collections.*;
import javafx.beans.value.*;
import javafx.beans.property.*;

public class Sample4 extends Application
{
    private Label lb;
    private TableView<RowData> tv;

    public static void main(String[] args)
    {
        launch(args);
    }
    public void start(Stage stage)throws Exception
    {
        //コントロールの作成
        lb = new Label("いらっしゃいませ。");
        tv = new TableView<RowData>();

        //コントロールの設定
        TableColumn<RowData, String> tc1
            = new TableColumn<RowData, String>("日付");
        TableColumn<RowData, String> tc2
            = new TableColumn<RowData, String>("営業");

        tc1.setCellValueFactory
            (new PropertyValueFactory<RowData, String>("date"));
        tc2.setCellValueFactory
            (new PropertyValueFactory<RowData,
                String>("business"));
```

「日付」列と「営業」列を作成します

列とプロパティを関連付けます

112

5.3 テーブルビュー

```java
        ObservableList<RowData> ol =
            FXCollections.observableArrayList();
        for(int i=0; i<50; i++){
            ol.add(new RowData(i));            // データを作成します
        }

        tv.getColumns().add(tc1);              // 列をテーブルビュー
        tv.getColumns().add(tc2);              // ーに設定します

        tv.setItems(ol);                       // データをテーブル
                                               // ビューに設定します
        //ペインの作成
        BorderPane bp = new BorderPane();

        //ペインへの追加
        bp.setTop(lb);
        bp.setCenter(tv);

        //シーンの作成
        Scene sc = new Scene(bp, 300, 200);

        //ステージへの追加
        stage.setScene(sc);

        //ステージの表示
        stage.setTitle("サンプル");
        stage.show();
    }

    public class RowData                       // データクラスです
    {
        private final SimpleStringProperty date;      // 「日付」列と「営業」
        private final SimpleStringProperty business;  // 列を設計します

        public RowData(int row)                // 指定した形式で日付のフ
        {                                      // ォーマットを作成します
            DateTimeFormatter df =
                DateTimeFormatter.ofPattern("yyyy/MM/dd");
            LocalDateTime t = LocalDateTime.now();     // 現在の日時を
                                                       // 取得します
            LocalDateTime d = t.plusDays(row);  // 1行ごとに1日増やします

            this.date = new SimpleStringProperty(df.format(d));

            if(d.getDayOfWeek() == DayOfWeek.SUNDAY)   // 曜日を調べます
                this.business =
                    new SimpleStringProperty("休業日です。");
```

Lesson
5

Lesson 5 ● コントロールの活用

```
        else
            this.business =
                new SimpleStringProperty("営業日です。");

        }
        public StringProperty dateProperty(){return date;}
        public StringProperty businessProperty()
                                         {return business;}
    }
}
```

Sample4の実行画面

日付	営業
いらっしゃいませ。	
2019/01/10	営業日です。
2019/01/11	営業日です。
2019/01/12	営業日です。
2019/01/13	休業日です。
2019/01/14	営業日です。
2019/01/15	営業日です。
2019/01/16	営業日です。

　ここではdateが日付、businessが営業日／休業日となるようにデータクラスを設計しています。このサンプルでは、データクラスの中で日付の計算を行っていることが特徴です。1行ごとに1日分の日付が加算されるようにし、この日付の曜日を調べて営業日／休業日を判断しています。

　このように計算して求めたデータを使えば、より自由に表を作成することができるようになります。さまざまな表の作成に応用してみるとよいでしょう。

Sample4の関連クラス

クラス	説明
java.time.LocalDateTimeクラス	
static LocalDateTime now()	現在の時刻を取得する
DayOfWeek getDayOfWeek()	曜日を取得する
LocalDateTime plusDays(long days)	日付を加算する
java.time.format.DateTimeFormatterクラス	
static DateTimeFormatter ofPattern(String pattern)	指定したパターンでフォーマッタを作成する
String format(TemporalAccessor temporal)	フォーマットする

5.4 メニューバーとツールバー

メニューバーのしくみを知る

　この節までに、さまざまなコントロールとそのしくみを学んできました。ここからは、補助的な役割をもつコントロールについて学んでいくことにしましょう。

　アプリケーションには、**メニューバー**（MenuBar）と呼ばれるコントロールをつけることができます。通常メニューバーは、**メニュー**（Menu）と**メニューアイテム**（MenuItem）というコントロールといっしょに使います。さっそくためしてみましょう。

Sample5.java ▶ メニューバーを使う

```java
import javafx.application.*;
import javafx.stage.*;
import javafx.scene.*;
import javafx.scene.control.*;
import javafx.scene.layout.*;
import javafx.scene.input.*;
import javafx.event.*;

public class Sample5 extends Application
{
    private Label lb;
    private MenuBar mb;
    private Menu[] mn = new Menu[4];
    private MenuItem[] mi = new MenuItem[7];

    public static void main(String[] args)
    {
        launch(args);
    }
    public void start(Stage stage)throws Exception
    {
        //コントロールの作成
```

Lesson 5 ● コントロールの活用

```
lb = new Label("いらっしゃいませ。");
mb = new MenuBar();                              ❶メニューバーを作成します

//コントロールの設定
mn[0] = new Menu("メイン1");
mn[1] = new Menu("メイン2");
mn[2] = new Menu("サブ1");                       ❷メニューを作成します
mn[3] = new Menu("サブ2");

mi[0] = new MenuItem("乗用車");
mi[1] = new MenuItem("トラック");
mi[2] = new MenuItem("オープンカー");
mi[3] = new MenuItem("タクシー");                ❸メニューアイテ
mi[4] = new MenuItem("スポーツカー");               ムを作成します
mi[5] = new MenuItem("ミニカー");
mi[6] = new SeparatorMenuItem();

mn[0].getItems().addAll(mi[0], mi[1]);

mn[2].getItems().addAll(mi[2], mi[3]);
                                                 ❹メニューにメ
mn[3].getItems().addAll(mi[4], mi[5]);             ニューアイテム
                                                   を追加します
mn[1].getItems().addAll(mn[2]);
mn[1].getItems().addAll(mi[6], mn[3]);

mb.getMenus().addAll(mn[0], mn[1]);              ❺メニューバー
                                                   にメニューを
//ペインの作成                                       追加します
BorderPane bp = new BorderPane();

//ペインへの追加
bp.setTop(mb);
bp.setCenter(lb);

//イベントハンドラの登録
  for(int i=0; i<mi.length; i++)
{
    mi[i].setOnAction(new SampleEventHandler());
}

//シーンの作成
Scene sc = new Scene(bp, 300, 200);

//ステージへの追加
stage.setScene(sc);
```

116

5.4 メニューバーとツールバー

```
    //ステージの表示
    stage.setTitle("サンプル");
    stage.show();
}

//イベントハンドラクラス
class SampleEventHandler implements
    EventHandler<ActionEvent>
{
    public void handle(ActionEvent e)
    {
        MenuItem tmp =(MenuItem) e.getSource();
        String str = tmp.getText();
        lb.setText(str + "ですね。");
    }
}
}
```

Sample5の実行画面

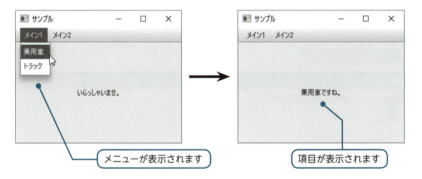

 このサンプルでは、メニューアイテムを選択したときにラベルの表示が変更されるようにしました。メニューバーは、次のような順序で作成しています。

❶ メニューバーを作成する
❷ メニューを作成する
❸ メニューアイテムを作成する
❹ メニューにメニューアイテムを追加する
❺ メニューバーにメニューを追加する

Lesson 5 ● コントロールの活用

　メニューアイテム（MenuItem）は各項目をさします。メニュー（Menu）は、メニューアイテムを入れる部分となっています。メニューバー（MenuBar）がメインのバーになっています。コードと実際の画面をくらべてみてください。

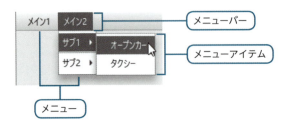

　なお、メニューアイテムの1つは、仕切りであるセパレータ（SeparatorMenuItem）となっています。

> メニューバーを扱うには、MenuBar・Menu・MenuItemクラスを使う。

Sample5の関連クラス

クラス	説明
javafx.scene.control.MenuBarクラス	
MenuBar()	メニューバーを作成する
ObservableList<Menu> getMenus()	メニューバー内のメニューを取得する
javafx.scene.control.Menuクラス	
Menu(String text)	指定されたテキストをもつメニューを作成する
ObservableList<MenuItem> getItems()	メニュー内のメニューアイテムを取得する
javafx.scene.control.MenuItemクラス	
MenuItem(String text)	指定されたテキストをもつメニューアイテムを作成する
javafx.scene.control.SeparatorMenuItemクラス	
SeparatorMenuItem()	セパレータメニューアイテムを作成する

5.4 メニューバーとツールバー

> **いろいろなメニュー**
>
> 第4章のコラムでも紹介したように、JavaFXのメニュー項目を表示するメニューボタンを使うこともできます。また、JavaFXには、ラジオボタンやチェックボックスの機能をもつメニュー項目（RadioMenuItem、CheckMenuItem）もあります。くわしくは、リファレンスを調べてみてください。ラジオメニュー項目は第12章で使います。
>
>

ツールバーのしくみを知る

メニューバーのほかにも、**ツールバー**（ToolBar）という便利なコントロールがあります。ツールバーは、メニューバーと同じように、ユーザーの操作を受けつけるためのコントロールです。

さっそくツールバーを使ったコードを作成してみましょう。「car.jpg」という画像ファイルも保存してください。

Sample6.java ▶ ツールバーを使う

```java
import javafx.application.*;
import javafx.stage.*;
import javafx.scene.*;
import javafx.scene.control.*;
import javafx.scene.layout.*;
import javafx.scene.input.*;
import javafx.event.*;
import javafx.scene.image.*;

public class Sample6 extends Application
{
    private Label lb;
    private Button[] bt = new Button[3];
```

Lesson 5 ● コントロールの活用

```java
private ToolBar tb;
private Image im;

public static void main(String[] args)
{
    launch(args);
}
public void start(Stage stage)throws Exception
{
    //コントロールの作成
    lb = new Label("いらっしゃいませ。");
    tb = new ToolBar();                          ❶ツールバーを作成します
    im = new Image(getClass()
                    .getResourceAsStream("car.jpg"));

    for(int i=0; i<bt.length; i++){              ❷ボタンを作成します
        bt[i] = new Button();
        bt[i].setGraphic(new ImageView(im));
    }

    //コントロールの設定
    for(int i=0; i<bt.length; i++){
        bt[i].setTooltip(new Tooltip((i+1) + "号車"));
    }
                                                 ❸ボタンにツールチ
                                                   ップを設定します
    //ツールバーへの追加
    tb.getItems().addAll(bt[0], bt[1], new Separator(),
                         bt[2]);
                                                 ❹ツールバーにボタ
                                                   ンを追加します
    //ペインの作成
    BorderPane bp = new BorderPane();

    //ペインへの追加
    bp.setTop(tb);
    bp.setCenter(lb);

    //イベントハンドラの登録
    for(int i=0; i<bt.length; i++){
        bt[i].setOnAction(new SampleEventHandler());
    }

    //シーンの作成
    Scene sc = new Scene(bp, 300, 200);

    //ステージへの追加
    stage.setScene(sc);
```

120

5.4 メニューバーとツールバー

```
    //ステージの表示
    stage.setTitle("サンプル");
    stage.show();
}

//イベントハンドラクラス
class SampleEventHandler implements
    EventHandler<ActionEvent>
{
    public void handle(ActionEvent e)
    {
        int num = 0;
        Button tmp = (Button) e.getSource();

        if(tmp == bt[0])
            num = 1;
        else if(tmp == bt[1])
            num = 2;
        else if(tmp == bt[2])
            num = 3;

        lb.setText(num + "号車ですね。");
    }
}
}
```

Sample6の実行画面

ツールチップが表示されます

Lesson 5 ● コントロールの活用

アプリケーションを実行すると、上部にツールバーが表示されます。コード中では、ツールバーを次の手順で作成しています。

❶ ツールバーを作成する
❷ ボタンを作成する
❸ ボタンにツールチップを設定する
❹ ツールバーにボタンを追加する

ツールバーのボタンは、これまでに使った通常のボタン（Button）と同じです。また、このボタンには、**ツールチップ**（Tooltip）と呼ばれるテキストを設定しました。ツールチップは、コントロールに関するかんたんな説明を表示します。ツールバーのボタンにマウスのカーソルをあわせると、そのボタンの説明が表示されることがわかるでしょう。

ツールバーを扱うには、ToolBarクラスを使う。

Sample6の関連クラス

クラス	説明
javafx.scene.control.ToolBarクラス	
ToolBar()	ツールバーを作成する
ObservableList<Node> getItems()	ツールバーの項目を取得する
javafx.scene.control.Separatorクラス	
Separator()	セパレータ線を作成する
javafx.scene.control.Tooltipクラス	
Tooltip(String text)	ツールチップを作成する

5.4 メニューバーとツールバー

ツールチップ

　なお、ツールチップを設定するsetTooltip()メソッドは、ボタン以外のコントロールでも使うことができます。さまざまなコントロールにツールチップを設定することができますので、ためしてみてください。

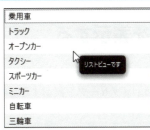

5.5 アラート

アラートを表示する

これまでの節では、アプリケーション上で使うさまざまなコントロールを学んできました。この節では、メッセージを表示するための新しいウィンドウについて学ぶことにしましょう。

メッセージを表示する小さなウィンドウは、アラート (Alert) と呼ばれています。まず、次のコードを入力してみてください。

Sample7.java ▶ アラートを表示する

```
import javafx.application.*;
import javafx.stage.*;
import javafx.scene.*;
import javafx.scene.control.*;
import javafx.scene.layout.*;
import javafx.scene.input.*;
import javafx.event.*;

public class Sample7 extends Application
{
    private Label lb;
    private Button bt;

    public static void main(String[] args)
    {
        launch(args);
    }
    public void start(Stage stage)throws Exception
    {
        //コントロールの作成
        lb = new Label("いらっしゃいませ。");
        bt = new Button("購入");
```

5.5 アラート

```java
    //ペインの作成
    BorderPane bp = new BorderPane();

    //ペインへの追加
    bp.setTop(lb);
    bp.setCenter(bt);

    //イベントハンドラの登録
    bt.setOnAction(new SampleEventHandler());

    //シーンの作成
    Scene sc = new Scene(bp, 300, 200);

    //ステージへの追加
    stage.setScene(sc);

    //ステージの表示
    stage.setTitle("サンプル");
    stage.show();
}

//イベントハンドラクラス
class SampleEventHandler implements
    EventHandler<ActionEvent>
{
    public void handle(ActionEvent e)
    {
        Alert al = new Alert(Alert.AlertType.INFORMATION);
        al.setTitle("購入");
        al.getDialogPane()
            .setHeaderText("ご購入ありがとうございました。");
        al.show();
    }
}
}
```

❶アラートの種類を指定します

❷タイトルを設定します

❸テキストを設定します

❹アラートを表示します

Lesson 5 ● コントロールの活用

Sample7の実行画面

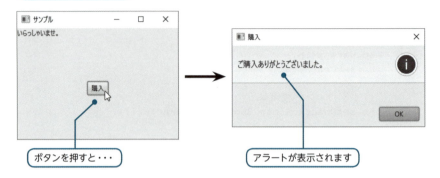

ボタンを押すと・・・
アラートが表示されます

ここではボタンが押されたときに、次のようにアラートを表示しています。

❶ アラートの種類を指定する
❷ タイトルを設定する
❸ テキストを設定する
❹ アラートを表示する

❶で指定できる種類には次のものがあります。

表5-1　アラートの種類（javafx.scene.control.Alert.AlertType列挙型）

種類	内容	アイコン
INFORMATION	情報	ⓘ
CONFIRMATION	確認	❓
WARNING	警告	⚠
ERROR	エラー	✖
NONE	一般	なし

アラートに関するクラスを確認してみてください。

Sample7の関連クラス

クラス	説明
javafx.scene.control.Alertクラス	
public Alert(Alert.AlertType alertType)	アラートを作成する

5.5 アラート

クラス	説明
javafx.scene.control.Dialog<R>クラス	
void setTitle(String title)	タイトルを設定する
DialogPane getDialogPane()	ダイアログペインを取得する
void show()	ダイアログを表示する
javafx.scene.control.DialogPaneクラス	
void setHeaderText(String headerText)	ヘッダテキストを設定する
void show()	ダイアログを表示する

アラートで確認する

さて、アラートにはいくつかの種類があります。アラートの種類を利用してユーザーに確認を行う処理を行うことができます。今度は、イベントハンドラを次のように書きかえてみてください。

Sample8.java ▶ アラートで確認する

```
import java.util.*;
...
   //イベントハンドラクラス
   class SampleEventHandler implements
      EventHandler<ActionEvent>
   {
      public void handle(ActionEvent e)
      {
         Alert al1 = new Alert(Alert.AlertType.CONFIRMATION);
         al1.setTitle("確認");
         al1.getDialogPane()
            .setHeaderText("本当に購入しますか？");
         Optional<ButtonType> res = al1.showAndWait();

         if(res.get() == ButtonType.OK){
            Alert al2 =
               new Alert(Alert.AlertType.INFORMATION);
            al2.setTitle("購入");
            al2.getDialogPane()
               .setHeaderText("ご購入ありがとうございました。");
            al2.show();
         }
```

❶アラートの種類を「確認」とします

❷アラートを表示します

❸「OK」の場合に・・・

アラートの種類を「情報」として作成します

Lesson 5 ● コントロールの活用

```
        }
    }
}
```

Sample8の実行画面

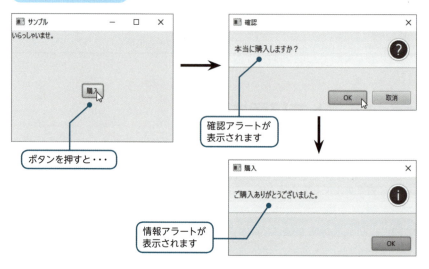

ボタンを押すと・・・
確認アラートが表示されます
情報アラートが表示されます

このサンプルでは、まずアラートの種類を「確認」に設定して利用します（❶）。確認アラートには「OK（ButtonType.OK）」「取消（ButtonType.Cancel）」のボタンがついています。showAndWait()メソッドを使うと、アラートはユーザーの回答を待つように表示されます（❷）。

ユーザが「OK」を押したときだけ、次の情報アラートが表示されます（❸）。こうしたアラートや処理を組みあわせることによって、さらにきめ細かい処理を行っていくことができるでしょう。

Sample8の関連クラス

クラス	説明
javafx.scene.control.Dialog<R>クラス	
Optional<R> showAndWait()	ダイアログを表示し、回答を取得する
java.util.Optional<T>クラス	
T get()	選択値を取得する

5.6 キャンバス

キャンバスに描画する

最後のこの節では、図形や画像を描画するためのキャンバス（Canvas）という部品について紹介しましょう。

Sample9.java ▶ キャンバスを使う

```
import javafx.application.*;
import javafx.stage.*;
import javafx.scene.*;
import javafx.scene.control.*;
import javafx.scene.layout.*;
import javafx.scene.paint.*;
import javafx.scene.canvas.*;

public class Sample9 extends Application
{
    private Canvas cv;

    public static void main(String[] args)
    {
        launch(args);
    }
    public void start(Stage stage)throws Exception
    {
        //コントロールの作成
        cv = new Canvas(300, 200);  ← キャンバスを作成します

        //コントロールの設定
        GraphicsContext gc = cv.getGraphicsContext2D();  ← グラフィックコンテキストを取得します

        for(int i=0; i<100; i++){
            int r = (int) (Math.random() * 256);  ← 描画色の成分を作成します
            int g = (int) (Math.random() * 256);
```

```
            int b = (int) (Math.random() * 256);

        double x = Math.random() * 300;
        double y = Math.random() * 200;

        gc.setFill(Color.rgb(r, g, b, 1.0));
        gc.fillOval(x, y, 10, 10);
    }

    //ペインの作成
    BorderPane bp = new BorderPane();

    //ペインへの追加
    bp.setCenter(cv);

    //シーンの作成
    Scene sc = new Scene(bp, 300, 200);

    //ステージへの追加
    stage.setScene(sc);

    //ステージの表示
    stage.setTitle("サンプル");
    stage.show();
    }
}
```

描画位置を作成します

描画色を設定します

描画位置に円を描画します

Sample9の実行画面

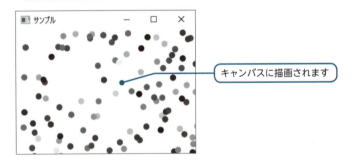

キャンバスに描画されます

　キャンバスでは、グラフィックコンテキスト（GraphicsContext）と呼ばれるオブジェクトを取得して、図形などを描画することができます。ここでは、描画色と描画位置をランダムに作成したうえで、設定した色で円を描きました。

5.6 キャンバス

円のほかにも、さまざまな図形を描画することができます。さまざまな図形をためしてみるとよいでしょう。

表5-2 主な図形の描画 (javafx.scene.canvas.GraphicsContextクラス)

メソッド名	説明
void drawImage(Image img, double x, double y)	画像を描画する
void lineTo(double x1, double y1)	線を描画する
void strokeOval(double x, double y, double w, double h)	楕円を描画する
void fillOval(double x, double y, double w, double h)	塗りつぶし楕円を描画する
void strokeRect(double x, double y, double w, double h)	四角形を描画する
void fillRect(double x, double y, double w, double h)	塗りつぶし四角形を描画する
void strokePolygon(double[] xPoints, double[] yPoints, int nPoints)	多角形を描画する
void fillPolygon(double[] xPoints, double[] yPoints, int nPoints)	塗りつぶし多角形を描画する

Lesson
5

Sample9の関連クラス

クラス	説明
javafx.scene.canvas.Canvasクラス	
Canvas(double width, double height)	サイズを指定してキャンバスを作成する
GraphicsContext getGraphicsContext2D()	グラフィックコンテキストを取得する
javafx.scene.canvas.GraphicsContextクラス	
void setFill(Paint p)	塗りつぶしを設定する
void fillOval(double x, double y, double w, double h)	楕円を描画する

131

Lesson 5 ● コントロールの活用

JavaFXのデザイン

本書では、コードを作成してJavaFXのコントロールを利用して
きました。なお、JavaFXではFXMLと呼ばれるタグを読み込んで、
コントロールを配置したウィンドウ画面を作成することもできるようになって
います。この読み込みは次のように行います。

```
...
import javafx.fxml.*;
...
    public void start(Stage stage)throws Exception
    {
        BorderPane bp = (BorderPane)FXMLLoader.load(
            getClass().getResource("Sample.fxml"));
                new BorderPane();

        Scene sc = new Scene(bp, 300, 200);
...
```

FXMLを読み込みます

Sample.fxml ▶ ウィンドウ画面のデザイン

```
<?xml version="1.0" encoding="UTF-8"?>
<?import javafx.scene.layout.*?>
<?import javafx.scene.control.*?>
<BorderPane>
    <top>
        <Label text="いらっしゃいませ。"/>
    </top>
    <center>
        <Button text="購入"/>
    </center>
</BorderPane>
```

import文に対応します

コントロールのタグを指定します

FXMLLoaderのload()メソッドによって、コントロールの配置を指定した
FXMLを読み込むことができます。コントロールのタグは本書で紹介したクラス
に対応するものです。なお、イベントハンドラクラスをタグ中に指定して、イベ
ント処理を行うことも可能になっています。

また、JavaFXではWebページをデザインするスタイルシートによって、コン
トロールの外観をデザインすることもできるようになっています。利用方法に応
じて活用していくとよいでしょう。

132

5.7 レッスンのまとめ

この章では、次のようなことを学びました。

- ● コンボボックスやリストビューは、複数のデータを表示するコントロールです。
- ● テーブルビューは、表形式でデータを表示するコントロールです。
- ● ウィンドウ上で、メニューバーやツールバーを使うことができます。
- ● メッセージやボタンのついたアラートを表示することができます。
- ● キャンバスに図形を描画することができます。

Lesson
5

この章では、JavaFXの活用について学びました。JavaFXには豊富なコントロールが用意されています。これらのコントロールを使いこなすことで、利用しやすい、実用的なプログラムを作成することができるでしょう。

練習

1. リストビューに今日から50日分の日付を表示し、選択した日付がラベルに表示されるようにしてください。

2. ボタンを押したときに次のアラートが表示されるようにしてください。

Lesson 6

サーブレット

これまでの章では、JavaFXのクラスライブラリを使って、GUIプログラムを作成してきました。この章ではさらに、クラスライブラリを追加して、Webを利用したJavaプログラムを作成することにしましょう。この章ではサーブレットと呼ばれるプログラムについて学びます。

Check Point!

- Webアプリケーション
- HTTP
- サーブレット
- フォーム
- セッション管理
- リクエストの転送

6.1 Webアプリケーション

Webアプリケーションとは

　これまでの章では、クラスライブラリを使って、GUIプログラムを作成してきました。たくさんのプログラムを作成することができたでしょう。さて、この章では、より実践的なプログラムを作成していくことにします。企業向けのクラスライブラリを追加入手して、プログラムを作成していくことにしましょう。

　たとえば、企業の商品を販売するWebサイトを考えてみてください。このようなサイトでは、ユーザーが商品を検索したり、ショッピングカートに商品を追加して購入したりするしくみをもっています。こうしたWebサイトは**Webアプリケーション**と呼ばれるプログラムで構築されています。

　企業向けのクラスライブラリを利用すると、このWebアプリケーションを、Javaを使って効率よく作成できるようになっています。

Webのしくみを知る

　そこで、この章のプログラムを作成するにあたって、まずWebのしくみを学んでおくことにしましょう。

　図6-1をみてください。Webは、WebクライアントとWebサーバーの役割をもつコンピュータからなりたっています。Webクライアント（ユーザー）は、Webブラウザを使ってWebページの送信を要求します。すると、Webサーバーが要求にこたえてそのWebページを送信するしくみになっています。ユーザーからの要求は**リクエスト**（request）、Webサーバーからの返答は**レスポンス**（response）と呼ばれています。

　このとき使われる通信上の規約は、**HTTP**（HyperText Transfer Protocol）と呼ばれています。

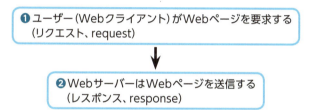

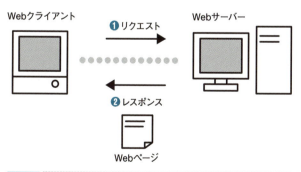

図6-1　Webのしくみ

WebはWebサーバーとWebクライアントからなりたっています。
サーバーとクライアント間の通信はHTTPにしたがって行われます。

Lesson 6 ● サーブレット

重要　Webは、WebサーバーとWebクライアントからなりたつ。

Webページ

通常、WebページはHTML文書で記述されています。HTTPを使ってWebサーバーから送信されるデータには、HTML文書のほかにも、XML文書、JPEG画像データなどがあります。なおHTTPでは、このようなデータの種類のことを、**コンテンツタイプ**（content type）と呼んでいます。

Webサーバー上のプログラムを知る

さて私たちはこれから、最初に紹介したようなWebアプリケーションをつくっていくことにします。このようなWebアプリケーションによるWebサイトを構築するには、「『Webサーバー上』で動作するプログラム」を作成することが必要です。

Webサーバー上のプログラムとは、

ユーザーからのリクエストを受けとったときに、
Webサーバー上で処理を行う

というしくみをもつプログラムのことです。Webサーバー上のプログラムは、ユーザーがWebサイトに訪問してきたときに、図6-2のようにWebページを作成するしくみになっています。このため、ユーザーがやってきたときの状況に応じたWebページを表示できるようになっているのです。

Webサーバー上のプログラムには、サーブレット（servlet）やJSP（JavaServer Pages）という種類があります。さっそく学んでいくことにしましょう。

重要　Webサーバー上のプログラムを使って、柔軟なWebサイトを構築することができる。

138

6.1 Webアプリケーション

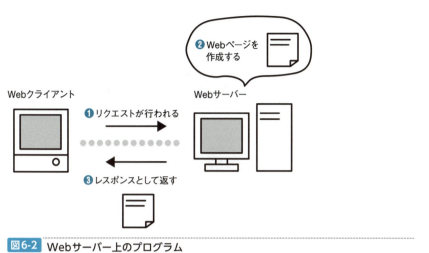

図6-2 Webサーバー上のプログラム
Webサーバー上で動作するプログラムを作成することができます。

Webサーバー上のプログラム開発環境を準備する

第6章・第7章で学ぶWebサーバー上のプログラムを作成するには、企業向けのJavaの開発・実行環境を入手する必要があります。本書ではこの環境として**Tomcat**（Apache Tomcat）を使用することにします。入手・設定方法については、本書の付録Cを参照してください。

6.2 サーブレットの基本

サーブレットを作成する

本書の付録Cを参照し、開発・実行環境の設定ができたら、さっそくコードを作成してみましょう。この章ではまず、サーブレット（servlet）を作成していくことにします。これまでと同じように、テキストエディタを起動してコードを入力してみてください。

Sample1.java ▶ サーブレットを作成する

```java
import java.util.*;
import java.io.*;
import javax.servlet.*;
import javax.servlet.http.*;

public class Sample1 extends HttpServlet
{
    public void doGet(HttpServletRequest request,
                      HttpServletResponse response)
    throws ServletException
    {
        try{
            //コンテンツタイプの設定
            response.setContentType
                ("text/html; charset=UTF-8");

            //時刻の取得
            Date dt = new Date();

            //HTML文書の書き出し
            PrintWriter pw = response.getWriter();
            pw.println("<!DOCTYPE html><html>¥n"
                + "<head><title>サンプル</title></head>¥n"
                + "<body><div style=¥"text-align: center;¥">¥n"
```

❶ HttpServletクラスを拡張します

❷ ユーザーからGETリクエストを受けとったときに呼び出されるメソッドです

❸ コンテンツタイプをHTML文書と設定します

❹ HTML文書を書き出します

6.2 サーブレットの基本

```
              + "<h2>ようこそ</h2>"
              + "<hr/>¥n"
              + "今" + dt + "です。<br/>¥n"
              + "お選びください。<br/>¥n"
              + "<br/>¥n"
              + "<a href=¥"../car1.html¥">乗用車</a><br/>¥n"
              + "<a href=¥"../car2.html¥">トラック</a><br/>¥n"
              + "<a href=¥"../car3.html¥">オープンカー</a><br/>¥n"
              + "</div></body>¥n"
              + "</html>¥n");
        }
        catch(Exception e){
            e.printStackTrace();
        }
    }
}
```

ソースファイルを保存したら、通常のアプリケーションと同じようにコンパイルしてください。すると、サーブレットとなるクラスファイル (Sample1.class) が作成されます。

Sample1のコンパイル方法

> ソースファイルを指定してコンパイルします

```
javac Sample1.java ⏎
```

サーブレットのコンパイル

　本書では、環境変数「CLASSPATH」にサーブレットのクラスライブラリ (servlet-api.jar) の場所を設定することで、上記のように通常のアプリケーションと同様にコンパイルできるようにしています。くわしい設定方法については付録Cを参照してください。

　この設定を行わない場合は、JavaFXと同様、コンパイル時に「-p」によってクラスライブラリの場所を指定することが必要です。なお、本書で使用しているバージョンでは追加モジュールを指定する必要はありません。

Lesson 6 ● サーブレット

Webサーバーを起動する

　次に、作成したクラスファイルを、開発環境に適したディレクトリに配置します。配置したら、Webサーバーソフトウェアを起動してください。これらの方法の詳細については、本書の付録Cを参照してください。

図6-3 Webサーバーの起動
サーブレットを実行する前に、クラスファイルを配置し、Webサーバーを起動しておきます。

サーブレットを実行する前に、Webサーバーの起動を確認する。

Webサーバー

　ここで起動している「Webサーバー」とは、Webクライアントからのリクエストを待ち受けて、Webページを送信する役割をもつソフトウェアのことをいいます。サーブレットを実行するためには、必ずWebサーバーを先に起動しておかなければなりません。

サーブレットを実行する

サーブレットを実行するには、さらにWebブラウザを起動し、URLを入力します。ここではWebサーバーを起動した同じマシン上で、Webブラウザを起動して入力することにします。

http://localhost:8080/YJKSample06/servlet/Sample1 ← サーブレットのURLを入力します

サーブレットのURLは、お使いの開発環境によって異なりますので、注意が必要です。本書での指定方法は、付録Cの説明を参照してください。

Sample1の実行方法・画面

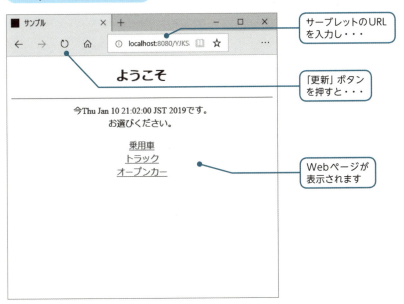

サーブレットを実行すると、単純にWebページが表示されたようにみえますね。しかし、よくみると、Webページ上に時刻が表示されていることがわかります。これは、

Lesson 6 ● サーブレット

サーブレットを実行したときにWebページが作成される

からです。Webブラウザの「更新」ボタンを押して、もう一度サーブレットに訪問すると、時刻がかわることがわかるでしょう。

このように、サーブレットを使うと、ユーザーがWebサイトにやってきたとき（Webサーバーがリクエストを受けとったとき）に、Webページを作成することができます。このため、ユーザーがやってきたときの状況に応じて、柔軟なWebサイトを構築できるようになっているのです。ユーザーがやってきたときの時刻を表示したり、毎回異なる内容のWebページを作成することが可能なのです。

ユーザーがWebサイトにやってきたときに、サーブレットによってWebページを作成できる。

❷ Webページを作成する

Webクライアント　　　Webサーバー

❶ リクエストが行われる

❸ レスポンスとして返される

図6-4　サーブレット
　　　サーブレットを使うと、ユーザーがWebサイトにやってきたときに、
　　　Webページを作成することができます。

144

サーブレットの起動

Webサーバーはユーザーからのリクエストを受けとると、サーブレットを起動する役割をもつソフトウェアにリクエストを引き渡します。このソフトウェアを、**サーブレットコンテナ** (servlet container) と呼んでいます。このサーブレットコンテナによって、サーブレットが実行されるしくみになっているのです。

なお本書では、サーブレットコンテナの機能をもっているWebサーバー (Tomcat) を使っています。

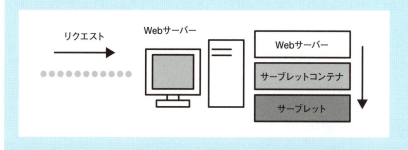

サーブレットのコードを知る

では、サーブレットの実行方法を学んだところで、コードの内容をみておくことにしましょう。Sample1のコードをもう一度ふりかえってみてください。

サーブレットを作成するには、HttpServletクラス（javax.servlet.httpパッケージ）を拡張します（❶）。すると、サーブレットが実行されたときに、Webサーバーの動作にあわせて、次の名前のメソッドが呼び出されることになっています。

Lesson 6 ● サーブレット

表6-1　サーブレットのメソッド

メソッド名	メソッドが呼び出されるとき
init()	サーブレットが読み込まれたとき
service()	サーブレットが呼び出されたとき
doGet()	GETリクエストを受けとったとき
doPost()	POSTリクエストを受けとったとき
destroy()	サーブレットが終了するとき

　ユーザーがWebブラウザでURLを入力したときには、「GET」という文字列を先頭につけた方式のリクエストが行われます。そこでSample1では、doGet()メソッドを定義しています（❷）。その結果、実際にユーザーがやってきてリクエストが行われたときに、HTML文書が書き出され、Webページとして表示されるのです（❸・❹）。

　では、この基本的なサーブレットに関するクラスを紹介しておきましょう。

Sample1の関連クラス

クラス	説明
javax.servlet.ServletResponseインターフェイス	
void setContentType(String type)	レスポンスのコンテンツタイプを設定する
PrintWriter getWriter()	HTML文書などの出力先を取得する

サーブレットの作成

　第3章では、JavaFXのApplicationクラスを拡張して、GUIアプリケーションを作成する方法を学びました。サーブレットの場合も、クラスライブラリのクラスを拡張して、プログラムを作成します。つまり、クラスライブラリの枠組みを利用して、実用的なプログラムを効率よく作成しているわけです。

6.3 フォームからの実行

フォームのデータを表示する

Sample1では、WebブラウザにURLを入力して、サーブレットを実行しましたね。今度はこれとは異なる手順で実行するサーブレットを作成してみましょう。

Webページには、**フォーム**（form）と呼ばれる、データの入力エリアをつくることができます。そこでこのフォーム上のボタンを押して実行するサーブレットを作成することにします。次のコードを入力してください。

Sample2.java ▶ フォームのデータを表示する

```java
import java.io.*;
import javax.servlet.*;
import javax.servlet.http.*;

public class Sample2 extends HttpServlet
{
    public void doGet(HttpServletRequest request,
        HttpServletResponse response) throws ServletException
    {
        try{
            //フォームデータの取得
            String carname = request.getParameter("cars");

            //コンテンツタイプの設定
            response.setContentType
                ("text/html; charset=UTF-8");

            //HTML文書の書き出し
            PrintWriter pw = response.getWriter();
            pw.println("<!DOCTYPE html><html>¥n"
                + "<head><title>¥n" + carname
                + "</title></head>¥n"
```

❶フォームのデータを取得します

❷データを埋め込んだHTML文書を作成します

Lesson 6

147

Lesson 6 ● サーブレット

```
              + "<body><div style=¥"text-align: center;¥">¥n"
              + "<h2>¥n" +  carname
              + "</h2>¥n" + carname
              + "のお買い上げありがとうございました。<br/>¥n"
              + "</div></body>¥n"
              + "</html>¥n");
        }
        catch(Exception e){
            e.printStackTrace();
        }
    }
}
```

　コードを作成したら、フォームをもつHTML文書を作成します。テキストエディ
タを起動して、次のSample2.htmlを作成してください。HTML文書は文字コード
をUTF-8として保存してください。

　なお、「form」タグには、サーブレットのURLを指定します。このURLは、お
使いのサーブレット開発環境にあわせて変更してください。

Sample2.html（HTML文書はUTF-8で保存）

```
<!DOCTYPE html>
<html>
<head><title>サンプル</title></head>
<body><div style="text-align: center;">
<img src="car.gif"/><br/>
<h2>ようこそ</h2>
<hr/>
お選びください。<br/>
<br/>
<form action="http://localhost:8080/YJKSample06/servlet/
Sample2" method="GET">
<input type="text" name="cars"/>
<input type="submit" value="送信"/>
</form>
</div></body>
</html>
```

「form」タグにサーブ
レットのURLを指定します

フォーム上の入力エ
リアをあらわします

フォーム上の「送信」
ボタンをあらわします

148

Sample2のサーブレットを実行するには、まず、WebブラウザからSample2.htmlを開きます。入力エリアにデータを入力し、「送信」ボタンを押してください。すると、データが埋め込まれたWebページが表示されることがわかるでしょう。このページが、Sample2のサーブレットが作成したWebページなのです。つまり、Sample2のサーブレットは、フォーム上のボタンを押したときに実行されるようになっているのです。

Sample2の実行画面

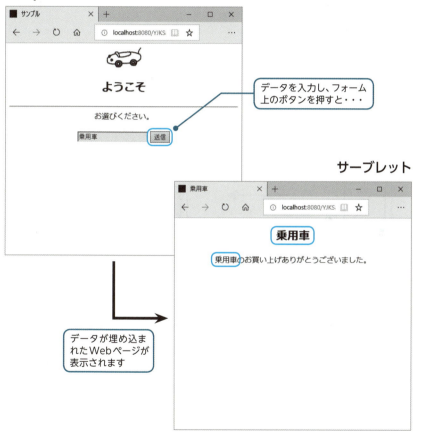

Lesson 6 ● サーブレット

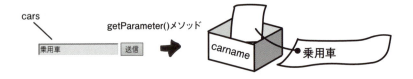

では、Sample2.javaのコードをみてください。

このサーブレットは、フォーム上のデータを受けとるようになっています（❶）。getParameter()メソッドを使って、フォーム上の入力エリア（ここではcars）から、データを取得する処理をしているのです。そして次に、データを埋め込んだHTML文書を作成しています（❷）。データはcarnameという変数を使って、扱うようにしています。

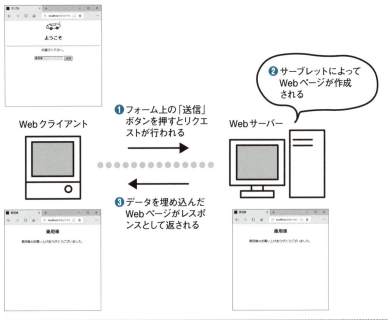

図6-5 **フォームからの実行**
フォーム上のデータをサーブレットで受けとることができます。

このように、フォームのボタンを押してサーブレットを実行すれば、ユーザーが入力したデータを受けとって処理をすることができます。つまり、

**ユーザーの入力を受けつけて、
柔軟な処理をするWebサイトを構築できる**

ようになるのです。たとえば、ユーザーの名前や年齢をフォームから入力してもらって、それをWebページ上に表示することもできるでしょう。いろいろな応用方法を考えることができます。

Sample2の関連クラス

クラス	説明
javax.servlet.ServletRequestインターフェイス	
String getParameter(String name)	フォーム部品の「名前」から「値」を得る

重要　フォーム上のデータを受けとるサーブレットを作成できる。

サーブレットの実行方法

　フォームからサーブレットを実行する方法を学びましたので、この方法についてもう少しくわしく学ぶことにしましょう。
　Webブラウザでは、ユーザーが次の❶～❸のような操作をしたときに、Webサーバーに対してリクエストが送られることになっています。

Lesson 6 ● サーブレット

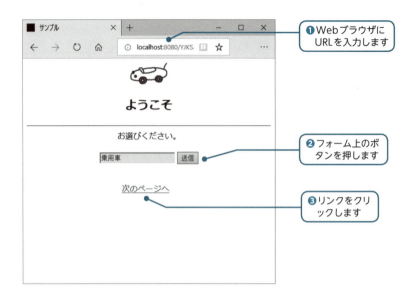

　このため、HTML文書中で、フォームの送信先やリンク先としてサーブレットのURLを記述しておけば、実際にユーザーが❶〜❸の操作を行ったときに、サーブレットが実行されることになるわけです。

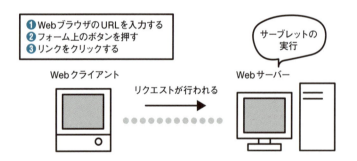

　Sample2では、❷のように、フォーム上のボタンを押したときにGETという種類のリクエストが行われるように設定しています。これはフォームの次の部分で指定しています。

```
<form action="・・・" method="GET">
```

GETリクエストを行うと、サーブレットのURLにフォームデータがつけ加えられて、Webサーバーに送信されます。このため、GETリクエストによって長い文字列データを送信することはできません。またWebブラウザのURL欄に送信したデータが表示されてしまうことになります。

> URLの最後にフォームデータがつけ加えられます

ⓘ localhost:8080/YJKSample06/servlet/Sample2?cars=%E4%B9%97%E7%94%A8%E8%BB%8A

このため、長いデータやユーザーのパスワードなどの機密データを送信する場合には、POSTという種類のリクエストを行います。このときには、「method="GET"」のかわりに、「method="POST"」と記述してください。また、サーブレットのほうでは、doGet()メソッドではなく、doPost()メソッドに処理を記述します。

なお、❶・❸の場合はGETリクエストが行われます。

場合に応じたWebページを表示する

では、さらにもう一歩進んだサーブレットを作成してみることにしましょう。今度はユーザーが、

- フォームに入力した場合
- フォームに入力しなかった場合

という2つの場合に応じて、異なるWebページを表示するサーブレットを作成します。次のコードを作成してください。Sample2にならって、フォームをもつSample3.htmlも作成してください。

Sample3.java ▶ 場合に応じたWebページを表示する

```java
import java.io.*;
import javax.servlet.*;
import javax.servlet.http.*;

public class Sample3 extends HttpServlet
```

Lesson 6 ● サーブレット

```
{
    public void doGet(HttpServletRequest request,
        HttpServletResponse response) throws ServletException
    {
        try{
            //フォームデータの取得
            String carname = request.getParameter("cars");

            //コンテンツタイプの設定
            response.setContentType
                ("text/html; charset=UTF-8");

            //HTML文書の書き出し
            PrintWriter pw = response.getWriter();
            if(carname.length() != 0){
                pw.println("<!DOCTYPE html><html>¥n"
                + "<head><title>"
                + carname + "</title></head>¥n"
                + "<body><div style=¥"text-align: center;¥">¥n"
                + "<h2>¥n" +  carname + "</h2>¥n"
                + carname
                + "のお買い上げありがとうございました。<br/>¥n"
                + "</div></body>¥n"
                + "</html>¥n");
            }
            else{
                pw.println("<!DOCTYPE html><html>¥n"
                + "<head><title>エラー</title></head>¥n"
                + "<body><div style=¥"text-align: center;¥">¥n"
                + "<h2>エラー</h2>¥n"
                + "入力してください。<br/>¥n"
                + "</div></body>¥n"
                + "</html>¥n");
            }
        }
        catch(Exception e){
            e.printStackTrace();
        }
    }
}
```

❶ユーザーが入力した場合は、このHTML文書を書き出します

❷入力しなかった場合は、このHTML文書を書き出します

Sample3.html ▶ HTML文書 (P.148のSample2.htmlを参照)

6.3 フォームからの実行

Sample3の実行画面

Sample3.html

❶ 入力した場合の画面です

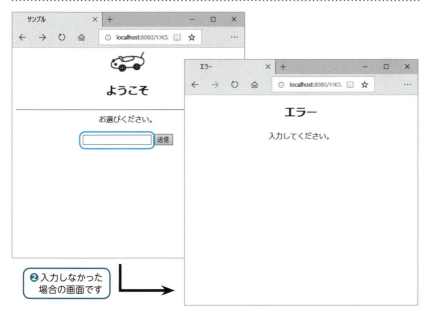

❷ 入力しなかった場合の画面です

Lesson 6 ● サーブレット

　Sample3では、ユーザーがデータを入力して「送信」ボタンを押した場合には、さきほどと同じWebページが表示されます（❶）。入力しなかった場合には、エラーページが表示されます（❷）。サーブレットの中でif文を使い、場合に応じて異なるHTML文書が作成されるようにしているからです。

　このようにサーブレットを使えば、ユーザーの操作状況に応じたWebページを作成することができます。フォームに入力された内容によって、状況に応じたWebページを作成できることがわかるでしょう。

> サーブレットによって、ユーザーの操作状況に応じたWebページを作成できる。

文字コードの扱い

　ここではHTML文書をUTF-8で保存し、フォームのデータを扱っています。ただし、HTML文書の文字コードやサーバーの環境によっては、日本語のデータを扱うときに文字コードの変換を行わなければならないことがあります。文字コードの変換にはStringクラスのgetBytes()メソッドなどを使うことがあります。

　なお、**本書ではJavaソースコードと設定ファイルをShift_JIS、その他のファイル（HTML、XML、JSP）をUTF-8で保存しています。**

　Windows環境でJavaソースコードをUTF-8で利用するためには、UTF-8で保存後、コンパイル時に「javac –encoding UTF-8 SampleX.java」と文字コードを指定してコンパイルする作業が必要となります。

6.4 セッション管理

セッション管理を行う

ところで、Webサイトを構築するときには、サイトにやってくるユーザーをひとりひとり管理しなければならないことがあります。たとえば、ユーザーの名前を表示したり、ユーザーが選んだ商品名を一覧表示したりする必要があるかもしれません。

ところが通常のWebのしくみだけでは、原則としてひとりひとりのユーザーを個別に管理することはできません。そこでサーブレットでは、**セッション**（session）というしくみを用意して、ユーザー管理を行えるようにしています。

「セッション」は、1人のユーザーをあらわす概念です。セッションを管理することによって、**1人のユーザーがWebサイトにやってきてから立ち去るまでの行動を管理することができる**のです。

ではさっそく、サーブレットを作成してみることにしましょう。

Sample4.java ▶ セッション管理を行う

```java
import java.util.*;
import java.io.*;
import javax.servlet.*;
import javax.servlet.http.*;

public class Sample4 extends HttpServlet
{
    public void doGet(HttpServletRequest request,
        HttpServletResponse response) throws ServletException
    {
```

Lesson 6 ● サーブレット

```java
try{
    //セッションの取得
    HttpSession hs = request.getSession(true);
    Integer cn = (Integer) hs.getAttribute("count");
    Date dt = (Date) hs.getAttribute("date");

    String str1, str2;

    //回数の設定
    if(cn == null){
        cn = Integer.valueOf(1);
        dt = new Date();
        str1 = "はじめてのおこしですね。";
        str2 = "";
    }
    else{
        cn = Integer.valueOf(cn.intValue() + 1);
        str1 = cn + "回目のおこしですね。";
        str2 = "(前回：" + dt + ")";
        dt = new Date();
    }

    //セッションの設定
    hs.setAttribute("count", cn);
    hs.setAttribute("date", dt);

    //コンテンツタイプの設定
    response.setContentType
        ("text/html; charset=UTF-8");

    //HTML文書の書き出し
    PrintWriter pw = response.getWriter();
    pw.println("<!DOCTYPE html><html>\n"
        + "<head><title>サンプル</title></head>\n"
        + "<body><div style=\"text-align: center;\">\n"
        + "<h2>ようこそ</h2>"
        + "<hr/>\n"
        + str1 + "<br/>\n"
        + str2 + "<br/>\n"
        + "お選びください。<br/>\n"
        + "<br/>\n"
        + "<a href=\"../car1.html\">乗用車</a><br/>\n"
        + "<a href=\"../car2.html\">トラック</a><br/>\n"
        + "<a href=\"../car3.html\">オープンカー</a><br/>\n"
        + "</div></body>\n"
        + "</html>\n");
```

❶ セッションを取得します

❷ セッションに設定されている値を取得します

❸ セッションに名前と値を設定します

6.4 セッション管理

```
        }
        catch(Exception e){
            e.printStackTrace();
        }
    }
}
```

Sample4の実行画面

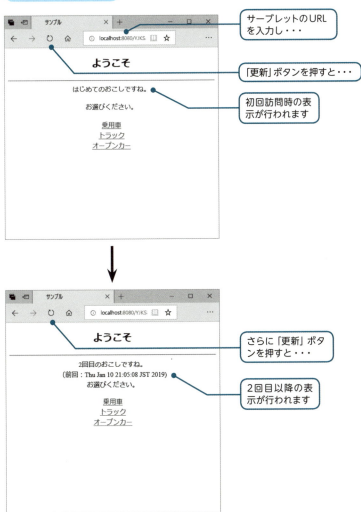

Webブラウザに URL を入力して、サーブレットを起動してください。最初に実行したときには、

「はじめてのおこしですね。」

という表示となります。そのあと、ほかの Web ページなどをみたりして、再度同じ URL に戻ってみることにします。Web ブラウザの「更新」ボタンを押してもかまいません。すると、

「2回目のおこしですね。」
「3回目のおこしですね。」
・・・

と表示回数が増えていくことがわかります。これは、**セッションの概念によって、1人のユーザーを管理している**ためです。

このサーブレットではユーザーがやってきたときに、前回までのセッションがあるかどうかを調べます。初訪問のユーザーである場合には、セッションを新しく作成します（❶）。セッションには、**「名前」と「値」の組みあわせ**を設定できます。ここでは訪問回数（count）と訪問時刻（date）をセッションに設定・取得しています（❷・❸）。そして、この訪問回数と時刻の情報を表示しているのです。

このように、セッションにユーザーに関する情報を設定しておけば、各ユーザーに対して、きめ細かく対応する Web サイトをつくることができるわけです。

では、セッション管理に関するクラスを紹介しておきましょう。

Sample4の関連クラス

クラス	説明
javax.servlet.http.HttpServletRequestインターフェイス	
HttpSession getSession(boolean create)	現在のリクエストに関連づけられたセッションを取得する
javax.servlet.http.HttpSessionインターフェイス	
Object getAttribute(String name)	セッションに関連づけられた値を取得する
void setAttribute(String name, Object o)	セッションに名前と値を関連づける

6.4 セッション管理

セッション管理によって、1人のユーザーを特定することができる。

セッション管理の実際

　セッション管理は、ひとりひとりのユーザーに**セッションID**という番号を割り振ることで行われています。ユーザーが再びサイトにやってきたときに、その番号をWebブラウザから返してもらうことで、同一ユーザーであるかどうかをたしかめることになっているのです。

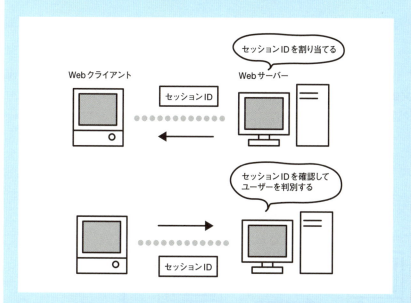

　セッション管理は、実際には**クッキー**（cookie）と呼ばれるWebブラウザに文字列を保存する方法などによって実現されています。私たちはどのような方法でセッション管理が実現されているかを知らなくても、Sample4で紹介したメソッドを使うだけで、ユーザーを管理することができるようになっているのです。
　なお、作成されたセッションは、Webブラウザを終了した場合や、一定時間が経過した場合に、終了したものとみなされることになっています。

6.5 リクエストの転送

ほかのHTML文書と連携する

この節ではサーブレットを作成するときに知っておくと便利な知識を紹介することにしましょう。まず、

受けとったリクエストを別のHTML文書に「転送」する

という処理について学ぶことにします。

図6-6をみてください。リクエストを転送すると、ユーザーには**転送先のHTML文書がWebページとして表示されます**。イメージをつかむために、さっそくプログラムを作成してみることにしましょう。

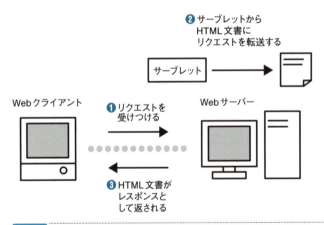

図6-6 リクエストの転送
リクエストを転送して、転送先のHTML文書を表示することができます。

6.5 リクエストの転送

Sample5.java ▶ リクエストを転送する

```java
import javax.servlet.*;
import javax.servlet.http.*;

public class Sample5 extends HttpServlet
{
    public void doGet(HttpServletRequest request,
        HttpServletResponse response) throws ServletException
    {
        try{
            //フォームデータの取得
            String carname = request.getParameter("cars");

            //サーブレットコンテキストの取得
            ServletContext sc = getServletContext();

            //リクエストの転送
            if(carname.length() != 0){
                sc.getRequestDispatcher("/thanks.html")
                    .forward(request, response);
            }
            else{
                sc.getRequestDispatcher("/error.html")
                    .forward(request, response);
            }
        }
        catch(Exception e){
            e.printStackTrace();
        }
    }
}
```

❶ユーザーが入力した場合にリクエストを転送します

❷ユーザーが入力しなかった場合にリクエストを転送します

Lesson
6

　このサンプルを実行するには、Sample2などにならって、フォームをもつSample5.htmlを用意します。さらに次のHTML文書を作成してください。これらのファイルはすべて同じディレクトリに配置します。

163

Lesson 6 ● サーブレット

thanks.html

```
<!DOCTYPE html>
<html>
<head><title>御礼</title></head>
<body><div style="text-align: center;">
<h2>御礼</h2>
ありがとうございました。<br/>
</div></body>
</html>
```

入力した場合に表示するHTML文書です

error.html

```
<!DOCTYPE html>
<html>
<head><title>エラー</title></head>
<body><div style="text-align: center;">
<h2>エラー</h2>
入力してください。<br/>
</div></body>
</html>
```

入力しなかった場合に表示するHTML文書です

Sample5.html ▶ HTML文書（P.148のSample2.htmlを参照）

　さてユーザーがフォーム上のボタンを押すと、これまでどおりサーブレットの処理が行われます。そして、サーブレットは次のようにリクエストを転送します。

❶ ユーザーがデータを入力した場合　　　　⟶　　thanks.html
❷ ユーザーがデータを入力しなかった場合　⟶　error.html

　つまりユーザーの操作状況に応じて、別のHTML文書にリクエストを転送するわけです。この結果、次のように表示されます。

164

6.5 リクエストの転送

Sample5の実行画面

Sample5.html

thanks.html

error.html

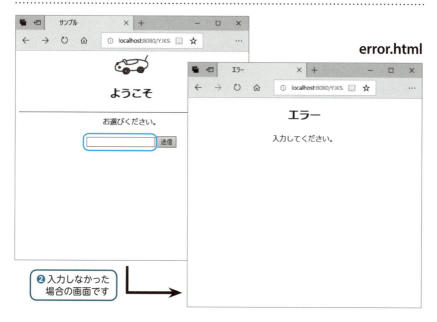

Lesson 6 ● サーブレット

Sample5は、サーブレットとHTML文書を連携することで、よりかんたんなプログラムとなっています。

ここでは、

- サーブレット …… リクエストの受付を担当する
- HTML文書 ……… Webページの表示を担当する

という役割分担が行われていることに注意してみてください。これまでみてきたように、サーブレットはユーザーの入力状況に応じた柔軟な処理ができます。またHTMLを使えば、Webページをかんたんに作成することができます。サーブレットとHTML文書の特徴をいかした連携を行っていることがわかるでしょう。このように、リクエストの転送という技術を使うと、Webサイトをわかりやすく構築することができます。

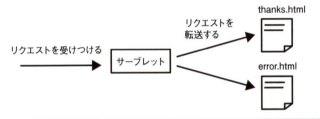

図6-7 HTML文書との連携

サーブレットからHTML文書にリクエストを転送することができます。

Sample5の関連クラス

クラス	説明
javax.servlet.ServletContextインターフェイス	
RequestDispatcher getRequestDispatcher(String path)	リクエストを転送する役割をもつリクエストディスパッチャを取得する
javax.servlet.RequestDispatcherインターフェイス	
void forward(ServletRequest request, ServletResponse response)	リクエストを転送する

6.5 リクエストの転送

サーブレットから、ほかのURLにリクエストを転送することができる。

ほかのサーブレットと連携する

さて、リクエストの転送を行うサーブレットをもうひとつみておくことにしましょう。今度は、

リクエストを、別のサーブレットに転送する

という処理をします。さきほどはHTML文書にリクエストを転送したのですが、今度は別のサーブレットにリクエストを転送します。

Sample5のコードの一部を変更したものを作成してみてください。

Sample6.java ▶ サーブレットにリクエストを転送する

```
...
        //リクエストの転送
        if(carname.length() != 0){
           sc.getRequestDispatcher("/servlet/Sample2")
               .forward(request, response);
        }
        else{
           sc.getRequestDispatcher("/error.html")
               .forward(request, response);
        }
...
```

サーブレットにリクエストを転送します

Sample6.html ▶ HTML文書（P.148のSample2.htmlを参照）

Sample6を実行すると、フォーム上にテキストが入力されている場合には、サーブレットにリクエストが転送されることになります。

Lesson 6 ● サーブレット

> Sample6の実行画面

Sample6.html

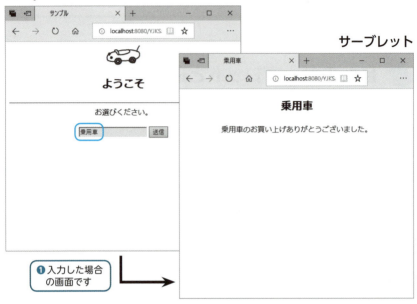

サーブレット

❶ 入力した場合の画面です

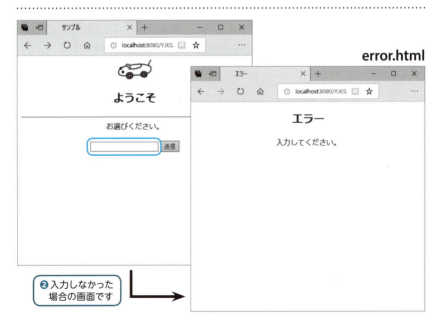

error.html

❷ 入力しなかった場合の画面です

このサンプルでは、リクエストを転送して、別のサーブレットを起動するようにしているのです。

つまりここでは、2つのサーブレットと1つのHTML文書を連携していることになります。リクエストの転送先と表示画面を確認してください。サーブレットとHTML文書の組みあわせかたには、いろいろなかたちが考えられます。Webサイトの目的にあわせて、組みあわせかたを考えることが必要です。

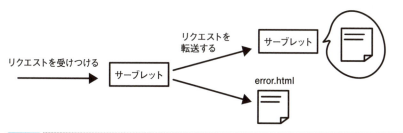

図6-8 ほかのサーブレットとの連携
リクエストを転送することで、ほかのサーブレットと連携することができます。

サーブレットの処理

　サーブレットは、ユーザーからはじめてリクエストを受けとったときに、1回だけ起動されるしくみになっています。そのあとは、ユーザーがサーブレットを訪れるたびに、スレッド (thread) と呼ばれる新しい処理の流れを起動して、リクエストを処理することになります。
　Javaのスレッドによる処理は、高速であることが特徴です。このためサーブレットを使ったWebサイトでは、同時に多くのユーザーが訪れても、Webページがすばやく表示されるようになっています。

6.6 サーブレットの設定

デプロイメントディスクリプタを設定する

さて、この章ではさまざまなサーブレットについてみてきました。こうしたWebアプリケーションでは、アプリケーションの設定を行うために、デプロイメントディスクリプタと呼ばれる設定ファイルを使用します。

本書でもweb.xmlという名前の設定ファイルを使用します。このファイルは、サーブレットを実行する基準となるディレクトリ内のWEB-INFフォルダ内に配置するものとなっています。くわしくは本書の付録Cを参考にしてください。

web.xml内には、サーブレットのクラス名と、そのURLを指定します。これをサーブレットのマッピングといいます。本書では、サーブレットについて次のようにマッピングしています。

第6章のweb.xml（一部） ▶ サーブレットを指定する

```xml
<?xml version="1.0" encoding="ISO-8859-1"?>
<web-app xmlns="http://xmlns.jcp.org/xml/ns/javaee"
  xmlns:xsi="http://www.w3.org/2001/XMLSchema-instance"
  xsi:schemaLocation="http://xmlns.jcp.org/xml/ns/javaee
    http://xmlns.jcp.org/xml/ns/javaee/web-app_4_0.xsd"
  version="4.0"
  metadata-complete="true">
  <display-name>YasaJava</display-name>
  <description>YasaJava</description>
...
<servlet>
   <servlet-name>Sample1</servlet-name>
   <servlet-class>Sample1</servlet-class>
   </servlet>
<servlet-mapping>
   <servlet-name>Sample1</servlet-name>
```

- Webアプリケーションの設定を記述します
- サーブレット名を指定します
- サーブレットクラス名を指定します

6.6 サーブレットの設定

```
    <url-pattern>/servlet/Sample1</url-pattern>
    </servlet-mapping>
...
</web-app>
```

サーブレットのURL
を指定します

　web.xmlは第10章でも説明するXML形式のファイルで、Webアプリケーションに必要な設定を<>のタグで囲まれた内部に記述します。最も外側の要素は<web-app>となっています。

　web.xmlではサーブレットの指定のほかにも、次の指定などを行う場合がありますので紹介しておきましょう。

Lesson
6

表6-2　主なweb.xmlの指定

タグ	説明
<display-name>	Webアプリケーションの名前
<description>	Webアプリケーションの説明
<filter>	フィルタに関する指定
<filter-name>	フィルタ名
<filter-class>	フィルタをあらわすクラス名
<filter-mapping>	フィルタのマッピング
<filter-name>	フィルタ名
<url-pattern>	フィルタのURL
<servlet>	サーブレットに関する指定
<servlet-name>	サーブレット名
<servlet-class>	サーブレットをあらわすクラス名
<servlet-mapping>	サーブレットのマッピング
<servlet-name>	サーブレット名
<url-pattern>	サーブレットのURL
<listener>	リスナに関する指定
<listener-class>	リスナをあらわすクラス名
<welcome-file-list>	ファイル名が指定されない場合の表示指定
<welcome-file>	表示するファイル名
<error-page>	エラーページの指定
<error-code>	エラーコード
<exception-type>	例外
<location>	表示するエラーページ

171

タグ	説明
<taglib>	JSPのカスタムタグの指定
<taglib-location>	タグライブラリのファイル名
<taglib-uri>	タグライブラリのURI
<security-constraint>	アクセス制限の指定
<web-resource-collection>	アクセス制限が必要なリソースの集合
<web-resource-name>	アクセス制限が必要なリソース名
<url-pattern>	アクセス制限が必要なURL
<auth-constraint>	アクセスできる権限
<login-config>	認証方法の指定
<auth-method>	認証の種類
<security-role>	権限名の定義
<role-name>	権限名

フィルタのしくみを知る

デプロイメントディスクリプタであるweb.xmlを設定することで、サーバー上できめ細かな処理ができるようになります。たとえば、ユーザーからリクエストを受けつけてサーブレットで処理をする前後に、指定した処理を行うようにすることができます。この処理をフィルタ（filter）といいます。

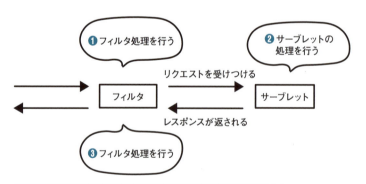

図6-9 フィルタの処理
　サーブレットの処理の前後に指定したフィルタ処理を行うことができます。

6.6 サーブレットの設定

次の2つのコードを作成してみてください。コンパイルはそれぞれ別に行います。

Sample7.java ▶ フィルタ処理を確認する

```java
import java.util.*;
import java.io.*;
import javax.servlet.*;
import javax.servlet.http.*;

public class Sample7 extends HttpServlet
{
    public void doGet(HttpServletRequest request,
                      HttpServletResponse response)
    throws ServletException
    {
        try{
            //コンテンツタイプの設定
            response.setContentType(
                "text/html; charset=UTF-8");

            //HTML文書の書き出し
            PrintWriter pw = response.getWriter();
            pw.println(
                "お選びください。<br/>\n" +
                "<br/>\n" +
                "<a href=\"../car1.html\">乗用車</a><br/>\n" +
                "<a href=\"../car2.html\">トラック</a><br/>\n" +
                "<a href=\"../car3.html\">オープンカー</a><br/>\n");
        }
        catch(Exception e){
            e.printStackTrace();
        }
    }
}
```

> サーブレット本来の処理です

SampleFilter.java ▶ フィルタ処理を行う

```java
import java.util.*;
import java.io.*;
import javax.servlet.*;
import javax.servlet.http.*;
```

Lesson
6

173

Lesson 6 ● サーブレット

```java
public class SampleFilter implements Filter    ← フィルタです
{
    public void doFilter(ServletRequest request,
                         ServletResponse response,
                         FilterChain chain)
                throws IOException, ServletException
    {
        //コンテンツタイプの設定
        response.setContentType("text/html; charset=UTF-8");

        //HTML文書の書き出し
        PrintWriter pw = response.getWriter();                ❶サーブレット
        pw.println("<!DOCTYPE html><html>¥n" +                  の処理前に処
            "<head><title>サンプル</title></head>¥n" +            理を行います
            "<body><div style= ¥"text-align: center;¥">¥n" +
            "<h2>こんにちは</h2>" +
            "<hr/>¥n");

        chain.doFilter(request, response);                    ❷サーブレットの
                                                               処理を行います

        pw.println("<hr/>ありがとうございました。¥n" +            ❸サーブレット
            "</div></body>¥n" +                                  の処理後に処
            "</html>¥n");                                        理を行います

    }
    public void init(FilterConfig filterConfig){}
    public void destroy(){}
}
```

　フィルタを作成するには、javax.servletパッケージのFilterインターフェイスを実装したクラスを定義します。このクラスではdoFilter()、init()、destroy()メソッドを実装しなければなりません。

　doFilter()内で、フィルタ処理を行うことができます。まず、サーブレットの処理前にフィルタ処理を行うことができます（❶）。

　そして、FilterChainのdoFilter()メソッドを呼び出すと、次のフィルタに処理を転送することができます。次のフィルタがない場合は、本来のサーブレットの処理が行われます（❷）。

　サーブレットの処理が終わると、残りの処理が行われます。つまり、サーブレットの処理後にフィルタ処理を行うことができます（❸）。

174

6.6 サーブレットの設定

Sample7の実行画面

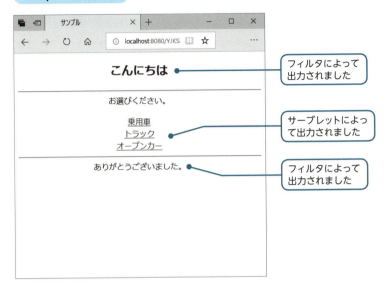

　このフィルタを利用する際には、web.xml上でフィルタのマッピングを行う必要があります。指定方法は次のようになっています。

第6章のweb.xml（一部）▶ フィルタを設定する

```
...
    <filter>
        <filter-name>SampleFilter</filter-name>
        <filter-class>SampleFilter</filter-class>
    </filter>

    <filter-mapping>
        <filter-name>SampleFilter</filter-name>
        <url-pattern>/servlet/Sample7</url-pattern>
    </filter-mapping>
...
```

フィルタ名を指定します
フィルタクラス名を指定します
フィルタが実行されるURLを指定します

Sample7の関連クラス

クラス	説明
javax.servlet.Filterインターフェイス	
void destroy()	フィルタ破棄時に呼び出される
void init(FilterConfig filterConfig)	フィルタ初期化に呼び出される
Void doFilter(ServletRequest request, ServletResponse response, FilterChain chain)	フィルタ処理時に呼び出される
javax.servlet.FilterChainインターフェイス	
void doFilter(ServletRequest request, ServletResponse response)	次のフィルタを呼び出す

リスナのしくみを知る

このように、フィルタによって、サーブレットが実行される前後に一定の処理を行うことができるようになります。サーブレットの処理前後に決まった処理を行いたい場合には便利です。

このほかにも、デプロイメントディスクリプタであるweb.xmlを設定することによって、Webアプリケーションが実行されるさまざまなタイミングで処理を行うことができるようになります。

このためには、web.xmlを設定したうえで、次のインターフェイスを実装したクラスを定義します。これらはリスナと呼ばれます。次のインターフェイス・メソッドを実装することによって、決められたタイミングで処理を行うことができるようになります。リスナの設定は、表6-2を参考にしてみてください。

表6-3 主なリスナ

リスナとメソッド	呼び出しのタイミング
javax.servlet.ServletContextListenerインターフェイス	
void contextIntialized(ServletContextEvent e)	Webアプリケーションを起動したとき
void contextDestroyed(ServletContextEvent e)	Webアプリケーションを終了したとき
javax.servlet.http.HttpSessionListenerインターフェイス	
void sessionCreated(HttpSessionEvent e)	セッションを作成したとき
void sessionDestroyed(HttpSessionEvent e)	セッションを破棄したとき

認証のしくみを知る

最後にもう1つ、web.xmlの設定を行うことによってできることを紹介しましょう。web.xmlを設定することによって、指定したWebページへのアクセスを制限し、認証を要求することができます。

第6章のweb.xml（一部） ▶ 認証を要求する

```
...
    <security-constraint>
        <web-resource-collection>                    制限するURLを指定します
            <web-resource-name>Sample8</web-resource-name>
            <url-pattern>/servlet/Sample8</url-pattern>
        </web-resource-collection>
        <auth-constraint>                            認証を許可する
            <role-name>tomcat</role-name>            名前を指定します
        </auth-constraint>
    </security-constraint>

    <login-config>
        <auth-method>BASIC</auth-method>             認証方法を指定します
    </login-config>

    <security-role>                                  認証を許可する
        <role-name>tomcat</role-name>                名前を指定します
    </security-role>
...
```

まず、`<security-constraint>`で制限するWebページの名前・URLを指定したうえで、認証を許可するユーザーを指定しています。

ここでは、Sample8サーブレットへのアクセスを制限しています。また、ユーザー名がtomcatである場合に使用を許可しています。

次に、`<login-config>`で認証方法を指定しています。ここでは、最もかんたんな認証方法である基本認証（BASIC認証）を利用しています。

さらに、`<security-role>`で認証を許可する名前を定義しています。

Lesson 6 ● サーブレット

Sample8.java ▶ 認証を要求する

```java
import java.util.*;
import java.io.*;
import javax.servlet.*;
import javax.servlet.http.*;

public class Sample8 extends HttpServlet
{
    public void doGet(HttpServletRequest request,
                      HttpServletResponse response)
    throws ServletException
    {
        try{
            //コンテンツタイプの設定
            response.setContentType(
                "text/html; charset=UTF-8");

            //HTML文書の書き出し
            PrintWriter pw = response.getWriter();
            pw.println(
                "<!DOCTYPE html><html>¥n" +
                "<head><title>サンプル</title></head>¥n" +
                "<body><div style=¥"text-align: center;¥">¥n" +
                "<h2>おめでとうございます。</h2>" +
                "<hr/>¥n" +
                "認証に成功しました。<br/>¥n" +
                "お選びください。<br/>¥n" +
                "<br/>¥n" +
                "<a href=¥"../car1.html¥">乗用車</a><br/>¥n" +
                "<a href=¥"../car2.html¥">トラック</a><br/>¥n" +
                "<a href=¥"../car3.html¥">オープンカー</a><br/>¥n" +
                "</div></body>¥n" +
                "</html>¥n");
        }
        catch(Exception e){
            e.printStackTrace();
        }
    }
}
```

178

6.6 サーブレットの設定

Sample8の実行画面

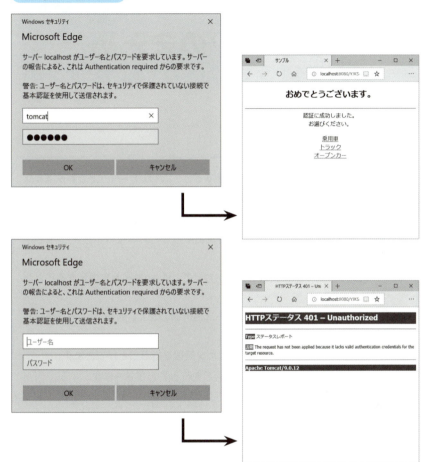

　Sample8サーブレットにアクセスすると、認証を要求する画面が表示されます。ユーザー名・tomcat、パスワード・tomcatを入力すると認証に成功します。それ以外のユーザー名とパスワードでは、認証に失敗したページが表示されます。

　なお、本書では最もかんたんな認証であるBASIC認証を使用しています。実際に認証を利用する際には、より高度な認証方法と細部の設定が必要になりますので注意してください。

　また、ユーザー名・パスワードの設定方法については本書の付録Cを参照してみてください。

6.7 レッスンのまとめ

この章では、次のようなことを学びました。

- 企業向けのクラスライブラリを入手すると、Webサーバー上で動作するプログラムを作成し、Webアプリケーションを構築することができます。
- サーブレットは、Webサーバー上で動作するプログラムです。
- サーブレットを使うと、ユーザーの状況に応じて異なるWebページを表示することができます。
- サーブレットとHTML文書を組みあわせて、Webサイトを構築することができます。
- サーブレットとほかのサーブレットを組みあわせて、Webサイトを構築することができます。
- サーブレットの処理の前後に、フィルタ処理を行うことができます。
- web.xmlを設定することで、認証などを行うことができます。

この章では、企業向けに拡張されたクラスライブラリを追加入手して、Webサーバー上で動作するサーブレットを作成しました。サーブレットを使えば、ユーザーの状況に応じた柔軟なWebサイトを構築することができます。また、サーブレットとHTML文書を連携することで、Webサイトを効率よく作成できるようになっています。

練習

1. 次のようにユーザー名を表示するHTML文書とサーブレットを作成してください。

SampleP1.html

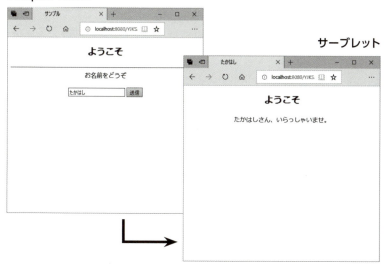

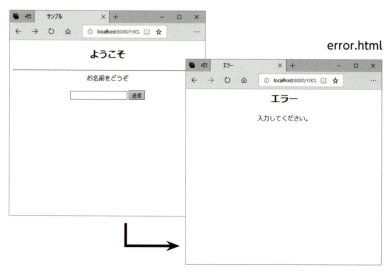

2. 次のようにデータを表示するHTML文書とサーブレットを作成してください。

SampleP2.html

サーブレット

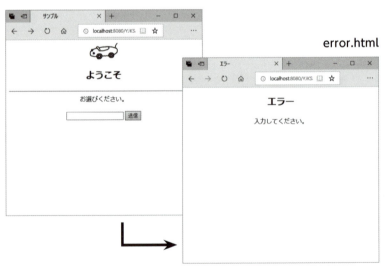

error.html

Lesson 7

JSP

第6章では、サーブレットについて学びました。この章では、JSPについて学ぶことにしましょう。JSPはサーブレットと同じように、Webサーバー上で動作するJavaプログラムです。JSPを使うと、Webアプリケーションをわかりやすく記述することができます。

Check Point!

- JSP
- JSPの書式
- 暗黙のオブジェクト
- コンポーネント
- JavaBeans

7.1 JSPの基本

JSPのしくみを知る

　第6章では、サーブレットについて学びました。サーブレットを使えば、ユーザーの状況に応じて、柔軟なWebサイトを構築することができるようになっていました。

　ところで、サーブレットの中には、Webページを表示するために、HTML文書を記述したことを思い出してください。

```
public class Sample1 extends HttpServlet
{
    public void doGet(・・・)
    {
    ...
    pw.println("<!DOCTYPE html><html>¥n"
        + "<head><title>サンプル</title></head>¥n"
        + "<body><div style=¥"text-align: center;¥">¥n"
        + "<h2>ようこそ</h2>"
        + "<hr/>¥n"
    ...
    }
}
```

Javaのコードと HTML文書が混在している

　しかし、コード中にHTML文書が埋め込まれていると、どのようにユーザーのWebブラウザに表示されるのかが、たいへんわかりにくくなってしまいます。こんなとき、JSP（JavaServer Pages）を使うと便利です。JSPはサーブレットと同じく、Webサーバー上のプログラムです。ただし、JSPはサーブレットと逆に、

　　HTML文書の中にJavaのコードを埋め込む

という形式のプログラムとなっています。

　次の図をみてください。サーブレットでは、Javaのコードの中にHTML文書を埋め込みます。ですが、JSPでは逆にHTML文書の中にJavaのコードを埋め込

7.1　JSPの基本

むようになっています。このためJSPでは、Webページがどのように表示されるか
がわかりやすくなっています。

サーブレット

```
public class Sample1 extends HttpServlet
{
    public void doGet(・・・)
    {
        ...
        pw.println("<!DOCTYPE html><html>\n"
        + "<head><title>サンプル</title></head>\n"
        + "<body><div style=\"text-align: center;\">\n"
        + "<h2>ようこそ</h2>"
        + "<hr/>\n"
        ...
    }
}
```

➡ Javaのコード
中にHTML文
書を埋め込む

JSP

```
<!DOCTYPE html>
<html>
<head>
<title>サンプル</title>
</head>
<body>
<div style="text-align: center;">
<img src="car.gif"/><br/>
<h2>ようこそ</h2>
<hr/>
今<%= new Date() %>です。<br/>
・・・
</body>
</html>
```

➡ HTML文書中に
Javaのコードを埋め込む

図7-1　サーブレットとJSP
　　　　サーブレットは、コード中にHTML文書を埋め込みます（上）。JSPで
　　　　は、HTML文書中にコードを埋め込みます（下）。

　JSPを扱うには、第6章で設定した、開発・実行環境を使います。前の章に引
き続き、本章の付録Cを参照してWebサーバーを起動してみてください。

Lesson
7

185

Lesson 7 ● JSP

JSPを作成する

それではJSPを作成することにしましょう。JSPもこれまでと同じように、テキストエディタに入力します。文字コードをUTF-8として保存してください。

ただし、JSPはサーブレットと違って、コードをコンパイルする必要がありません。ファイル名に「.jsp」という拡張子をつけて保存するだけでよいのです。このファイルを開発環境で指定されたディレクトリに配置します。配置場所については、本書の付録Cの説明を参照してください。

Sample1.jsp ▶ JSPを作成する（JSPファイルはUTF-8で保存）

```
<%@ page contentType="text/html; charset=UTF-8" %>
<%@ page import="java.util.*" %>

<!DOCTYPE html>
<html>
<head>
<title>サンプル</title>
</head>
<body>
<div style="text-align: center;">
<img src="car.gif"/><br/>
<h2>ようこそ</h2>
<hr/>
今<%= new Date() %>です。<br/>
お選びください。<br/>
<br/>
<a href="car1.html">乗用車</a><br/>
<a href="car2.html">トラック</a><br/>
<a href="car3.html">オープンカー</a><br/>
</div>
</body>
</html>
```

❶インポートをする「ディレクティブ」です

❷日時を埋め込む「式」です

JSPも、WebブラウザからURLを入力して実行します。JSPのURLについては、本書の付録Cを参照してください。最初に実行するときには、Webページが表示されるまで時間がかかる場合があります。気長に待ってみてください。

7.1 JSPの基本

Sample1の実行画面

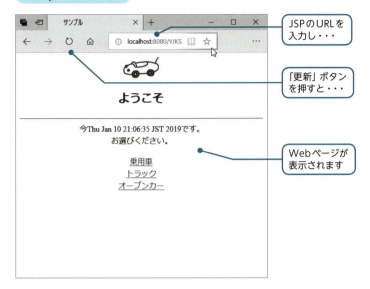

上の画面は、JSPによって作成されたWebページです。サーブレットのときと同じように、時刻が埋め込まれていることがわかるでしょう。JSPもサーブレットと同じく、Webサーバー上で動くプログラムなのです。

> JSPを使うと、ユーザーに応じた柔軟なWebページを作成できる。

JSPとサーブレット

　JSPは、サーブレットと深い関係にあります。JSPのコードは、最初に実行したときに、自動的にサーブレットのコードに変換されるからです。
　このためJSPでは、初回実行時の変換・コンパイルに時間がかかります。しかし2回目以降では、サーブレットと同じですので、効率よく処理が行われます。つまり、1回目にWebページを表示するときには、やや時間がかかりますが、2回目以降では、すばやく表示されるようになっているのです。

Lesson 7 ● JSP

JSPの書式を知る

なお、JSPのコードは、HTMLの中に埋め込まれるため、一般的なJavaのコードとは少し異なるかたちをもっています。次の表にまとめておきましょう。

表7-1　JSPの書式

種類	書式	説明
スクリプティング要素		
宣言 (declaration)	<%!・・・%>または <jsp:declaration>・・・</jsp:declaration>	変数やメソッドなどを宣言する
式 (expression)	<%=・・・%>または <jsp:expression>・・・</jsp:expression>	式を評価して文字列とする
スクリプトレット (scriptlet)	<%・・・%>または <jsp:scriptlet>・・・</jsp:scriptlet>	Javaのコードを記述する
その他		
ディレクティブ (directive)	<%@ page import="クラス名" %>または <jsp:directive.page import="クラス名" />	インポートを行う
	<%@ page contentType="コンテンツタイプ" %>または<jsp:directive.page contentType="コンテンツタイプ" />	Webブラウザに送られる文書のコンテンツタイプを設定する
アクション (action)	<jsp:forward page="転送先のURL" />	リクエストを転送する
	<jsp:include page="読み込むファイルのURL" />	ファイルを読み込む
	<jsp:useBean id="変数名" class="Beanのクラス" />	JavaBeansを使う
	<jsp:setProperty name="変数名" property="データ名" value="値" />	オブジェクトのデータを設定する
	<jsp:getProperty name="変数名" property="データ名" />	オブジェクトのデータを取得する
式言語 (expression language、EL)	${・・・}	式言語を記述する
コメント (comment)	<%--・・・--%>	コメントを記述する

　Sample1では、パッケージをインポートするために、**<%@・・・%>**というディレクティブ（directive）を使っています（❶）。また、Webページ内に日時を埋め込むために、**<%=・・・%>**という式（expression）を使っています（❷）。❶と❷

188

7.1 JSPの基本

の処理内容は、第6章のSample1のサーブレットと同じになっています。くらべてみるようにしてください。このほかの書式は、これから紹介するサンプルで、少しずつ使っていくことにしましょう。

> ### JSPとXML
>
> JSPのスクリプティング要素には、2つの書きかたがあります。
> **<% × ･･･ %>** という書式と、**<jsp:･･･/>** という書式です。後者は、データを記述する言語であるXMLの書式にしたがっています。XMLを使ってWebページを表示する場合などには、<jsp:･･･/>の書式のほうを使います。

7.2 JSPの応用

フォームのデータを表示する

第6章で作成した、フォーム上のボタンを押して実行するサーブレットを思い出してみてください。JSPも同じように、フォーム上のデータを受けとって処理をすることができるようになっています。

Sample2.jsp ▶ フォーム上のデータを表示する

```jsp
<%@ page contentType="text/html; charset=UTF-8" %>
<%
    String carname = request.getParameter("cars");
%>

<!DOCTYPE html>
<html>
<head>
<title><%= carname %></title>
</head>
<body>
<div style="text-align: center;">
<h2><%= carname %></h2>
<%= carname %>
のお買い上げありがとうございました。<br/>
</div>
</body>
</html>
```

❶フォームのデータを取得します

❷フォームのデータを埋め込みます

フォームをもつHTML文書（Sample2.html）も用意してください。「form」タグに、JSPのURLを指定します。また、サーブレットと同じように、GETリクエストを行うようにしています。

7.2 JSPの応用

Sample2.html ▶ HTML文書

```
<!DOCTYPE html>
<html>
<head><title>サンプル</title></head>
<body><div style="text-align: center;">
<img src="car.gif"/><br/>
<h2>ようこそ</h2>
<hr/>
お選びください。<br/>
<br/>
<form action="http://localhost:8080/YJKSample07/Sample2.jsp"
method="GET">
<input type="text" name="cars"/>
<input type="submit" value="送信"/>
</form>
</div></body>
</html>
```

- JSPのURLを指定します
- フォーム上の入力エリアをあらわします
- フォーム上の「送信」ボタンをあらわします

　Sample2を実行するには、まず、WebブラウザでSample2.htmlを開きます。このフォームにデータを入力し、「送信」ボタンを押してください。すると、入力したデータが埋め込まれたWebページが表示されます。

Lesson 7 ● JSP

Sample2の実行画面

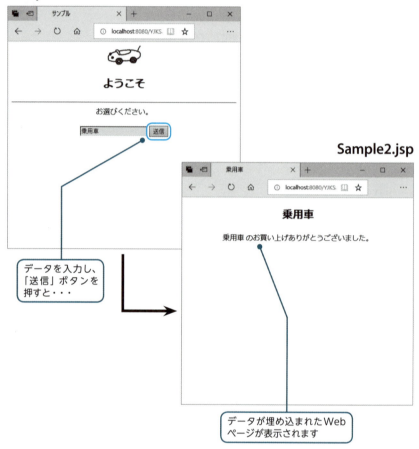

　Sample2では、まず**<% ・・・ %>**という<u>スクリプトレット</u>（scriptlet）を使って、フォームデータを取得しています（❶）。スクリプトレットには、通常のJavaのコードを埋め込むことができるようになっています。次に、**<%= ・・・ %>**という<u>式</u>（expression）を使って、フォーム上のデータを埋め込みました（❷）。式は、その中に入力した変数を文字列に変換する機能をもっています。これらの2つの処理によって、フォーム上のデータを表示しているわけです。このように、JSPもサーブレットとまったく同じ処理ができることがわかります。

7.2 JSPの応用

JSPを使うと、サーブレットと同じ処理をすることができる。

JSPのオブジェクトを知る

なお、JSPのコード中では、暗黙のオブジェクト（implicit objects）と呼ばれるオブジェクトを使うことができるようになっています。

Sample2では、❶のアクションの中で、フォーム上のデータを取得するために、「request」という名前のオブジェクトを使っています。このオブジェクトは、リクエストをあらわす暗黙のオブジェクトです。このgetParameter()メソッドを呼び出すことで、フォーム上のデータを取得できるようになっています。

```
String carname = request.getParameter("cars");
```
リクエストをあらわす暗黙のオブジェクトです
リクエストからフォーム上のデータを取得します

JSPではほかにも、次の表に示しているオブジェクトを使うことができます。オブジェクトのクラス・インターフェイスについては、クラスライブラリのリファレンスを調べてみてください。

表7-2 暗黙のオブジェクト

オブジェクト名	オブジェクトの内容	インターフェイス
request	リクエスト	HttpServletRequest
response	レスポンス	HttpServletResponse
session	セッション	HttpSession
out	出力ストリーム	PrintWriter(JspWriter)
pageContext	このJSPページ	PageContext
application	同じWebアプリケーション内のサーブレット・JSP	ServletContext
config	このJSPページの初期設定	ServletConfig

193

Lesson 7 ● JSP

場合に応じたWebページを表示する

では今度は、

- フォームに入力した場合
- フォームに入力しなかった場合

という2つの場合に応じて、異なるWebページを表示するJSPを作成しましょう。サーブレットのときと同じように、ユーザーの操作状況に応じたWebページを表示するのです。少し複雑になりますが、JSPでは次のように記述することができます。

Sample3.jsp ▶ 場合に応じたWebページを表示する

```
<%@ page contentType="text/html; charset=UTF-8" %>
<%
    String carname = request.getParameter("cars");
%>

<!DOCTYPE html>
<html>
<head>
<title>サンプル</title>
</head>
<body>
<div style="text-align: center;">

<%
    if(carname.length() != 0){
%>

<h2><%= carname %></h2>
<%= carname %>
のお買い上げありがとうございました。<br/>      ❶ユーザーが入力した場合の表示です

<%
    }
    else{
%>

<h2>エラー</h2>
入力してください。<br/>      ❷ユーザーが入力しなかった場合の表示です
```

194

7.2 JSPの応用

```
<%
    }
%>

</div>
</body>
</html>
```

Sample3.html ▶ HTML文書（P.191のSample2.htmlを参照）

Sample3の実行画面

Sample3.html

Sample3.jsp

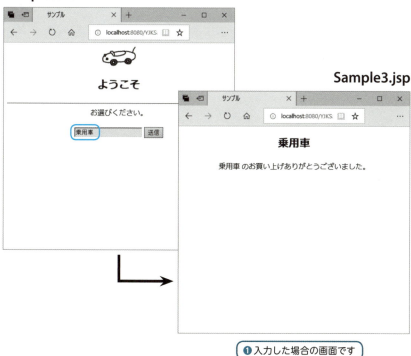

❶入力した場合の画面です

Lesson 7 ● JSP

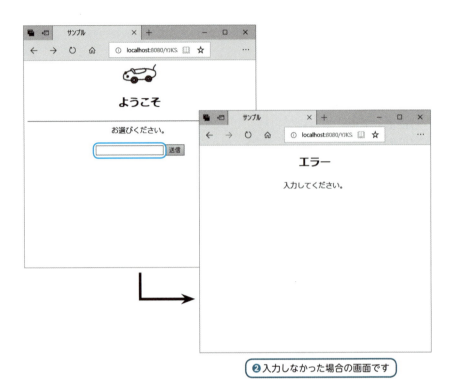

❷入力しなかった場合の画面です

　ユーザーがフォーム上にデータを入力した場合には、データを埋め込んだWebページが表示されます（❶）。入力しなかった場合には、エラーページが表示されます（❷）。

　HTML文書中にスクリプトレットによるJavaコードが混じっているので、読みづらくなっていますが、if文を使って、場合に応じた処理をしていることに注目してみてください。サーブレットのときと同じ処理ができることがわかりますね。

7.3 JSPの活用

HTML文書を埋め込む

この節では、JSPを作成するときに役だつ知識を紹介することにしましょう。まず最初に、

> JSPページにHTML文書を埋め込む

という処理を学ぶことにします。次のJSPと、HTML文書を用意してみてください。

Sample4.jsp ▶ 別のHTML文書を埋め込む

```
<%@ page contentType="text/html; charset=UTF-8" %>
<%
    String carname = request.getParameter("cars");
%>

<!DOCTYPE html>
<html>
<head>
<title><%= carname %></title>
</head>
<body>
<div style="text-align: center;">
<h2><%= carname %></h2>
<%= carname %>
のお買い上げありがとうございました。<br/>
<br/>
<jsp:include page="company.html" flush="true"/>   ← HTML文書を埋め込みます
</div>
</body>
</html>
```

Lesson 7 ● JSP

company.html

```
<div style="text-align: center;">
カーバンク社<br/>
営業部 (TEL)100-000-0100<br/>
</div>
```
埋め込まれるHTML文書です

Sample4.html ▶ HTML文書（P.191のSample2.htmlを参照）

Sample4の実行画面

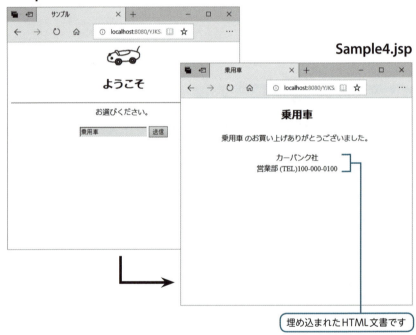

ここでは、アクション（action）を使って、JSPにHTML文書を埋め込んでいます。HTML文書を埋め込むには、**<jsp:include ・・・ />**というかたちのアクションを使います。

この方法を使うと、Webページの一部をあらかじめHTML文書として作成して

おくことができるので便利です。たとえば、ここでは会社の情報をHTML文書として、あらかじめ作成してあります。このように、あまり変更されない情報や、どのページでも使われる情報をHTML文書にしておけばよいのです。複数のJSPから1つのHTML文書を共有することもできますから、Webサイトを効率よく構築することができます。

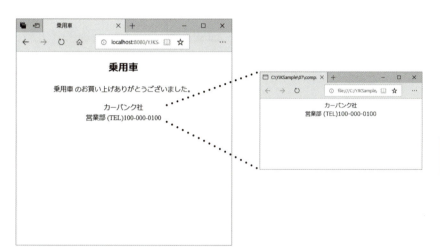

図7-2 HTML文書の埋め込み
JSPにHTML文書を埋め込むことができます。

重要　JSPにHTML文書を埋め込むことができる。

文書を埋め込むタイミング

ここで紹介したように、**<jsp:include・・・/>アクション**を使うと、サーブレットがリクエストを受けとったときに、HTML文書の埋め込みが行われます。これに対して、JSPの**<%@ include・・・%>ディレクティブ**を使うと、JSPが最初にサーブレットのコードに変換されるときに文書を埋め込むことができます。文書を読み込みたいタイミングに応じて、2つの方法を使い分けると便利です。

Lesson 7 ● JSP

サーブレットと連携する

ではもうひとつ、JSPについての知識を増やすことにしましょう。今度は

サーブレットとJSPを連携する

という方法を学ぶことにします。サーブレットとJSPの特徴をいかして、Webサイトを作成していくのです。サーブレットとJSPを組みあわせると、効率よく大きなWebサイトをつくっていくことができます。たとえば、次のような役割分担による組みあわせかたをみてください。

- サーブレット …… リクエストの受付を担当する
- JSP …… Webページの表示を担当する

このような役割分担をすると、プログラムの特徴をいかして、わかりやすいプログラムを作成することができるのです。

それではさっそく、JSPとサーブレットを組みあわせてみることにしましょう。このためには、前の章で学んだ「リクエストの転送」の知識を使うことになります。

Sample5.java ▶ リクエストを受けつけるサーブレット

```
import javax.servlet.*;
import javax.servlet.http.*;

public class Sample5 extends HttpServlet
{
   public void doGet(HttpServletRequest request,
      HttpServletResponse response) throws ServletException
   {
      try{
         //フォームデータの取得
         String carname = request.getParameter("cars");

         //サーブレットコンテキストの取得
         ServletContext sc = getServletContext();

         //リクエストの転送
         if(carname.length() != 0){
            sc.getRequestDispatcher("/Sample5.jsp")
               .forward(request, response);
```

❶ユーザーが入力した場合にJSPに転送します

7.3 JSPの活用

```
        }
        else{
            sc.getRequestDispatcher("/error.html")
                .forward(request, response);
        }
    }
    catch(Exception e){
        e.printStackTrace();
    }
  }
}
```

❷ユーザーが入力しなかった場合にHTML文書に転送します

Sample5.jsp ▶ Webページを表示するJSP

```jsp
<%@ page contentType="text/html; charset=UTF-8" %>
<%
    String carname = request.getParameter("cars");
%>

<!DOCTYPE html>
<html>
<head>
<title><%= carname %></title>
</head>
<body>
<div style="text-align: center;">
<h2><%= carname %></h2>
<%= carname %>
のお買い上げありがとうございました。<br/>
</div>
</body>
</html>
```

Lesson
7

---

error.html（P.164のerror.htmlを参照）

Sample5.html ▶ HTML文書（P.148のSample2.htmlを参照）

201

Lesson 7 ● JSP

Sample5の実行画面

Sample5.html

Sample5.jsp

❶ 入力した場合の画面です

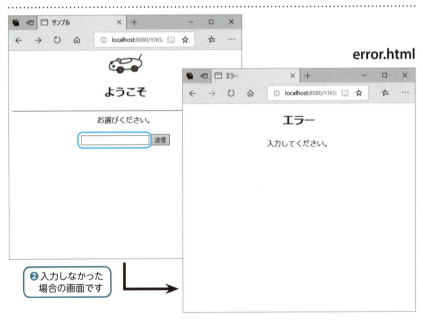

error.html

❷ 入力しなかった場合の画面です

ユーザーがフォーム上にデータを入力した場合には、JSPにリクエストが転送されます（❶）。もしテキストを入力しなかった場合には、エラーページに転送します（❷）。

このWebサイトでは、サーブレットでリクエストを受けつけています。サーブレットでは、ユーザーの入力状況に応じて、複雑な処理を行っているわけです。

また、JSPやHTML文書では、リクエストの転送を受けて、Webページの表示を行っています。JSPやHTML文書は、Webページをわかりやすく記述することができますので、コードの記述が楽になります。

このように、Webアプリケーションを構築するときには、サーブレット・JSP・HTML文書などを使って、役割分担をすると便利です。各プログラムの特徴をいかすことで、わかりやすく、効率的にコードを記述することができるからです。

> リクエストを転送することで、サーブレット・JSP・HTML文書を連携することができる。

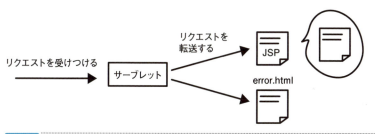

図7-3 サーブレットとの連携
サーブレット・JSP・HTML文書を連携することができます。

サーブレット・JSP・HTML文書

　この節では、サーブレット・JSP・HTML文書を組みあわせたWebアプリケーションを作成しました。各プログラムの特徴をいかしたWebアプリケーションとなっていることに注意してみてください。次の節では、さらにこの中の一定の処理を、コンポーネントという小さな部品にまとめる方法を学ぶことにします。

7.4 JavaBeans

JavaBeansのしくみを知る

　さて、第6章・第7章で学んできたWebアプリケーションを構築していくときには、プログラムを頻繁に変更したり、大勢の人間で開発を分担しなければならない場合があります。

　このとき、プログラムの一部分を、プログラムの小さな部品として切り分けておくことができれば便利です。ある一定の処理をあらかじめ部品としてつくっておくことで、

> 別のシステムからその部品を利用したり、
> 大勢の人数で開発を分担することができる

からです。

　もともとJavaではソースファイルを分割し、通常のクラスを設計していくことで、プログラムの部品を作成することができます。こうしたプログラムの部品化をさらにおしすすめ、より再利用しやすい部品を作成して大規模な開発にいかすために、コンポーネント（component）と呼ばれる概念が考えられています。

　JavaではJavaBeansという仕様にしたがってコンポーネントを作成できます。そこでこの章では、JavaBeansをとり入れたWebサイトの開発手法を学んでおくことにしましょう。

コンポーネントは、JavaBeansの仕様にしたがう。

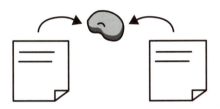

図7-4 コンポーネント
プログラムから利用できるプログラムの部品を、コンポーネントと呼びます。

JavaBeansのクラスを知る

さて、JavaBeansとは、いったいどのようなかたちをしたものなのでしょうか？

実は、JavaBeansは普通のJavaクラスと同じものです。ただし、JavaBeansのクラスは、いくつかの決まった仕様にしたがうことになっています。

- Serializableインターフェイスを実装する
- 引数なしのコンストラクタをもつ
- フィールドをクラスの外部から直接アクセスできないように修飾子をつける
- フィールドの値を設定・取得するために、決まった名前のメソッド（set××、get××など）を使う
  ・・・

JavaBeansの主な仕様をあげました。このような仕様にしたがうことによって、どのプログラムからもより再利用しやすいコンポーネントを作成することができるのです。

ではさっそくコードを入力して、JavaBeansを作成してみることにしましょう。これまでと同じように、テキストエディタにコードを入力します。

Lesson 7 ● JSP

CarBean.java ▶ JavaBeansを作成する

```java
package mybeans;
import java.io.*;

public class CarBean implements Serializable
{
    private String carname;
    private String cardata;

    public CarBean()
    {
        carname = null;
        cardata = null;
    }
    public void setCarname(String cn)
    {
        carname = cn;
    }
    public String getCardata()
    {
        return cardata;
    }
    public void makeCardata()
    {
        cardata = "車種:" + carname;
    }
}
```

- Serializableインターフェイスを実装します
- 外部から直接アクセスできないプロパティ（フィールド）です
- プロパティの値を設定するメソッドです
- プロパティの値を取得するメソッドです
- 結果データを作成するメソッドです

　なお、JavaBeansはパッケージにまとめる必要があります。このため、作業中のフォルダ内にmybeansフォルダを作成し、その中にCarBean.javaを保存してください（付録Cを参照）。これは、

車名データを設定し、「車種：」という文字列をつけ加えた結果データを作成する

という処理をするコンポーネントです。このように、JavaBeansにはある一定の処理をまとめておくようにするのです。

プロパティのしくみを知る

ところで、このJavaBeansクラスのメンバは、次のようになっています。

Sample6のJavaBeans

メンバ	説明
フィールド（プロパティ）	
carname	車名データをあらわすフィールド
cardata	結果データをあらわすフィールド
メソッド	
setCarname()	車名データをBeanにセットするメソッド
getCardata()	結果データをBeanから取得するメソッド
makeCardata()	結果を作成するメソッド

JavaBeansではフィールドのことを、特に**プロパティ**と呼んでいます。ここではcarnameとcardataがプロパティです。

JavaBeansでは、いろいろなプログラムから同じ方法でプロパティを取得・設定できるようにすることがたいせつです。このためJavaBeansでは、

- プロパティの設定 …… set<プロパティ名>
- プロパティの取得 …… get<プロパティ名>

という決まった名前のメソッドを定義することになっています。ここでもそのようなsetCarname()メソッド、getCardata()メソッドを定義していますね。

図7-5 プロパティの設定・取得
　JavaBeansのプロパティの設定・取得をするには、決まった名前のメソッドを使います。

Lesson 7 ● JSP

ほかのプログラムから利用される定型的な処理を、JavaBeansの
コンポーネントとして作成しておくことができる。

サーブレット・JSP・Beanを連携する

ではさっそくBeanを利用してみましょう。次のサーブレット・JSPを作成してください。

サーブレットをコンパイルすると、CarBean.javaも同時にコンパイルされます。mybeansフォルダ内にCarBean.classという名前のファイルが作成されているかどうか確認してみてください。サーブレットを実行する際にも、mybeansフォルダ内にCarBean.classが存在するように配置します。

Sample6.java ▶ Beanを設定するサーブレット

```java
import mybeans.*;
import javax.servlet.*;
import javax.servlet.http.*;

public class Sample6 extends HttpServlet
{
    public void doGet(HttpServletRequest request,
        HttpServletResponse response) throws ServletException
    {
        try{
            //フォームデータの取得
            String carname = request.getParameter("cars");

            //Beanの作成
            CarBean cb = new CarBean();           // ❶Beanを作成します
            cb.setCarname(carname);               // ❷プロパティの値を設定します
            cb.makeCardata();                     // ❸結果を作成します

            //リクエストに設定
            request.setAttribute("cb", cb);       // ❹Beanをリクエストに設定します

            //サーブレットコンテキストの取得
            ServletContext sc = getServletContext();
```

208

7.4 JavaBeans

```
        // リクエストの転送
        if(carname.length() != 0){
            sc.getRequestDispatcher("/Sample6.jsp")
                .forward(request, response);
        }
        else{
            sc.getRequestDispatcher("/error.html")
                .forward(request, response);
        }
    }
    catch(Exception e){
        e.printStackTrace();
    }
  }
}
```

❺リクエストをJSPに転送します

Lesson
7

Sample6.jsp ▶ Beanからデータを受けとるJSP

```
<%@ page contentType="text/html; charset=UTF-8" %>
<jsp:useBean id="cb" class="mybeans.CarBean" scope="request"/>

<!DOCTYPE html>
<html>
<head>
<title>サンプル</title>
</head>
<body>
<div style="text-align: center;">
<h2>御礼</h2>
<jsp:getProperty name="cb" property="cardata"/>
のお買い上げありがとうございました。<br/>
</div>
</body>
</html>
```

❻Beanの準備をします

❼Beanの結果を取得します

error.html（P.164のerror.htmlを参照）

Sample6.html ▶ HTML文書（P.148のSample2.htmlを参照）

209

Lesson 7 ● JSP

Sample6の実行画面

Sample6.html

Sample6.jsp

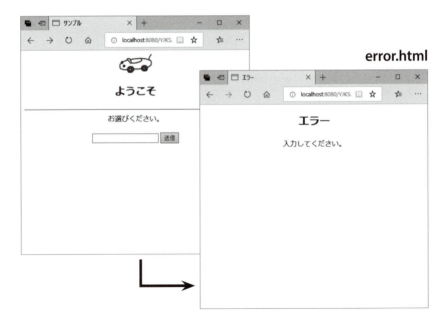

error.html

210

Sample6では、次の手順で処理を行っています。

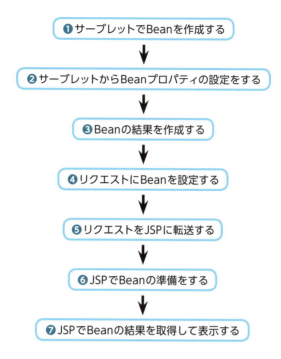

ここでは、サーブレットでBeanの設定をし、JSPでBeanの結果を取得するしくみになっています。

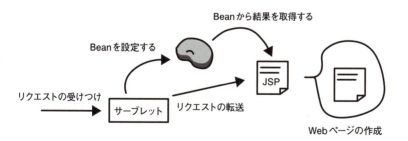

まず、サーブレットのコードでは、BeanのsetCarname()メソッドを呼び出してプロパティを設定します。そして、makeCardata()メソッドを呼び出して、結果データを作成しています。

また、JSPのコードでは、次の表で紹介しているアクションを使って、Beanを利用しています。

表7-3 Beanを利用するためのJSPアクション

タグ	属性	説明
<jsp:useBean />	id="Beanオブジェクトをさす変数名"	Beanオブジェクトを準備する
	type="Beanオブジェクトの型"	
	class=" Beanのクラス"	
	scope="Beanのスコープ"	
<jsp:setProperty />	name=" Beanオブジェクトをさす変数名"	Beanのプロパティを設定する
	property="プロパティ名"	
	value="プロパティに設定する値"	
<jsp:getProperty />	name=" Beanオブジェクトをさす変数名"	Beanのプロパティを取得する
	property="プロパティ名"	

JSPの中では、**<jsp:useBean />アクション**を使って、Beanの準備をします。「id=・・・」の部分にはサーブレットで設定したBeanの名前を、「scope=・・・」の部分にはrequestを指定します。

そして、さらにJSPの中で**<jsp:getProperty />アクション**を使って、Beanの結果を取得しています。ここで、データに「車種：」という文字列をつけ加えた結果データを取得しているのです。

この結果、Webページには「車種：乗用車」というデータが表示されることになります。JavaBeansを利用して、Webアプリケーションを構築しているわけです。

サーブレット・JSP・JavaBeansを組みあわせたWebアプリケーションの動作を、もう一度たしかめてみるようにしてください。

ほかのプログラムからJavaBeansを利用することができる。

7.4　JavaBeans

JavaでWebアプリケーションを構築する

さて、このプログラムでは、

- サーブレット …… リクエストの受付を担当する
- Bean …… 定型的な処理を担当する
- JSP …… Webページの表示を担当する

という役割分担をしています。それぞれのプログラムの特徴をいかして、Webアプリケーションを構築しているわけです。このように、JavaBeansとして一定の処理をまとめておくと都合のよいことがあります。Webアプリケーションがバージョンアップしても変更されにくい処理や、ほかのプログラムから何度も利用できる処理をまとめておけば、

　コンポーネントを再利用して、
　効率よくWebサイトをつくることができる

からです。たとえば、この節でみたように、「車名」などといったデータを操作する処理は、Webページのレイアウトなどにくらべると、変更されにくい処理ということができます。こうしたデータに関する処理は、JavaBeansとしてまとめておけば都合がよいと考えられます。

　このように、サーブレットやJSPに加えて、JavaBeansをとり入れると、さらに効率よくWebアプリケーションをつくっていくことができます。各プログラムをどのように組みあわせるかを考えるときには、各プログラムの特徴を知っておくことがたいせつです。そこで、次の表にプログラムの特徴をまとめておくことにしましょう。それぞれの特徴をいかしたWebアプリケーションをつくっていくことが重要といえます。

表7-4　Javaプログラムの特徴

各プログラム・文書	特徴
サーブレット	Javaのコードを柔軟に記述できる
	処理が高速である
	Webブラウザに表示されるWebページのかたちがわかりづらい
JSP	Webページのかたちがわかりやすい
	JSPタグの中にJavaのコードを記述する
	初回起動時の処理が遅い
JavaBeans	JavaBeansの仕様にしたがったJavaのクラスである
	一定の処理をまとめておける
	ほかのプログラムから利用する
HTML文書	Webページをかんたんに記述できる
	柔軟なWebページをつくることがむずかしい

重要

サーブレット・JSP・JavaBeansを連携して、Webサイトを構築できる。

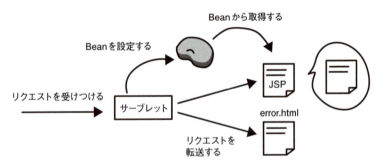

図7-6 Webサイトの構築

　サーブレット・Bean・JSPを組みあわせて、Webアプリケーションを構築することができます。

MVCモデルとWeb

　プログラミングの世界では、変化に対応できるソフトウェアを開発していくために**MVCモデル**と呼ばれる構造を採用する場合があります。

　MVCモデルは、ソフトウェアを**モデル**（Model）・**ビュー**（View）・**コントローラ**（Controller）という役割で分離する考え方です。モデルはデータを意味します。ビューは外観を意味します。コントローラはこれらの制御を行う部分です。

　ユーザーが入力操作を行うと、そのイベントをコントローラが受けとります。コントローラは入力があったことをモデルに伝えます。すると、モデルの状態が変更されます。そして最後にモデルがビューに変更があったことを通知します。

　ここで紹介した一般的なWebアプリケーションの構築にあたっても、MVCモデルがとり入れられています。

　ここでは、サーブレットがユーザーからの入力を受けとるので、「コントローラ（C）」の役割をはたしています。また、Beanがデータを管理する「モデル（M）」の役割をはたします。そして、JSPはWebページの表示を担当する「ビュー（V）」の役割を担当しています。

　MVCモデルは、さまざまな設計の場面でとり入れられています。

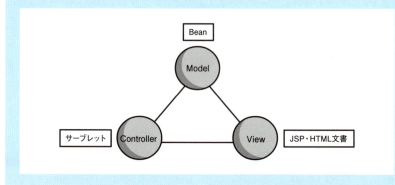

Lesson 7 ● JSP

JSPを利用しやすくする

さて、この章では、JSPを使ってWebサーバー上でさまざまな処理を行う方法をみてきました。

ただし、JSPは本来、Webページを表示するために使われる技術です。そのため、できるだけ埋め込まれるJavaのコードが少ないほうがよい設計といえます。このため、複雑なJavaのコードをできるだけ使わずにJSPを作成する方法が用意されています。

まず、JSPページ内では、式言語（expression language）と呼ばれる書式を使うことができます。式言語では、かんたんな四則演算や、暗黙のオブジェクトを利用することができます。式言語によってJavaのコードをできるだけ使わずに簡潔にJSPページを記述することができるようになります。

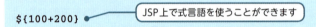

`${100+200}` ← JSP上で式言語を使うことができます

また、あらかじめ複雑なJavaのコードをJSPのタグとして作成しておくこともできます。これをカスタムタグといいます。カスタムタグは、Javaのコードまたは JSPとして記述することができます。

カスタムタグの集まりはタグライブラリ（tag library）と呼ばれます。このうち標準として策定されているタグライブラリをJSTL（JSP Standard Tag library）と呼びます。

JSTLの場合は、次の種類があります。

表7-5　JSTL

種類	説明	通常使用するtaglibディレクティブ
core	変数への格納・出力などの基本的な処理を行う	`<%@ taglib prefix="c" uri="http://java.sun.com/jsp/jstl/core"%>`
i18n	日時などのフォーマットを行う	`<%@ taglib prefix="fmt" uri="http://java.sun.com/jsp/jstl/fmt"%>`
xml	XML文書の処理を行う	`<%@ taglib prefix="x" uri="http://java.sun.com/jsp/jstl/xml"%>`
database	データベースの処理を行う	`<%@ taglib prefix="sql" uri="http://java.sun.com/jsp/jstl/sql"%>`

種類	説明	通常使用するtaglibディレクティブ
functions	文字列などの処理を行う	<%@ taglib prefix="fn" uri="http://java.sun.com/jsp/jstl/functions"%>

JSTLを利用する場合には、JSTLを入手したうえで、JSPを実行するディレクトリ内のWEB-INFフォルダ内に配置する必要があります。taglibディレクティブで指定したうえでタグを利用します。

たとえば、coreに用意されている出力を行う<c:out>タグを使う場合には、JSPページ内に次のように記述します。

こうしたカスタムタグの利用によって、さらに見通しのよいJSPページを作成することができます。

7.5 レッスンのまとめ

この章では、次のようなことを学びました。

- JSPは、Webサーバー上で動作するプログラムです。
- JSPを使うと、サーブレットと同じ処理を行うことができます。
- JavaBeansは、ほかのプログラムから利用できるコンポーネントです。
- サーブレット・JSP・JavaBeans・HTML文書を組みあわせて、Webアプリケーションを構築できます。
- JSPからコードを減らすために、式言語・カスタムタグを利用することができます。

　この章では、Webサーバー上で動作するプログラムである、JSPについて学びました。JSPを使えば、サーブレットと同じ処理をすることができます。JSPを使うと、Webページをかんたんに作成できるのでたいへん便利です。また、一定の処理をJavaBeansとして作成しておけば、JSPなどのプログラムから利用して、効率よく大規模なプログラムを作成していくこともできるようになっています。

　このように、サーブレット・JSP・HTML文書・JavaBeansなどを連携することで、強力なWebアプリケーションを構築することができるのです。

7.5 レッスンのまとめ

練習

1. 次のように、フォーム上のユーザー名を表示するJSPを作成してください。

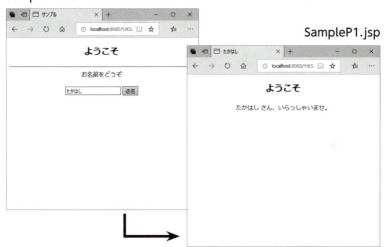

2. 次のように、第6章と同じセッション管理を行うJSPを作成してください。

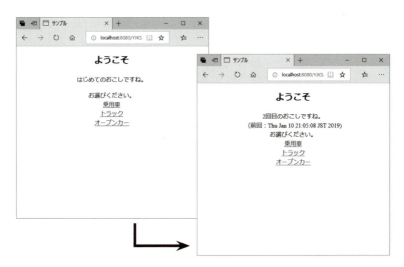

Lesson 7 ● JSP

3. Sample6で作成したJavaBeansコンポーネントを利用して、次のように表示するWebサイトを構築してください。

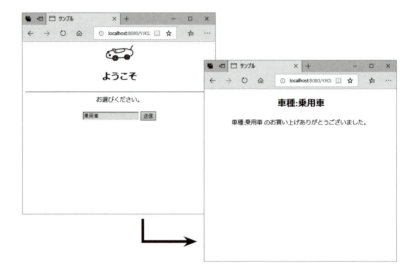

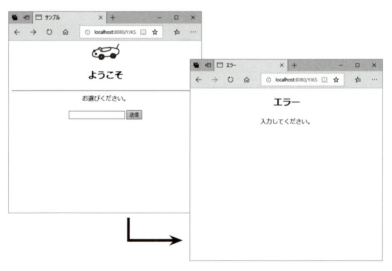

7.5 レッスンのまとめ

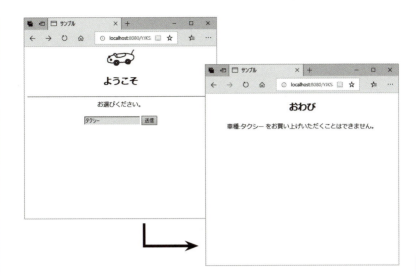

Lesson 8

JDBC

プログラムでは大量のデータを扱う場合があります。大量のデータを保存するときには、データベースを利用すると便利です。また、第7章で学んだWebサーバー上のプログラムとデータベースを連携すれば、実用的なシステムを開発していくこともできます。この章では、Javaプログラムからデータベースを利用する方法について学びましょう。

Check Point!

- データベース
- JDBC
- SQL
- Webとデータベースの連携

8.1 データベースの基本

データベースを使うプログラムを作成する

　プログラムでは、大量のデータを扱う場合があります。大量のデータを保存するときには、データベース（database）を利用すると便利です。大規模なシステムを開発していく場合には、データベースとプログラムを組みあわせることが欠かせません。この章では、データベースを扱うJavaプログラムを作成していくことにしましょう。

　なお、データベースに関するクラスは、標準クラスライブラリのjava.sqlパッケージなどに含まれています。

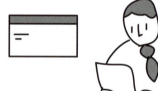

データベースのしくみを知る

　さて、現在のデータベース製品は、リレーショナルデータベース（relational database）と呼ばれる種類が主流となっています。リレーショナルデータベースは、データを表のかたちで扱うことができるデータベースです。たとえば、商品に関するデータを表のかたちで扱うことができるようになっています。

車表

番号	名前
2	乗用車
3	オープンカー
4	トラック

データを表形式で扱うことができます

 SQL文のしくみを知る

　リレーショナルデータベースは、SQL（構造化問い合わせ言語）と呼ばれる言語によって、かんたんにデータの操作や問い合わせができるようになっています。たとえば、

「番号」列の値が「3」である車

をデータベースに問い合わせて、条件にしたがったデータを取り出すことができるようになっているのです。

　さきほどの「車表」からデータを取り出すと、次のようになります。

番号	名前
3	オープンカー

データを取り出すことができます

　SQLでは文と呼ばれる方法によって、1つの問い合わせを行うようになっています。これから、かんたんなSQL文を紹介しながらデータベースを利用していくことにしましょう。

リレーショナルデータベースに問い合わせを行うにはSQL文を使う。

Lesson 8 ● JDBC

 # JDBCのしくみを知る

　Javaのプログラムからデータベースを扱うには、JDBCと呼ばれる規約にしたがいます。JDBCは、JDBCドライバと呼ばれるプログラムを介してデータベースにアクセスするための規約です。

　本書では、Derby（Apache Derby）と呼ばれるデータベースを入手して利用することにしましょう。データベースに関する開発環境の設定方法は、本書付録Cを参考にしてください。

リレーショナルデータベース製品

　本書では、Javaでデータベースを利用するプログラミングを学ぶためにDerbyを使っています。実際の開発現場では、このほかにもさまざまなリレーショナルデータベース製品が利用されています。オープンソースのMySQLやPostgreSQL、Microsoft社のAccessやSQL Server、Oracle社のOracle Databaseなどがあります。

8.2 データベースの利用

表の作成

リレーショナルデータベースを利用するには、まずデータベース内にデータを格納するための表（table）を作成することが必要になります。表の作成に関連するSQL文は次のようになっています。

表8-1 表の作成・更新・削除

データ操作	SQL文
表を作成する	CREATE TABLE 表名(列名 型,・・・)
表を更新する	ALTER TABLE 表名(ADD 列名 型,・・・)
表を削除する	DROP TABLE 表名

たとえば、表を作成する際には、次のようにCREATE TABLE文を使うことができます。

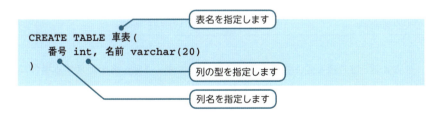

```
CREATE TABLE 車表(
    番号 int, 名前 varchar(20)
)
```
表名を指定します
列の型を指定します
列名を指定します

これで、「車表」という名前の表を作成することができます。ここでは「車表」内に「番号」列と「名前」列を作成しています。

Lesson 8 ● JDBC

表を作成することができます

 SQL文を使って表の作成・更新・削除を行うことができる。

表にデータを追加する

表を作成したら、次に、表にデータを格納することが必要です。また、不要なデータは変更・削除することが必要でしょう。表にデータの追加・更新・削除を行うSQL文は、次のようになっています。

表8-2　データの追加・更新・削除

データ操作	SQL文
データを追加する	INSERT INTO 表名 VALUES(値,値・・・)
データを更新する	UPDATE 表名 SET 列名=値 WHERE 条件
データを削除する	DELETE FROM 表名 WHERE 条件

たとえば、さきほどの「車表」に、「2, 乗用車」というデータを追加する場合には、次のようにINSERT文を指定します。

```
INSERT INTO 車表
    VALUES(2, '乗用車')
```
表名を指定します
値を指定します

これで、「番号」列に「2」が、「名前」列に「乗用車」が、順に格納されます。この方法を使えば、必要なデータを表に格納できることになります。

228

8.2 データベースの利用

車表

番号	名前
2	乗用車

← データを追加することができます

重要 SQL文を使ってデータの追加・更新・削除を行うことができる。

表からデータを問い合わせる

表とデータの準備ができたら、必要なデータを問い合わせて抽出することになります。表の問い合わせを行うには、SELECT文を使います。

表8-3 データの問い合わせ

データ操作	SQL文
データを問い合わせる	SELECT 列名 FROM 表名 WHERE 条件

たとえば、「車表」のすべてのデータを指定したい場合には、次のSELECT文を使います。

```
SELECT * FROM 車表
```
← 表名を指定します

「車表」に3件のデータが存在する場合は、このSQL文で3件すべてのデータを取り出すことができるのです。

車表

番号	名前
2	乗用車
3	オープンカー
4	トラック

← データを取り出すことができます

Lesson 8 ● JDBC

SELECT文に指定した「*」という記号は、すべての列をあらわす指定です。列名を個別に指定することもできます。

重要
SQL文であるSELECT文を使って、データの問い合わせができる。

データベースを利用する

それでは、ここまでに学んだSQL文を使って、データベースを操作するコードを作成してみましょう。本書付録Cの設定を行えば、通常のアプリケーションと同様にコンパイル・実行することができます。

Sample1.java ▶ 表を表示する

```java
import java.sql.*;

public class Sample1
{
    public static void main(String[] args)
    {
        try{
            //接続の準備
            String url = "jdbc:derby:cardb;create=true";     ❶JDBCドライバを指定します
            String usr = "";
            String pw = "";

            //データベースへの接続
            Connection cn                                     ❷データベースに接続します
                = DriverManager.getConnection(url, usr, pw);

            //問い合わせの準備
            DatabaseMetaData dm = cn.getMetaData();
            ResultSet tb = dm.getTables(null, null, "車表", null);

            Statement st = cn.createStatement();

            String qry1
                = "CREATE TABLE 車表(番号 int, 名前 varchar(50))";
```

8.2 データベースの利用

```
        String[] qry2 = {
            "INSERT INTO 車表 VALUES (2, '乗用車')",
            "INSERT INTO 車表 VALUES (3, 'オープンカー')",
            "INSERT INTO 車表 VALUES (4, 'トラック')"};
        String qry3 = "SELECT * FROM 車表";          ❸SQL文を
                                                        作成します
        if(!tb.next()){
            st.executeUpdate(qry1);
            for(int i=0; i<qry2.length; i++){
                st.executeUpdate(qry2[i]);
            }
        }                                           ❹表の作成・問い合
                                                       わせを行います
        //問い合わせ
        ResultSet rs = st.executeQuery(qry3);

        //データの取得
        ResultSetMetaData rm = rs.getMetaData();
        int cnum = rm.getColumnCount();
        while(rs.next()){                           ❺データを取得します
            for(int i=1; i<=cnum; i++){
                System.out.print(rm.getColumnName(i) + ":"+
                                    rs.getObject(i) + "  ");
            }
            System.out.println("");
        }

        //接続のクローズ
        rs.close();
        st.close();                                 ❻接続をクローズします
        cn.close();
    }
    catch(Exception e){
        e.printStackTrace();
    }
  }
}
```

Sample1の実行画面

```
番号:2 名前:乗用車
番号:3 名前:オープンカー          すべてのデータが取り出されます
番号:4 名前:トラック
```

Lesson
8

231

このプログラムでは、次の手順でデータベースを扱っています。

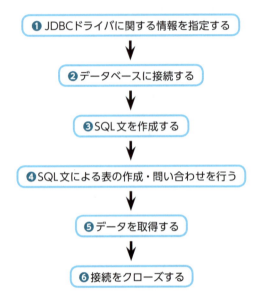

データベースに接続するには、まずJDBCドライバに関する情報を指定することが必要です。データベースをあらわすURL・ユーザー名・パスワードの情報を指定します（❶）。

Derbyの場合は、URLを「**jdbc:derby:データベース名**」とします。ここではcardbというデータベース名を使いました。また、表を作成するためにcreate=trueとしています。本書ではユーザー名やパスワードは特に指定していません。お使いの環境にあった情報を使ってください。これらの情報を使ってデータベースに接続します（❷）。

次に、SQL文を作成し、問い合わせの準備をしています（❸）。表を作成する文・データを追加する文、問い合わせを行う文を準備しています。

これらのSQL文を使って、表の作成やデータの問い合わせを行うことができます（❹）。このプログラムでは、データベースに車表がない場合に、表の作成を行っています。

また、ここで得られた問い合わせ結果は、ResultSet型の変数（rs）で扱うことができます（❺）。next()メソッドを使って1行ずつ現在位置を移動し、繰り返してデータの結果を取得しています。

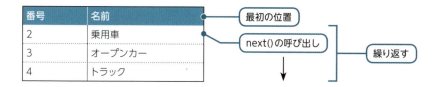

このコードでは、最後にデータベースをクローズして終了しています（❻）。では、このコードで利用したクラスを紹介しておきましょう。

Sample1の関連クラス

クラス	説明
java.sql.DriverManagerクラス	
Connection getConnection(String url, String usr, String pwd)	データベースに接続する
java.sql.Connectionインターフェイス	
Statement createStatement()	SQL文を送るためのオブジェクトを作成する
DatabaseMetaData getMetaData()	データベース情報を取得する
java.sql.DatabaseMetaDataインターフェイス	
ResultSet getTables(String ct,String pt, Sting name,String[] type)	指定した表が存在するかを調べる
java.sql.Statementインターフェイス	
ResultSet executeQuery(String sql)	問い合わせを行うSQL文を実行する
java.sql.ResultSetインターフェイス	
ResultSetMetaData getMetaData()	列の数や型などを取得する
Boolean next()	現在行を1行下に移動する
Object getObject(int column)	列番号から列値を取得する
java.sql.ResultSetMetaDataインターフェイス	
String getColumnName(int column)	列番号から列名を取得する
int getColumnCount()	列数を取得する

Lesson 8 ● JDBC

データベースへの接続情報

　ここでは、Derbyをデータベースとして利用しています。ほかの
データベースの扱い方も同様です。データベースを設定し、各社が
提供するドライバを準備したうえで使用します。詳細については各社が提供する
情報を参照してみてください。

主なデータベースのJDBCドライバの記述例

データベース	ドライバクラス名	URL
Derby	org.apache.derby.jdbc.EmbeddedDriver	jdbc:derby:データベース名
MySQL	com.mysql.jdbc.Driver	jdbc:mysql:データベース名
PostgreSQL	org.postgresql.Driver	jdbc:postgresql:データベース名
Access (ODBC経由)	sun.jdbc.odbc.JdbcOdbcDriver	jdbc:odbc:データベース名
SQL Server	com.microsoft.sqlserver.jdbc.SQLServerDriver	jdbc:microsoft:sqlserver:データベース名
Oracle	oracle.jdbc.OracleDriver	jdbc:oracle:種類:データベース名

8.3 データベースの応用

条件で検索する

前の節では、表に格納されているデータのすべてを取り出してみました。

データを問い合わせる際には、条件を指定して、条件に該当するデータだけを取り出すこともできます。このときには、SELECT文の中に

　　WHERE　条件

という指定を行います。

たとえば、番号が3以上のデータだけを取り出したいものだとしましょう。このとき、次のように指定します。

```
SELECT *
   FROM 車表
WHERE 番号 >=3
```
条件を指定します

車表

番号	名前
2	乗用車
3	オープンカー
4	トラック

→

番号	名前
3	オープンカー
4	トラック

SQLでは、条件を次の演算子によって作成することができます。

Lesson 8 ● JDBC

表8-4 SQLの条件をつくる演算子

演算子	式がtrueとなる場合
==	右辺が左辺に等しい
<>	右辺が左辺に等しくない
>	右辺より左辺が大きい
>=	右辺より左辺が大きいか等しい
<	右辺より左辺が小さい
<=	右辺より左辺が小さいか等しい
AND	右辺と左辺がともにtrue
OR	右辺または左辺のいずれかがtrue
NOT	右辺がtrueでないとき

　実際に確認してみましょう。問い合わせの準備・問い合わせ以外はSample1と同じです。なお、本章のコードは、Sample1によって表とデータを作成したうえで確認するようにしてください。

Sample2.java ▶ 条件をつけて絞り込む

```java
import java.sql.*;

public class Sample2
{
    public static void main(String args[])
    {
        ...
            //問い合わせの準備
            Statement st = cn.createStatement();
            String qry = "SELECT * FROM 車表 WHERE 番号>=3";

            //問い合わせ
            ResultSet rs = st.executeQuery(qry);
        ...
    }
}
```

> 条件をつけて取り出します

Sample2の実行画面

```
番号：3　名前：オープンカー
番号：4　名前：トラック
```

> 番号が3以上のデータが取り出されます

SQL文を変更するだけで、すべてを取り出す方法と同様にデータを取り出すことができています。番号が3以上である2件のデータだけが抽出されることになります。

> **SQL**
>
> SQL文を使うと、このほかにもさまざまな条件を指定して、データを操作したり、問い合わせをしたりすることができます。また、表そのものを作成したり、データベースへのアクセス権限を設定したりすることもできます。くわしいSQL文の書きかたについては、SQLの解説書を参考にしてください。

コマンドライン引数からデータを指定する

今度は、プログラムを実行するときに追加データを指定できるようにしてみましょう。ここではJavaのコマンドライン引数を使います。

Sample3.java ▶ コマンドライン引数から指定する

```java
import java.sql.*;

public class Sample3
{
    public static void main(String args[])
    {
        if(args.length != 2){
            System.out.println("パラメータの数が違います。");
            System.exit(1);
        }

        try{
            //接続の準備
            String url = "jdbc:derby:cardb;create=true";
            String usr = "";
            String pw = "";
```

Lesson 8 ● JDBC

```
        //データベースへの接続
        Connection cn =
            DriverManager.getConnection(url, usr, pw);

        //問い合わせの準備
        Statement st = cn.createStatement();
        String qry1 = "INSERT INTO 車表 VALUES (
                        " + args[0] + ", '" + args[1] + "')";
        String qry2 = "SELECT * FROM 車表";
```
> コマンドライン引数からSQL文を作成します

```
        //問い合わせ
        st.executeUpdate(qry1);
        ResultSet rs = st.executeQuery(qry2);

        ...
    }
  }
}
```

　このアプリケーションを実行するときには、追加データをいっしょに指定します。

Sample3の実行方法

```
java Sample3 5 タクシー ↵
```
> 追加データを指定して実行します

Sample3の実行画面

```
番号：2　　名前：乗用車
番号：3　　名前：オープンカー
番号：4　　名前：トラック
番号：5　　名前：タクシー ●
```
> データが追加されます

　たしかに、指定したデータが1行追加されていることがわかります。これは、コマンドライン引数からSQL文を作成しているためです。ここでは、args[0]に指定した「5」が「番号」に、args[1]に指定した「タクシー」が「名前」に渡されます。「タクシー」ばかりでなく、ほかのデータも追加することができますので、ためしてみるとよいでしょう。

238

8.4 Webとデータベース

Webとデータベースを連携する

データベースの基本的な扱いかたに慣れることができたでしょうか？ この節ではさらに、データベースを応用するプログラムを作成してみることにしましょう。第6章・第7章で学んだ知識を使って、Webとデータベースを組みあわせたプログラムを作成することにします。

サーブレット・JSP・JavaBeans (Bean) を使って、
データベースを扱うWebアプリケーション

をつくってみることにしましょう。

このWebとデータベースとの連携を行うことで、ユーザーが多数の商品データから購入商品を検索できるようなWebサイトが構築できるようになります。

この節のプログラムを実行するには、Webサーバー上のプログラムを開発・実行する環境が必要です。第6章・第7章にならって、Webサーバープログラムのための環境を設定してください。そして、次のコードを作成・実行しましょう。

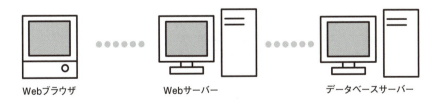

Webブラウザ　　　　　Webサーバー　　　　　データベースサーバー

Lesson 8 ● JDBC

CarDBBean.java ▶ Beanからデータベースに接続する

```java
package mybeans;
import java.util.*;
import java.io.*;
import java.sql.*;

public class CarDBBean implements Serializable
{
    private ArrayList<String> colname;
    private ArrayList<ArrayList> data;

    public CarDBBean()
    {
        try{
            //接続の準備
            String url = "jdbc:derby:cardb;create=true";
            String usr = "";
            String pw = "";

            //データベースへの接続
            Connection cn
                = DriverManager.getConnection(url, usr, pw);

            //問い合わせの準備
            DatabaseMetaData dm = cn.getMetaData();
            ResultSet tb = dm.getTables(null, null, "車表", null);

            Statement st = cn.createStatement();

            String qry1
                = "CREATE TABLE 車表(番号 int, 名前 varchar(50))";
            String[] qry2 = {
                "INSERT INTO 車表 VALUES (2, '乗用車')",
                "INSERT INTO 車表 VALUES (3, 'オープンカー')",
                "INSERT INTO 車表 VALUES (4, 'トラック')"};
            String qry3 = "SELECT * FROM 車表";

            if(!tb.next()){
                st.executeUpdate(qry1);
                for(int i=0; i<qry2.length; i++){
                    st.executeUpdate(qry2[i]);
                }
            }

            //問い合わせ
```

> データベースに接続するBeanです

> 列名を保存するリストです

> 表全体を保存するリストです

240

8.4 Webとデータベース

```java
        ResultSet rs = st.executeQuery(qry3);

        //列数の取得
        ResultSetMetaData rm = rs.getMetaData();
        int cnum = rm.getColumnCount();
        colname = new ArrayList<String>(cnum);

        //列名の取得
        for(int i=1; i<=cnum; i++){
            colname.add(rm.getColumnName(i).toString());
        }

        //行の取得
        data = new ArrayList<ArrayList>();
        while(rs.next()){
            ArrayList<String> rowdata
                = new ArrayList<String>();
            for(int i=1; i<=cnum; i++){
                rowdata.add(rs.getObject(i).toString());
            }
            data.add(rowdata);
        }

        //接続のクローズ
        rs.close();
        st.close();
        cn.close();
    }
    catch(Exception e){
        e.printStackTrace();
    }
}
public ArrayList getData()
{
    return data;
}
public ArrayList getColname()
{
    return colname;
}
}
```

列名を保存します

1行分のデータを保存するリストです

各データを保存します

1行ずつデータを保存します

プロパティを取得
するメソッドです

Lesson
8

241

Lesson 8 ● JDBC

Sample4.java ▶ サーブレットでリクエストを受けつける

```java
import mybeans.*;
import javax.servlet.*;
import javax.servlet.http.*;

public class Sample5 extends HttpServlet
{
    public void doGet(HttpServletRequest request,
                      HttpServletResponse response)
    throws ServletException
    {
        try{
            //サーブレットコンテキストの取得
            ServletContext sc = getServletContext();

            //Beanの作成
            CarDBBean cb = new CarDBBean();

            //リクエストに設定
            request.setAttribute("cb", cb);

            //リクエストの転送
            sc.getRequestDispatcher("/Sample4.jsp")
                .forward(request, response);
        }
        catch(Exception e){
            e.printStackTrace();
        }
    }
}
```

ユーザーからのリクエストを受けつけるサーブレットです

Beanを作成します

リクエストにBeanを設定します

リクエストをJSPに転送します

Sample4.jsp ▶ JSPで結果を表示する

```jsp
<%@ page contentType="text/html; charset=UTF-8" %>
<%@ page import="java.util.*" %>
<jsp:useBean id="cb" class="mybeans.CarDBBean"
scope="request"/>
<%!
    ArrayList colname;
    ArrayList data;
%>
<%
    colname = cb.getColname();
    data = cb.getData();
```

Beanを利用します

Beanから列名と表全体のデータを取得します

8.4 Webとデータベース

```
%>

<!DOCTYPE html>
<html>
<head>
<title>サンプル</title>
</head>
<body>
<div style="text-align: center;">
<h2>ようこそ</h2>
<hr/>
お選びください。<br/>
<br/>
<table border="1" style="margin-left: auto;
 margin-right:auto;">
<tr bgcolor="#E0C76F">
<%
    for(int column=0; column<colname.size(); column++){
%>
<th>
<%= (String) colname.get(column) %>
</th>
<%
    }
%>
</tr>
<%
    for(int row=0; row<data.size(); row++){
%>
<tr>
<%
      ArrayList rowdata = (ArrayList) (data.get(row));
      for(int column=0; column<rowdata.size(); column++){
%>
<td>
<%= rowdata.get(column) %>
</td>
<%
      }
%>
</tr>
<%
    }
%>
</table>
</div>
```

- 列数だけ繰り返して・・・
- 列名を表示します
- 行数だけ繰り返して・・・
- 各データを表示します

Lesson
8

243

```
</body>
</html>
```

Sample4の実行画面

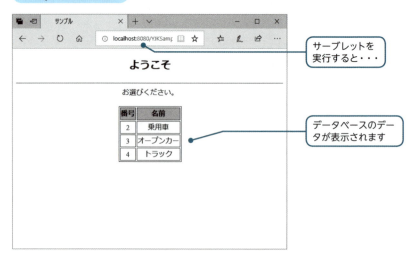

このサンプルを実行するには、まずサーブレットとBeanをコンパイルして、クラスファイルを作成します。そして本書の付録Cを参照して、クラスファイルとJSPファイルを、適切なディレクトリに配置します。

最後に、WebブラウザからサーブレットのURLを入力して実行してください。上のように、データベースのデータを含んだ画面が表示されます。

ここでは、

- サーブレット …… リクエストの受付を担当する
- Bean …… データベースへの接続を担当する
- JSP …… Webページの表示を担当する

という役割分担をして、Webページを作成しています。各プログラムを組みあわせることによって、ユーザーがWebサイトにやってきたときに、データベースに接続し、データをWebページに表示しているわけです。

なお、データの保存・取り出しは、コレクションクラスのリストであるArrayList

クラスを使っています。このクラスは、add()でデータの保存（追加）、get()でデータの取り出しができます。また、size()でデータ数を取得することができます。

こうしたデータの保存はBeanで、データの取り出しと表示はJSPの中で行っています。

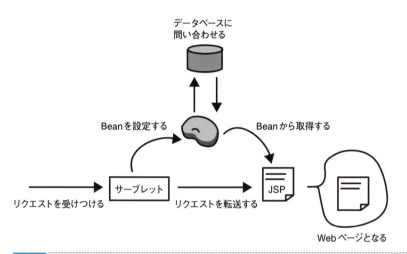

図8-1 Webとデータベース
Webとデータベースを連携することができます。

さて、私たちはこのサンプルで、Webとデータベースを連携するプログラムを作成してみました。データベースを活用することによって、Webサイトをさらに実用的なサイトとできることがわかるでしょう。データベースから取り出したデータを、Webページに利用することができるわけです。

ただし、実際に本格的なWebサイトを稼働させるためには、本書で学んだ知識に加えて、さらに深い知識を習得することが不可欠です。データベースを操作するにあたっての知識や、ネットワークのセキュリティに関する知識も、あわせて習得していかなければなりません。実際にWebサイトを構築する際には、そうした知識に注意しながら、ここで紹介したWebプログラミングの基礎知識を役立てていくとよいでしょう。

Lesson 8 ● JDBC

データベースの実際

　この章のサンプルでは、データベース・Webサーバー・Webブラウザなどを、すべて同じマシン上で実行して、プログラムの実行画面をたしかめるようにしています。

　しかし、実際にWebとデータベースを組みあわせる場合には、下図のように複数のコンピュータを使って各プログラムやデータベースを稼働させることが普通です。Webとデータベースにはさまざまな実行環境が考えられます。実際にWebとデータベースを稼働するには、環境に応じた設定や連携方法を十分に吟味する必要がありますので、注意してください。

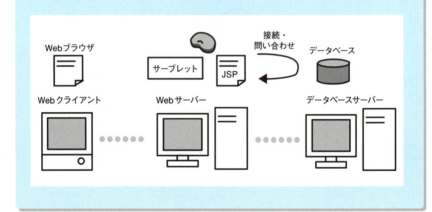

8.5 レッスンのまとめ

この章では、次のようなことを学びました。

- JDBCを介して、リレーショナルデータベースにアクセスすることができます。
- SQL文によって、データの問い合わせを行うことができます。
- SQL文によって、データの追加・削除・更新を行うことができます。
- Webとデータベースを連携することができます。

Lesson
8

この章では、Javaプログラムからデータベースを扱う方法について学びました。大量のデータを管理しているデータベースからデータを取り出して、実用的なプログラムを作成していくことができます。

また、データベースを使ったWebサイトを構築する方法も学びました。Webとデータベースを連携することで、大規模なシステムも構築していくことができるようになります。

Lesson 8 ● JDBC

練習

1. 次のデータベースを作成して、すべての行を表示するアプリケーションを作成してください。

データベース名：fooddb
表名：果物表

番号：1	名前：みかん	取扱店：青山商店
番号：2	名前：りんご	取扱店：東京市場
番号：3	名前：バナナ	取扱店：鈴木貨物
番号：4	名前：いちご	取扱店：東京市場
番号：5	名前：なし	取扱店：青山商店
番号：6	名前：栗	取扱店：横浜デパート
番号：7	名前：モモ	取扱店：横浜デパート
番号：8	名前：びわ	取扱店：佐藤商店
番号：9	名前：柿	取扱店：青山商店
番号：10	名前：スイカ	取扱店：東京市場

2. 1.を変更して、コマンドラインからデータを追加するアプリケーションを作成してください。

```
java SampleP2 11 レモン 青山商店 ↵
```

Lesson 9

ファイル操作

第8章では、データを保存するために、データベースを利用する方法について学びました。データを保存するときには、データベースのほかに、ファイルを使う方法があります。この章ではファイルを扱うクラスライブラリを学ぶことにしましょう。ファイルに関する情報を調べたり、ファイルにデータを読み書きすることができます。

Check Point!

- ● ファイル情報
- ● ファイルチューザ
- ● テキストファイル
- ● バイナリファイル
- ● シーケンシャルアクセス
- ● ランダムアクセス
- ● 正規表現

9.1 ファイル情報

ファイルを扱うプログラムを作成する

　データを保存するときには、データベースのほかに、ファイル (file) を利用することがあります。標準クラスライブラリを使うと、ファイルをかんたんに扱うことができます。そこでこの章では、ファイルを扱うプログラムを作成していくことにしましょう。クラスライブラリを利用すると、ファイルに関する情報を調べたり、ファイルの読み書きができるようになっています。

　ファイルに関する機能は、標準クラスライブラリの java.io パッケージに含まれています。1つずつみていくことにしましょう。

ファイルに関する情報を調べる

　ではまず最初に、

　ファイルに関する各種の情報を調べる

というプログラムを作成してみます。さっそく次のアプリケーションを作成してみてください。

Sample1.java ▶ ファイル情報を扱う

```java
import java.io.*;

public class Sample1
{
    public static void main(String[] args)
    {
        if(args.length != 1){
```

9.1 ファイル情報

```
        System.out.println("パラメータの数が違います。");
        System.exit(1);
    }

    try{
        File f1 = new File(args[0]);
        System.out.println("ファイル名は" + f1.getName()
            + "です。");
        System.out.println("絶対パスは" + f1.getAbsolutePath()
            + "です。");
        System.out.println("サイズは" + f1.length()
            + "バイトです。");
    }
    catch(Exception e){
        e.printStackTrace();
    }
  }
}
```

❶ ファイル名を取得します

❷ ファイルの絶対パスを取得します

❸ ファイルのデータサイズを取得します

　プログラムを作成したら、「myfile.txt」というテキストファイルを、同じディレクトリに保存してください。そして、このファイル名をコマンドラインから指定してプログラムを実行します。

Lesson
9

Sample1の実行方法

```
java Sample1 myfile.txt ⏎
```

ファイルを指定して実行します

Sample1の実行画面

```
ファイル名はmyfile.txtです。
絶対パスはC:¥YJKSample¥09¥myfile.txtです。
サイズは44バイトです。
```

ファイルに関する情報が表示されます

　すると、myfile.txtファイルに関する情報（❶～❸）が、画面に出力されることがわかります。

251

❶ **ファイル名**（name）
❷ **絶対パス**（absolute path）
❸ **ファイルサイズ**（length）

「絶対パス」は、ファイルが保存されている位置をあらわします。異なるファイル名を指定すれば、myfile.txt以外の情報も調べることができますので、ためしてみてください。

このコードでは、ファイル情報を扱うために、**File**クラス（java.ioパッケージ）を利用しています。関連するクラスを次にあげておきましょう。

Sample1の関連クラス

クラス	説明
java.io.Fileクラス	
File(String pathname)	パス名を指定してFileオブジェクトを作成する
String getName()	ファイル・ディレクトリ名を返す
String getAbsolutePath()	絶対パス名を返す
long length()	ファイルサイズをバイト数で返す

ファイル情報を扱うには、Fileクラスを使う。

 ファイル名を変更する

では今度は、

ファイル名を変更する

というコードを作成することにしましょう。変更前のファイル名と、変更後のファイル名を出力することにします。次のコードを入力してください。

9.1 ファイル情報

Sample2.java ▶ ファイル名を変更する

```java
import java.io.*;

public class Sample2
{
    public static void main(String[] args)
    {
        if(args.length != 2){
            System.out.println("パラメータの数が違います。");
            System.exit(1);
        }

        try{
            File fl1 = new File(args[0]);
            File fl2 = new File(args[1]);

            System.out.println("変更前のファイル名は " + fl1.getName()
                + "です。");

            boolean res = fl1.renameTo(fl2);

            if(res == true){
                System.out.println("ファイル名を変更しました。");
                System.out.println("変更後のファイル名は " +
                fl2.getName() + "です。");
            }
            else{
                System.out.println("ファイル名を変更できませんでした。");
            }
        }
        catch(Exception e){
            e.printStackTrace();
        }
    }
}
```

変更前のファイル名を出力します

ファイル名を変更します

変更後のファイル名を出力します

Lesson
9

　このプログラムを実行するときには、「変更前のファイル名」と「変更後のファイル名」の2つを指定します。

253

Lesson 9 ● ファイル操作

Sample2の実行方法

変更前のファイル名を指定します
変更後のファイル名を指定します

```
java Sample2 myfile.txt yourfile.txt
```

　すると、コマンドライン引数の1番目に指定したファイル名が、2番目に指定したファイル名に変更されます。renameTo()メソッドを使って名前を変更したのです。本当にファイル名が変更されているかどうか、たしかめてみてください。

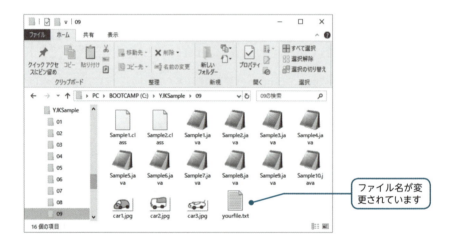

ファイル名が変更されています

Sample2の関連クラス

クラス	説明
java.io.Fileクラス	
boolean renameTo(File dest)	指定したファイル名に変更する

ファイルチューザを使う

　さて今度は、Sample2のCUIアプリケーションをGUIアプリケーションとして作成してみることにしましょう。
　ここではJavaFXのファイルチューザ（FileChooser）を使います。このコントロ

9.1 ファイル情報

ールは、お使いの記憶装置内のファイルを選択するためのダイアログです。さっそく入力してみることにしましょう。

Sample3.java ▶ ファイルチューザを使う

```java
import java.io.*;
import javafx.application.*;
import javafx.stage.*;
import javafx.scene.*;
import javafx.scene.control.*;
import javafx.scene.layout.*;
import javafx.scene.input.*;
import javafx.event.*;
import javafx.geometry.*;

public class Sample3 extends Application
{
    private Label lb1, lb2, lb3, lb4;
    private Button bt;

    public static void main(String[] args)
    {
        launch(args);
    }
    public void start(Stage stage)throws Exception
    {
        //コントロールの作成
        lb1 = new Label("ファイルを選択してください。");
        lb2 = new Label();
        lb3 = new Label();
        lb4 = new Label();
        bt = new Button("選択");

        //ペインの作成
        BorderPane bp = new BorderPane();
        VBox vb = new VBox();

        //ペインへの追加
        vb.getChildren().add(lb1);
        vb.getChildren().add(lb2);
        vb.getChildren().add(lb3);
        vb.getChildren().add(lb4);

        bp.setTop(lb1);
        bp.setCenter(vb);
```

コントロール
を作成します

Lesson 9 ● ファイル操作

```java
        bp.setBottom(bt);
        bp.setAlignment(bt, Pos.CENTER);

        // イベントハンドラの登録
        bt.setOnAction(new SampleEventHandler());

        // シーンの作成
        Scene sc = new Scene(bp, 300, 200);

        // ステージへの追加
        stage.setScene(sc);

        // ステージの表示
        stage.setTitle("サンプル");
        stage.show();
    }

    // イベントハンドラクラス
    class SampleEventHandler implements
        EventHandler<ActionEvent>
    {
        public void handle(ActionEvent e)
        {
            FileChooser fc = new FileChooser();
            File f1 = fc.showOpenDialog(new Stage());
            if(f1 != null){
                lb2.setText("ファイル名は" + f1.getName() + "です。");
                lb3.setText("絶対パスは" + f1.getAbsolutePath()
                                        + "です。");
                lb4.setText("サイズは" + f1.length() + "バイトです。");
            }
        }
    }
}
```

❶ ファイルチューザを作成します

❷ ファイルチューザを表示します

❸ ファイルを取得します

❹ ファイル情報を取得します

256

9.1 ファイル情報

Sample3の実行画面

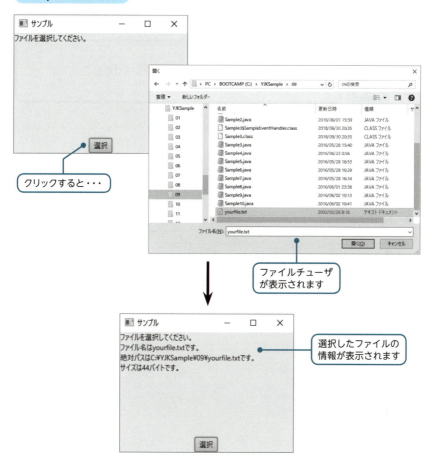

このプログラムは、第3章から学んだJavaFXによるGUIアプリケーションとして作成・実行しています。この章の残りのプログラムはJavaFXアプリケーションとして作成してください。

さて、このプログラムでは、ユーザーが「選択」ボタンを押すと、ファイルチューザを作成します（①）。そしてファイルチューザを表示し（②）、選択したファイルを取得します（③）。このファイルからファイル情報を取得しているのです（④）。Fileクラスを使って、Sample1のプログラムと同じ処理を行っていることがわかるでしょう。

Lesson 9 ● ファイル操作

このように、ファイルチューザを使うと、ユーザーにファイルを選択させることができます。

ファイルの選択をするには、ファイルチューザを使う。

Sample3の関連クラス

クラス	説明
javafx.stage.FileChooserクラス	
FileChooser()	ファイルチューザを作成する
File showOpenDialog(Window ownerWindow)	ファイルを開くダイアログボックスを表示する

9.2 テキストファイル

テキストファイルを読み書きする

前の節では、ファイルに関する情報を扱いました。この節ではさらに、

ファイルの内容を読み書きする

という方法について学びましょう。最初に、テキストファイル（text file）を扱ってみることにします。テキストファイルは、テキストエディタで読み書きできるファイルです。次のコードを入力してみてください。

Sample4.java ▶ テキストファイルを読み書きする

```java
import java.io.*;
import javafx.application.*;
import javafx.stage.*;
import javafx.scene.*;
import javafx.scene.control.*;
import javafx.scene.layout.*;
import javafx.scene.input.*;
import javafx.event.*;

public class Sample4 extends Application
{
    private Label lb;
    private TextArea ta;
    private Button bt1, bt2;

    public static void main(String[] args)
    {
        launch(args);
    }
    public void start(Stage stage)throws Exception
    {
```

Lesson 9 ● ファイル操作

```
    //コントロールの作成
    lb = new Label("ファイルを選択してください。");
    ta = new TextArea();
    bt1 = new Button("読込");
    bt2 = new Button("保存");

    //ペインの作成
    BorderPane bp = new BorderPane();
    HBox hb = new HBox();

    //ペインへの追加
    hb.getChildren().add(bt1);
    hb.getChildren().add(bt2);

    bp.setTop(lb);
    bp.setCenter(ta);
    bp.setBottom(hb);

    //イベントハンドラの登録
    bt1.setOnAction(new SampleEventHandler());
    bt2.setOnAction(new SampleEventHandler());

    //シーンの作成
    Scene sc = new Scene(bp, 300, 200);

    //ステージへの追加
    stage.setScene(sc);

    //ステージの表示
    stage.setTitle("サンプル");
    stage.show();
}

//イベントハンドラクラス
class SampleEventHandler implements
    EventHandler<ActionEvent>
{
    public void handle(ActionEvent e)
    {
        FileChooser fc = new FileChooser();
        if(e.getSource() == bt1){
            try{
                File flo = fc.showOpenDialog(new Stage());
                if(flo != null){
```

> ファイルチューザを作成します

> 「読込」ボタンが押されたときに・・・

> ファイルを開くダイアログを表示します

9.2 テキストファイル

```
                    BufferedReader br =
                        new BufferedReader(new FileReader(flo));
                    StringBuffer sb = new StringBuffer();
                    String str = null;
                    while((str = br.readLine()) != null){
                        sb.append(str+ "¥n");
                    }
                    ta.setText(sb.toString());
                    br.close();
                }
            }
            catch(Exception ex){
                ex.printStackTrace();
            }
        }
        else if(e.getSource() == bt2){
            try{
                File fls = fc.showSaveDialog(new Stage());
                if(fls != null){
                    BufferedWriter bw =
                        new BufferedWriter(new FileWriter(fls));
                    String str = ta.getText();
                    bw.write(str);
                    bw.close();
                }
            }
            catch(Exception ex){
                ex.printStackTrace();
            }
        }
    }
}
```

- テキストエリアに表示します
- 「保存」ボタンが押されたときに・・・
- ファイル保存ダイアログを表示します

Lesson 9 ● ファイル操作

Sample4の実行画面

テキストファイルを読み書きできます

　テキストファイルを読み書きするには、**文字ストリーム**（character stream）と呼ばれるしくみを使います。文字ストリームは**Readerクラス・Writerクラス**（java.ioパッケージ）のサブクラスとしてまとめられています。そこで、ここではこれらのクラスを使ってコードを作成しました。

9.2 テキストファイル

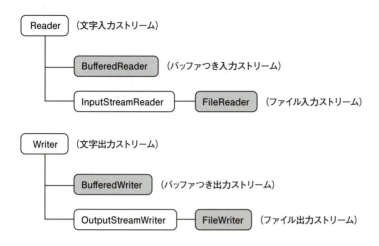

さらにJavaFXの**テキストエリア**（TextArea）コントロールを使って、テキストファイルの表示を行っています。

このプログラムを実行すると、テキストファイルを読み込むことができます。テキストエリアにファイルの内容が表示されますので、文字を入力、保存してみてください。なお、保存したファイルは、メモ帳などのテキストエディタで読み書きすることができますので、たしかめてみるとよいでしょう。

Sample4の関連クラス

クラス	説明
javafx.scene.control.TextAreaクラス	
TextArea()	テキストエリアを作成する

9.3 バイナリファイル

バイナリファイルを読み書きする

　テキストファイルは、テキストエディタで読み書きすることができますので、たいへん扱いやすいファイルとなっています。しかし、ファイルの内容によっては、ファイルサイズが大きくなったり、読み書きに時間がかかってしまったりすることがあります。

　このようなとき、バイナリファイル (binary file) を扱うと便利です。バイナリファイルは、コンピュータ内部で扱われる形式のままデータを扱います。さっそくコードを作成してみることにしましょう。

Sample5.java ▶ バイナリファイルを読み書きする

```
import java.io.*;
import javafx.application.*;
import javafx.stage.*;
import javafx.scene.*;
import javafx.scene.control.*;
import javafx.scene.layout.*;
import javafx.scene.input.*;
import javafx.event.*;

public class Sample5 extends Application
{
    private Label lb;
    private TextField tf[] = new TextField[5];
    private Button bt1, bt2;

    public static void main(String[] args)
    {
        launch(args);
    }
    public void start(Stage stage)throws Exception
```

9.3 バイナリファイル

```
{
    //コントロールの作成
    lb = new Label("整数を入力してください。");
    bt1 = new Button("読込");
    bt2 = new Button("保存");

    for(int i=0; i<tf.length; i++){
        String num = (Integer.valueOf(i)).toString();
        tf[i] = new TextField(num);
    }

    //ペインの作成
    BorderPane bp = new BorderPane();
    HBox hb1 = new HBox();

    //ペインへの追加
    for(int i=0; i<tf.length; i++){
        hb1.getChildren().add(tf[i]);
    }

    HBox hb2 = new HBox();
    hb2.getChildren().add(bt1);
    hb2.getChildren().add(bt2);

    bp.setTop(lb);
    bp.setCenter(hb1);
    bp.setBottom(hb2);

    //イベントハンドラの登録
    bt1.setOnAction(new SampleEventHandler());
    bt2.setOnAction(new SampleEventHandler());

    //シーンの作成
    Scene sc = new Scene(bp, 300, 200);

    //ステージへの追加
    stage.setScene(sc);

    //ステージの表示
    stage.setTitle("サンプル");
    stage.show();
}

//イベントハンドラクラス
class SampleEventHandler implements
    EventHandler<ActionEvent>
```

各データを表示するテキストフィールドを作成します

Lesson
9

265

Lesson 9 ● ファイル操作

```
{
    public void handle(ActionEvent e)
    {
        FileChooser fc = new FileChooser();          ┌─────────┐
        fc.getExtensionFilters().●                   │ フィルタを │
            add(new FileChooser.ExtensionFilter(     │ 設定します │
                "バイナリファイル", "*.bin"));        └─────────┘
        if(e.getSource() == bt1){
            try{
                File flo = fc.showOpenDialog(new Stage());
                if(flo != null){                     ┌──────────┐
                    BufferedInputStream bis =         │ バイナリファイル │
                    new BufferedInputStream(          │ から読み込みます │
                        new FileInputStream(flo));    └──────────┘
                    for(int i=0; i<tf.length; i++){
                        int num = bis.read();●
                        tf[i].setText(
                            (Integer.valueOf(num)).toString());
                    }
                    bis.close();
                }
            }
            catch(Exception ex){
                ex.printStackTrace();
            }
        }
        else if(e.getSource() == bt2){
            try{
                File fls = fc.showSaveDialog(new Stage());
                if(fls != null){
                    BufferedOutputStream bos =
                    new BufferedOutputStream(
                        new FileOutputStream(fls));
                    for(int i=0; i<tf.length; i++){
                        int num
                            = Integer.parseInt(tf[i].getText());
                        bos.write(num);●          ┌──────────┐
                    }                             │ バイナリファイル │
                    bos.close();                  │ に書き込みます  │
                }                                 └──────────┘
            }
            catch(Exception ex){
                ex.printStackTrace();
            }
        }
    }
}
```

9.3 バイナリファイル

```
    }
}
```

Sample5の実行画面

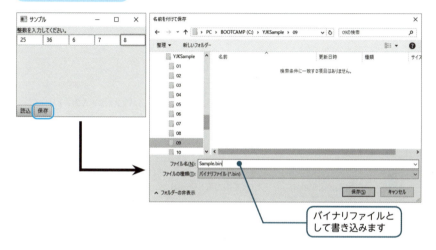

バイナリファイルとして書き込みます

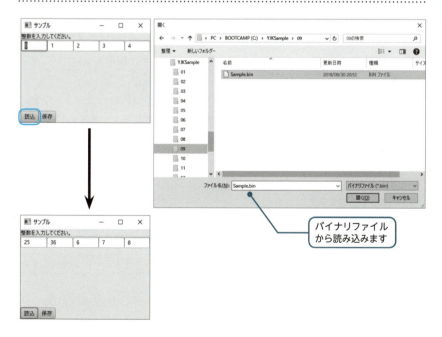

バイナリファイルから読み込みます

バイナリファイルを扱うには、**バイトストリーム**（byte stream）と呼ばれるストリームを使います。バイトストリームはInputStreamクラス・OutputStreamクラス（java.ioパッケージ）のサブクラスとしてまとめられています。そこで、ここでは次のようなクラスを使いました。

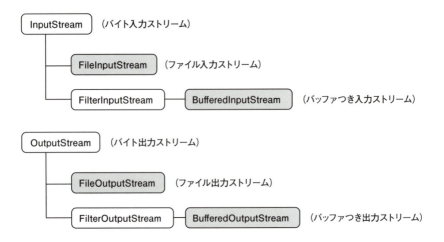

ここではデータを整数型のまま読み書きしているので、テキストファイルとして扱うよりも、ファイルサイズが小さくなります。ただし、このプログラムで作成したバイナリファイルは、メモ帳などのテキストエディタで編集することはできません。

なお、このサンプルのファイルチューザには**フィルタ**（Filter）というものを設定しました。フィルタは、ファイルチューザ上に表示されるファイルの種類を制限する機能をもっています。ここでは「.bin」という拡張子がついたファイルだけが表示されるようにしています。

Sample5の関連クラス

クラス	説明
java.io.FileInputStreamクラス	
FileInputStream(File file)	ファイルから入力するストリームを作成する
java.io.BufferedInputStreamクラス	
BufferedInputStream(InputStream in)	バッファつき入力ストリームを作成する
int read()	バイト単位で読み込む

9.3 バイナリファイル

クラス	説明
java.io.FileOutputStreamクラス	
FileOutputStream(File file)	ファイルに出力するストリームを作成する
java.io.BufferedOutputStreamクラス	
BufferedOutputStream(OutputStream out)	バッファつき入力ストリームを作成する
void write(int b)	バイトを書き込む
javafx.stage.FileChooserクラス	
ObservableList<FileChooser.ExtensionFilter> getExtensionFilters()	拡張子フィルタを取得する
javafx.stage.FileChooser.ExtensionFilterクラス	
ExtensionFilter(String description, List<String> extensions)	拡張子フィルタを作成する

ランダムアクセスのしくみを知る

さて、これまでに扱ったファイルは、ファイルの先頭から順番にデータを読み書きする方法をとっています。このように、先頭から順にファイルを読み書きする方法を、**シーケンシャルアクセス**（sequential access）といいます。

これに対して、ファイルの途中にアクセスして読み書きする方法を、**ランダムアクセス**（random access）といいます。

図9-1　ファイルへのアクセス
ファイルへのアクセス方法として、シーケンシャルアクセスとランダムアクセスがあります。

Lesson 9 ● ファイル操作

RandomAccessFileクラス（java.ioパッケージ）を使うと、ランダムアクセスができますので、ためしてみることにしましょう。ここでは、Sample5で作成したバイナリファイル（Sample.bin）にランダムアクセスしてみることにしましょう。

Sample6.java ▶ ランダムアクセスを行う

```java
import java.io.*;
import javafx.application.*;
import javafx.stage.*;
import javafx.scene.*;
import javafx.scene.control.*;
import javafx.scene.layout.*;
import javafx.scene.input.*;
import javafx.event.*;

public class Sample6 extends Application
{
    private Label lb1, lb2;
    private TextField tf1, tf2;
    private Button bt;

    public static void main(String[] args)
    {
        launch(args);
    }
    public void start(Stage stage)throws Exception
    {
        //コンポーネントの作成
        lb1 = new Label("何番目のデータを読み込みますか？(1～5)");
        lb2 = new Label("データ:");

        tf1 = new TextField("1");
        tf2 = new TextField();

        bt = new Button("読込");

        //ペインの作成
        BorderPane bp = new BorderPane();
        VBox vb = new VBox();

        //ペインへの追加
        vb.getChildren().add(lb1);
        vb.getChildren().add(tf1);
        vb.getChildren().add(lb2);
        vb.getChildren().add(tf2);
```

270

9.3 バイナリファイル

```java
    bp.setCenter(vb);
    bp.setBottom(bt);

    // イベントハンドラの登録
    bt.setOnAction(new SampleEventHandler());

    // シーンの作成
    Scene sc = new Scene(bp, 300, 200);

    // ステージへの追加
    stage.setScene(sc);

    // ステージの表示
    stage.setTitle("サンプル");
    stage.show();
}

// イベントハンドラクラス
class SampleEventHandler implements
    EventHandler<ActionEvent>
{
    public void handle(ActionEvent e)
    {
        FileChooser fc = new FileChooser();
        fc.getExtensionFilters().add(
            new FileChooser.ExtensionFilter("バイナリファイル",
                                             "*.bin"));
        File fl = fc.showOpenDialog(new Stage());
        try{
            if(fl != null){
                RandomAccessFile raf =
                  new RandomAccessFile(fl, "r");
                int pos =Integer.parseInt(tf1.getText());
                raf.seek(pos-1);
                int num = raf.read();
                tf2.setText((Integer.valueOf(num))
                                    .toString());
                raf.close();
            }
        }
        catch(Exception ex){
            ex.printStackTrace();
        }
    }
}
```

RandomAccessFile クラスを扱います

現在位置を移動します

現在位置から移動します

Lesson 9 ● ファイル操作

```
}
```

Sample6の実行画面

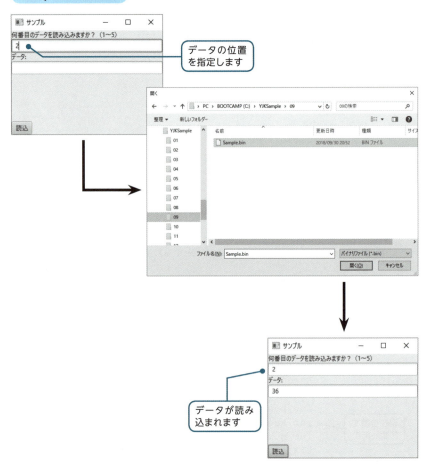

ランダムアクセスをするには、まず読み書きしようとするデータの位置に、seek()メソッドを使って「現在位置」を移動します。移動したらその現在位置から、read()メソッドを使ってデータを1つ読み込みます。

このコードによって、5つの整数データのうち、指定したデータだけを読み込むことができるようになっています。大量のデータの中から特定のデータを読み書

9.3 バイナリファイル

きするには、ファイルの先頭から順番にアクセスするのでは不便です。そのようなときには、ランダムアクセスによる読み書きが重要となることでしょう。アクセス方法の違いを把握しておくようにしましょう。

ファイルの先頭から読み書きする方法を、シーケンシャルアクセスという。
ファイルの特定の個所を読み書きする方法を、ランダムアクセスという。

Sample6の関連クラス

クラス	説明
java.io.RandomAccessFileクラス	
RandomAccessFile(File file, String mode)	ランダムアクセスを行うストリームを作成する
void seek(long pos)	現在位置を移動する
int read()	バイトを読み込む

9.4 ファイルの応用と正規表現

アコーディオンにファイルを表示する

　この節ではファイルを使ったプログラムを応用してみることにしましょう。次のプログラムをみてください。

Sample7.java ▶ アコーディオンに表示する

```
import java.io.*;
import javafx.application.*;
import javafx.stage.*;
import javafx.scene.*;
import javafx.scene.control.*;
import javafx.scene.layout.*;
import javafx.scene.image.*;

public class Sample7 extends Application
{
    private TitledPane[] tp;
    private Image[] im;
    private ImageView[] iv;
    private Accordion ac;

    public static void main(String[] args)
    {
        launch(args);
    }
    public void start(Stage stage)throws Exception
    {
        //コントロールの作成
        File f1 = new File(".");
        File[] fls = f1.listFiles(new SampleFileFilter());

        im = new Image[fls.length];
        iv = new ImageView[fls.length];
```

現在のディレクトリについて…

ファイル名フィルタで絞り込んだ…

❶ファイルのリストを得ます

9.4 ファイルの応用と正規表現

```java
        tp = new TitledPane[fls.length];
        ac = new Accordion();

        for(int i=0; i<fls.length; i++){
            im[i] = new Image(
                        getClass().getResourceAsStream(
                            fls[i].getName())));
            iv[i] = new ImageView(im[i]);
            tp[i] = new TitledPane(fls[i].getName(), iv[i]);
        }

        //ペインの作成
        BorderPane bp = new BorderPane();

        //ペインへの追加
        ac.getPanes().addAll(tp);
        bp.setCenter(ac);

        //シーンの作成
        Scene sc = new Scene(bp, 300, 200);

        //ステージへの追加
        stage.setScene(sc);

        //ステージの表示
        stage.setTitle("サンプル");
        stage.show();
    }

    //フィルタクラス
    class SampleFileFilter implements FilenameFilter
    {
        public boolean accept(File f, String n)
        {
            if(n.toLowerCase().endsWith(".jpg")){
                return true;
            }
            return false;
        }
    }
}
```

アコーディオンを作成します

タイトルペインを作成します

タイトルペインをアコーディオンに追加します

ファイル名フィルタによって…

❷ jpg ファイルのみに絞り込みます

Lesson
9

275

Lesson 9 ● ファイル操作

Sample7の実行画面

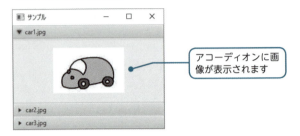

アコーディオンに画像が表示されます

　このプログラムでは、現在のディレクトリ（.）において拡張子が「.jpg」である画像ファイルを、アコーディオン（Accordion）と呼ばれる部品に表示します。アコーディオンにはタイトルペイン（TitledPane）と呼ばれるペインを追加します。このタイトルに画像のファイル名を表示することにします。

　ディレクトリ中のファイルを得るために、FileクラスのlistFiles()メソッドを使用します（❶）。

　ファイル名でファイルを絞り込むためには、FilenameFilterインターフェイスを実装するクラスを作成するとわかりやすくなります。このインターフェイスを実装するクラスでは、accept()メソッドでファイル名を絞り込む処理を記述します（❷）。

Sample7の関連クラス

クラス	説明
javafx.scene.control.TitledPaneクラス	
TitledPane(String title, Node content)	タイトルと内容を指定してタイトルペインを作成する
javafx.scene.control.Accordionクラス	
Accordion()	アコーディオンを作成する
ObservableList<TitledPane> getPanes()	アコーディオンのタイトルペインを取得する
java.io.Fileクラス	
File[] listFiles(FilenameFilter fn)	ファイル名で絞り込んだファイルのリストを得る
java.io.FilenameFilterインターフェイス	
boolean accept(File f, String n)	ファイル名をファイルリストに加えるか調べる

9.4 ファイルの応用と正規表現

文字列を置換する

画像ファイルを便利なかたちで扱う方法を紹介しました。一方、テキストファイルなどを扱う場合には、文字列の検索や置換ができると便利です。そこで次に、検索・置換の方法を紹介しておくことにしましょう。

検索・置換を行うには、標準クラスライブラリ中の java.util.regex パッケージにある Patternクラス・Matcherクラス を使います。

まず、検索・置換をしようとする文字列（パターン）を使って、Patternクラスのオブジェクトを得ます（❶）。

次に、このパターンについて検索・置換の対象となる文字列を指定して、文字列のつき合わせ（マッチ）を行うMatcherクラスのオブジェクトを得ます（❷）。

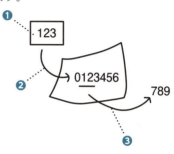

```
Pattern pn = Pattern.compile("パターン");
Matcher mt = pn.matcher("対象文字列");
```

❶パターンをあらわすオブジェクトを得ます

❷文字列のマッチを行うオブジェクトを得ます

そして、このMatcherクラスのメソッドを使って、検索・置換などを行うのです（❸）。

それでは、まず単純にすべての単語の置換から行ってみることにしましょう。

Sample8.java ▶ 置換を行う

```
import java.io.*;
import java.util.regex.*;
import javafx.application.*;
import javafx.stage.*;
import javafx.scene.*;
import javafx.scene.control.*;
import javafx.scene.layout.*;
import javafx.scene.input.*;
```

Lesson 9 ● ファイル操作

```java
import javafx.event.*;

public class Sample8 extends Application
{
    private Label lb1, lb2, lb3;
    private TextArea ta;
    private TextField tf1, tf2;
    private Button bt;

    public static void main(String[] args)
    {
        launch(args);
    }
    public void start(Stage stage)throws Exception
    {
        //コントロールの作成
        lb1 = new Label("入力してください。");
        lb2 = new Label("置換前");
        lb3 = new Label("置換後");
        ta = new TextArea();

        bt = new Button("置換");
        tf1 = new TextField();
        tf2 = new TextField();

        //ペインの作成
        BorderPane bp = new BorderPane();
        HBox hb = new HBox();

        //ペインへの追加
        hb.getChildren().add(lb2);
        hb.getChildren().add(tf1);
        hb.getChildren().add(lb3);
        hb.getChildren().add(tf2);
        hb.getChildren().add(bt);

        bp.setTop(lb1);
        bp.setCenter(ta);
        bp.setBottom(hb);

        //イベントハンドラの登録
        bt.setOnAction(new SampleEventHandler());

        //シーンの作成
        Scene sc = new Scene(bp, 500, 200);
```

278

9.4 ファイルの応用と正規表現

```
    //ステージへの追加
    stage.setScene(sc);

    //ステージの表示
    stage.setTitle("サンプル");
    stage.show();
}

//イベントハンドラクラス
class SampleEventHandler implements
    EventHandler<ActionEvent>
{
    public void handle(ActionEvent e)
    {
        Pattern pn = Pattern.compile(tf1.getText());
        Matcher mt = pn.matcher(ta.getText());
        ta.setText(mt.replaceAll(tf2.getText()));
    }
}
```

❶ 置換元文字列からパターンを得ます
❷ 対象文字列とのマッチを行うオブジェクトを準備します
❸ 置換先文字列に置換します

Sample8の実行画面

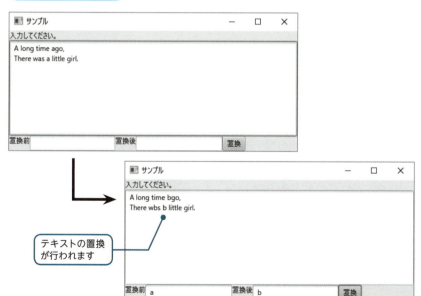

テキストの置換が行われます

テキストエリアにテキストを入力してください。さらに、置換前の文字列と置換後の文字列をテキストフィールドに入力し、「置換」ボタンを押します。すると指定した置換前文字列が置換後文字列にすべて置換されます。

テキストの置換を行うには、MatcherクラスのreplaceAll()メソッドを使います。

Sample9の関連クラス

クラス	説明
java.util.regex.Patternクラス	
Pattern compile(String regex)	正規表現をパターンとして返す
Matcher matcher(CharSequence cs)	パターンとマッチする正規表現エンジンを得る
java.util.regex.Matcherクラス	
boolean replaceAll(String s)	指定文字列にすべて置換する

文字列を検索する

今度は、検索を行ってみましょう。検索を行うにはMatcherクラスのfind()メソッドを使います。

Sample9.java ▶ 検索を行う

```java
import java.io.*;
import java.util.regex.*;
import javafx.application.*;
import javafx.stage.*;
import javafx.scene.*;
import javafx.scene.control.*;
import javafx.scene.layout.*;
import javafx.scene.input.*;
import javafx.event.*;

public class Sample9 extends Application
{
    private Label lb;
    private TextArea ta;
    private TextField tf;
    private Button bt1, bt2;
```

9.4 ファイルの応用と正規表現

```java
    private Matcher mt;

    public static void main(String[] args)
    {
        launch(args);
    }
    public void start(Stage stage)throws Exception
    {
        //コントロールの作成
        lb = new Label("入力してください。");
        ta = new TextArea();
        tf = new TextField();
        bt1 = new Button("検索");
        bt2 = new Button("次へ");

        //ペインの作成
        BorderPane bp = new BorderPane();
        HBox hb = new HBox();

        //ペインへの追加
        hb.getChildren().add(tf);
        hb.getChildren().add(bt1);
        hb.getChildren().add(bt2);

        bp.setTop(lb);
        bp.setCenter(ta);
        bp.setBottom(hb);

        //イベントハンドラの登録
        bt1.setOnAction(new SampleEventHandler());
        bt2.setOnAction(new SampleEventHandler());

        //シーンの作成
        Scene sc = new Scene(bp, 300, 200);

        //ステージへの追加
        stage.setScene(sc);

        //ステージの表示
        stage.setTitle("サンプル");
        stage.show();
    }

    //イベントハンドラクラス
    class SampleEventHandler implements
        EventHandler<ActionEvent>
```

Lesson
9

281

```
{
    public void handle(ActionEvent e)
    {
        try{
            if(e.getSource() == bt1){
                Pattern pn = Pattern.compile(tf.getText());
                mt = pn.matcher(ta.getText());
                if(mt.find() != false){
                    ta.selectRange(mt.start(), mt.end());
                }
                else{
                    ta.home();
                }
            }
            else if(e.getSource() == bt2){
                if(mt.find() !=
                        false && mt.pattern().pattern()
                                    .equals(tf.getText())){
                    ta.selectRange(mt.start(), mt.end());
                }
            }
        }
        catch(Exception ex){
            ex.printStackTrace();
        }
    }
}
```

「検索」ボタンを押したときの処理です
対象文字列を指定します
検索文字列があれば選択状態にします
なければ先頭に移動します
「次へ」ボタンを押したときの処理です
次の検索文字列を選択状態にします

Sample9の実行画面

検索文字列が選択されます

まず、テキストエリアにテキストを入力してください。さらに、テキストフィールドに検索文字列を入力し、「検索」ボタンを押します。すると、検索された文字列が選択状態になります。

テキストの検索を行うために、Matcherクラスのfind()メソッドを使います。ここでは、検索された位置を指定して、テキストエリアの中の検索語の範囲を選択状態にしています。

find()メソッドが1件ずつ検索を行っていくため、「次へ」ボタンを押したときに次の検索語に移動するようにしています。

Sample9の関連クラス

クラス	説明
java.util.regex.Matcherクラス	
boolean find()	パターンを検索する
int start()	直前のパターンマッチ開始位置を得る
int end()	直前のパターンマッチ終了位置+1を得る
javafx.scene.control.TextInputControlクラス	
void selectRange(int anchor, int caretPosition)	範囲を選択する
void home()	先頭に移動する

正規表現のしくみを知る

ここで、検索・置換を行うときの表現についてくわしくみておきましょう。検索・置換を行う際のパターンには、正規表現（regular expression）と呼ばれる表現を使うことができます。正規表現は、通常の文字と次のようなメタ文字を使って表現されます。

表9-1 主なメタ文字

メタ文字	意味
^	行頭
$	行末
.	任意の1文字
[]	文字クラス

メタ文字	意味
*	0回以上
+	1回以上
?	0回または1回
{a}	a回
{a,}	a回以上
{a,b}	a〜b回

^は行頭をあらわします。たとえば、「^Java」というパターンは、「Java」「Javaa」という文字列にマッチします。「JJava」や「JJJava」にはマッチしません。

$は行末をあらわします。たとえば、「Java$」というパターンは、「Java」「JJava」という文字列にマッチします。「Javaa」や「Javaaa」にはマッチしません。

[ ]であらわす文字クラスは、次のように文字を列挙して使うことができます。

表9-2 文字クラス

パターン	パターンの意味	マッチする文字列の例
[012345]	012345のいずれか	3
[0-9]	0〜9のいずれか	5
[A-Z]	A〜Zのいずれか	B
[A-Za-z]	A〜Z、a〜zのいずれか	b
[^012345]	012345ではない文字	6
[01][01]	00、01、10、11のいずれか	01
[A-Za-z][0-9]	アルファベット1つに数字が1つ続く	A0

外部プログラムを起動する

最後に、外部のプログラムをかんたんに起動する方法を紹介しましょう。ここでは、ファイル名を指定して関連づけられたプログラムを起動できるようにします。このためには、デスクトップ（desktop）を使います。

9.4 ファイルの応用と正規表現

Sample10.java ▶ 外部プログラムを起動する

```java
import java.io.*;
import javafx.application.*;
import javafx.stage.*;
import javafx.scene.*;
import javafx.scene.control.*;
import javafx.scene.layout.*;
import javafx.event.*;
import javafx.collections.*;

public class Sample10 extends Application
{
    private ListView<String> lv;
    private Button bt;
    private ObservableList<String> ol;

    public static void main(String[] args)
    {
        launch(args);
    }
    public void start(Stage stage)throws Exception
    {
        //コントロールの作成
        File fl = new File(".");
        File[] fls = fl.listFiles(new SampleFileFilter());
        String[] st = new String[fls.length];
        for(int i=0; i<fls.length; i++){
            st[i] = fls[i].getName();
        }
        ol = FXCollections.observableArrayList(st);

        lv = new ListView<String>(ol);
        bt = new Button("起動");

        //ペインの作成
        BorderPane bp = new BorderPane();

        //ペインへの追加
        bp.setCenter(lv);
        bp.setBottom(bt);

        //イベントハンドラの登録
        bt.setOnAction(new SampleEventHandler());

        //シーンの作成
```

ファイルを絞り込みます

Lesson
9

285

Lesson 9 ● ファイル操作

```java
        Scene sc = new Scene(bp, 300, 200);

        //ステージへの追加
        stage.setScene(sc);

        //ステージの表示
        stage.setTitle("サンプル");
        stage.show();
    }

    //イベントハンドラクラス
    class SampleEventHandler implements
        EventHandler<ActionEvent>
    {
        public void handle(ActionEvent e)
        {
            try{
                java.awt.Desktop dp
                    = java.awt.Desktop.getDesktop();
                dp.open(new File(
                    lv.getSelectionModel().getSelectedItem()));
            }
            catch(IOException ex){
                System.out.println("起動できませんでした。");
            }
        }
    }

    //フィルタクラス
    class SampleFileFilter implements FileFilter
    {
        public boolean accept(File f)
        {
            if(f.isFile()){
                return true;
            }
            return false;
        }
    }
}
```

❶ デスクトップを得ます

❷ 選択されたファイルを関連づけられたプログラムで開きます

❸ 関連づけされていない場合に表示します

9.4 ファイルの応用と正規表現

Sample10の実行画面

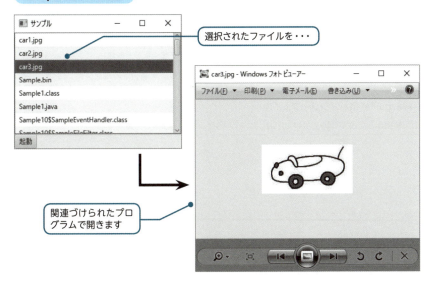

プログラムを実行すると、リストにファイル名が表示されます。

たとえば、画像ファイル名上をクリックすると、外部のプログラムである画像ビューアが起動します。また、OS上でソースファイルをテキストエディタに関連づけている場合には、ソースファイル名をクリックすると外部のテキストエディタが起動します。

これは、デスクトップと呼ばれる標準クラスライブラリの機能を使用しているためです。

DesktopクラスのgetDesktop()メソッドを使うと、デスクトップが返されます（❶）。そして、この**open()メソッド**を使うことで、ファイルに関連づけられた外部プログラムが起動しているのです（❷）。

なお、このサンプルでは、関連づけされた外部プログラムがない場合はエラーを表示するものとしています（❸）。

Lesson 9 ● ファイル操作

Sample10の関連クラス

クラス	説明
java.awt.Desktopクラス	
Desktop getDesktop()	デスクトップコンポーネントを得る
void open(File f)	指定したファイルに関連づけられた外部プログラムを起動する
java.io.FileFilterインターフェイス	
boolean accept(File pathname)	パス名をファイルリストに追加する

9.5 レッスンのまとめ

この章では、次のようなことを学びました。

- Fileクラスを使うと、ファイルに関する情報を扱うことができます。
- ファイルチューザを使うと、ファイルを選択することができます。
- Readerクラス・Writerクラスを使うと、テキストファイルの読み書きを行うことができます。
- InputStreamクラス・OutputStreamクラスを使うと、バイナリファイルの読み書きを行うことができます。
- RandomAccessFileクラスを使うと、ランダムアクセスを行うことができます。
- 正規表現を使って、検索・置換を行うことができます。

　この章では、ファイルについて学びました。ファイルを使えば、データを長期間保存することができます。ファイル情報を扱う方法や、テキストファイル・バイナリファイルの読み書きを行う方法は、実際のプログラムを作成するうえで役に立つ知識となります。

　シーケンシャルアクセス、ランダムアクセスの知識を身につけるようにしてください。

Lesson 9 ● ファイル操作

練習

1. 次の項目に〇か×で答えてください。

① ランダムアクセスは、ファイルの先頭から読み書きする方式である。
② テキストファイルで読み込みを行うには、Readerクラスのサブクラスを使う。
③ バイナリファイルの書き込みを行うには、Writerクラスのサブクラスを使う。

2. 拡張子が「.java」のファイル（テキストファイル）を読み書きするアプリケーションを作成してください。「読込」ボタンを押すとファイルチューザ（「開く」ダイアログ）が表示され、「保存」ボタンを押すとファイル保存ダイアログが表示されます。

9.5 レッスンのまとめ

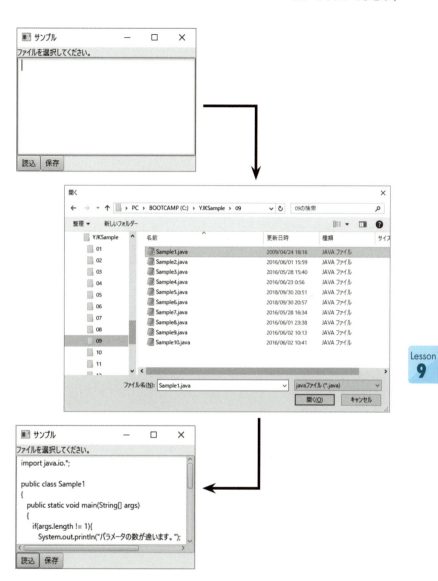

Lesson 10

XML

第8章・第9章では、データベースやファイルを利用してデータを取り扱う方法を学びました。Javaプログラムからデータを取り扱うには、XMLを利用すると便利です。XMLは標準的なデータ形式として広く普及してきています。この章では、XML文書を取り扱う方法を学びましょう。

Check Point!
- DOM
- データ形式の変換
- XSL
- XSLT
- スタイルシート

10.1 DOMの基本

XMLを知る

　第8章・第9章では、データベースやファイルを利用してデータを取り扱う方法を学びました。中でもJavaプログラムからデータを取り扱う際には、XML（eXtensible Markup Language）と呼ばれる形式のファイルを利用すると便利でしょう。

　XMLはテキストファイルのひとつで、テキストエディタでかんたんに作成することができます。このためXMLは、標準的なデータ形式として広く普及してきています。Javaプログラムを作成する際も、XMLを取り扱うことが欠かせないものとなってきています。

　さっそく、XMLファイルをみてみることにしましょう。

Sample.xml ▶ 車データをあらわすXML文書（XML文書はUTF-8で保存）

```xml
<?xml version="1.0" encoding="UTF-8" ?>
<cars>
   <car id="1001" country="日本">
     <name>乗用車</name>
     <price>150</price>
     <description>5人まで乗車することができます。
         <em>家族用</em>の車です。</description>
     <img file="../car1.jpg"/>
   </car>
   <car id="2001" country="日本">
     <name>トラック</name>
     <price>500</price>
     <description><em>荷物の運搬</em>
         にご利用できます。<em>業務用</em>の車です。
     </description>
     <img file="../car2.jpg"/>
   </car>
```

- `<cars>` → ルート要素です
- 1件のデータを「car」要素であらわします

10.1 DOMの基本

```
<car id="1005" country="USA">
  <name>オープンカー</name>
  <price>200</price>
  <description>晴天時には天窓を開閉できます。
      <em>レジャー用</em>に最適です。
  </description>
  <img file="../car3.jpg"/>
</car>
</cars>
```

　このXMLファイルは、企業などで扱う商品データをあらわしたものです。ここではXML文書（XML document）と呼ぶことにしましょう。このXML文書は、次の4つの項目をあらわしています。

<name>〜</name> ……………………「品名」
<price>〜</price> ……………………「価格」
<description>〜</description> ……「説明」
<img>〜</img> ………………………「画像」

　また、これらを囲む次の部分で、商品である1台の車データをあらわしてもいます。

<car>〜</car>　……1台の「車」データ

　<要素名>〜</要素名>で囲まれた部分は、要素（element）といいます。<要素名>と</要素名>を、タグ（tag）といいます。XMLはデータの中にタグを埋め込むことによって、データを要素としてあらわすのです。
　要素の中に要素を含めるため、XMLでは階層構造でデータをあらわすことになります。
　なお、XMLでは、一番上位の要素は1つだけになります。この要素をルート要素（root element）と呼びます。たとえば、Sample.xmlのルート要素は「cars」要素だというわけです。

> XMLはタグを埋め込んでデータをあらわす。
> 要素は<要素名>〜</要素名>で囲む。

Lesson 10 ● XML

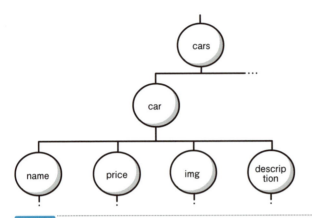

図10-1 XML文書
XML文書は階層構造でデータをあらわします。

DOM・SAX

　さて、XML文書をプログラムによって扱うには、DOMやSAXと呼ばれる方式を使うことが一般的です。
　DOM（Document Object Model）は、

XML文書の全体を読み込み、木構造として解析する

という方式です。XML文書は階層型のデータをあらわすため、木構造として取り扱うと都合がよいのです。
　また、SAX（Simple API for XML）は、

XML文書を先頭から順に読み込んで処理する

という方式です。読み込んだときに登場する要素やテキストに応じて処理をするしくみをもっています。SAXでは、XML文書中の要素の開始や終了を見つけたり、テキストが出現したときに、ハンドラと呼ばれるしくみにその結果を通知して処理します。
　Javaの標準クラスライブラリのクラスを利用すると、このDOM・SAXによってXML文書を取り扱うことができるようになっています。

10.1　DOMの基本

重要　DOMは木構造としてXML文書を解析する。
SAXは先頭から順にXML文書を処理する。

図10-2　**DOMとSAX**
DOMは木構造としてXML文書を解析します（左）。SAXは先頭から
文書を処理します（右）。

XML文書を読み書きする

　DOM・SAXのどちらでも、XML文書を取り扱うことができます。そこで、本書では特に、DOMによってXML文書を取り扱う方法をみていくことにしましょう。
　すでに述べたように、DOMは、

XML文書を木構造として解析する

という方式です。DOMでは、木構造の節点を*ノード*（node）と呼んでいます。木構造として解析し、木構造中のノードを操作することで、XML文書を取り扱うのです。

　XML文書をDOMによって取り扱ってみることにしましょう。次のコードをみてください。

Sample1.java ▶ **XML文書を読み書きする**

```java
import java.io.*;
import javax.xml.parsers.*;
import javax.xml.transform.*;
import javax.xml.transform.stream.*;
import javax.xml.transform.dom.*;
import org.w3c.dom.*;
```

Lesson 10 ● XML

```java
public class Sample1
{
    public static void main(String[] args) throws Exception
    {
        //DOMの準備をする
        DocumentBuilderFactory dbf
            = DocumentBuilderFactory.newInstance();
        DocumentBuilder db
            = dbf.newDocumentBuilder();        ●①DOMの準備をします

        //文書を読み込む
        Document doc
            = db.parse(new FileInputStream("Sample.xml"));

                                              ●②ファイルを読み込みます
        //文書を書き出す
        TransformerFactory tff
            = TransformerFactory.newInstance();
        Transformer tf
            = tff.newTransformer();
        tf.setOutputProperty(OutputKeys.ENCODING, "UTF-8");
        tf.transform(new DOMSource(doc),
            new StreamResult("result.xml"));
        System.out.println("result.xmlに出力しました。");
    }
}                                             ●③ファイルに書き出します
```

　コードをコンパイルしてみましょう。シンプルなアプリケーションを作成する方法で、コンパイル・実行することができます。ただし、実行する前に、Sample.xmlをクラスファイルと同じディレクトリに保存しておいてください。保存したら、コードを実行します。すると、画面には次のように表示されます。

> **Sample1の実行結果（画面）**

> `result.xml`に出力しました。

　result.xmlというファイルが同じディレクトリに作成されます。このファイルをWebブラウザで表示してみてください。

298

10.1 DOMの基本

Sample1の実行結果（result.xmlを表示）

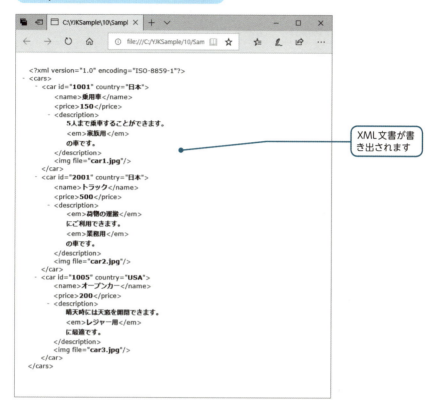

XML文書が書き出されます

Sample.xmlがresult.xmlに書き出されていることがわかりますね。XML文書を読み込み、書き出したというわけです。このコードは、次のようにXML文書を取り扱っています。

❶ DOMの準備をする
❷ XML文書を読み込む
❸ XML文書を書き出す

まず、**DocumentBuilderクラス**のオブジェクトを用意して準備をしておきます（❶）。parse()メソッドにファイル入力ストリームを渡すことで、XML文書が読み込まれ、DOMの方式で扱えるようになるのです（❷）。

また、XML文書を書き出すには、**Transformerクラス**を使います。transform()

メソッドでXML文書の書き出しを行っています（❸）。XML文書を取り扱うクラスは、javax.xml.parsersパッケージやjavax.xml.transformパッケージなどに含まれていますので、次の関連クラスをみておくとよいでしょう。

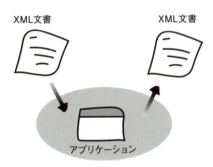

図10-3 XML文書の読み書き
XML文書を読み書きすることができます。

Sample1の関連クラス

クラス	説明
javax.xml.parsers.DocumentBuilderFactoryクラス	
DocumentBuilderFactory newInstance()	DocumentBuilderFactoryのオブジェクトを取得する
DocumentBuilder newDocumentBuilder()	DocumentBuilderのオブジェクトを取得する
javax.xml.parsers.DocumentBuilderクラス	
Document parse(InputStream is)	構文解析を行う
javax.xml.transform.TransformerFactoryクラス	
TransformerFactory newInstance()	TransformerFactoryの新しいオブジェクトを取得する
Transformer newTransformer()	Transformerオブジェクトを取得する
javax.xml.transform.Transformerクラス	
void setOutputProperty(String name, String value)	出力の設定を行う
void transform(Source xmlSource, Result outputTarget)	入力文書を結果文書に出力する
javax.xml.transform.dom.DOMSourceクラス	
DOMSource(Document doc)	入力文書を作成する

10.1 DOMの基本

クラス	説明
javax.xml.transform.stream.StreamResultクラス	
StreamResult(File f)	結果文書を作成する

重要　XML文書の読み込み・操作・書き出しの順で文書を取り扱う。

要素を取り出す

　Sample1を基本のコードとして、XML文書を取り扱うことができます。XML文書を読み込んだ後、DOMによって文書を操作し、その結果をXML文書に書き出すのです。そこで今度は、XML文書の要素の一部を取り出してみることにしましょう。次のコードをみてください。

Sample2.java ▶ 要素を取り出す

```java
import java.io.*;
import javax.xml.parsers.*;
import javax.xml.transform.*;
import javax.xml.transform.stream.*;
import javax.xml.transform.dom.*;
import org.w3c.dom.*;

public class Sample2
{
    public static void main(String[] args) throws Exception
    {
        //DOMの準備をする
        DocumentBuilderFactory dbf
            = DocumentBuilderFactory.newInstance();
        DocumentBuilder db
            = dbf.newDocumentBuilder();          // ❶DOMの準備をします

        // 文書を読み込む                           // ❷文書を読み込みます
        Document doc
            = db.parse(new FileInputStream("Sample.xml"));
```

301

Lesson 10 ● XML

```java
    // 文書を新規作成する                    ③新規文書を作成します
    Document doc2 = db.newDocument();

    // ルート要素を追加する                    ④新規文書にルート
    Element root = doc2.createElement("cars");    要素を作成します
    doc2.appendChild(root);

    // 要素を取り出す                       ⑤文書から要素を
    NodeList lst = doc.getElementsByTagName("name");  取り出します

    for(int i=0; i<lst.getLength(); i++){
        Node n = lst.item(i);                 取り出した
        for(Node ch = n.getFirstChild();       要素を・・・
                 ch != null;
                 ch = ch.getNextSibling()){    ⑥新規文書に
                                               追加します
            Element elm = doc2.createElement("name");
            Text txt = doc2.createTextNode(ch.getNodeValue());
            elm.appendChild(txt);
            root.appendChild(elm);
        }
    }

    // 文書を書き出す                        ⑦新規文書を書
    TransformerFactory tff                    き出します
        = TransformerFactory.newInstance();
    Transformer tf
        = tff.newTransformer();
    tf.setOutputProperty(OutputKeys.ENCODING, "UTF-8");
    tf.transform(new DOMSource(doc2),
        new StreamResult("result.xml"));
    System.out.println("result.xmlに出力しました。");
    }
}
```

　ではコードを実行して、result.xml文書をWebブラウザでチェックしてみましょう。

10.1 DOMの基本

Sample2の実行結果（result.xmlを表示）

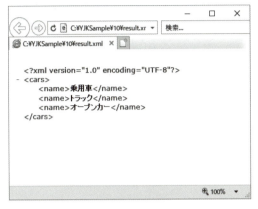

このコードではXML文書を読み込むだけでなく、必要なデータを取り出しています。ここでは、次のように処理しています。

❶ DOMの準備をする
❷ XML文書を読み込む
❸ 新規文書を作成する
❹ 新規文書のルート要素を作成する
❺ XML文書から要素を取り出す
❻ 取り出した要素を新規文書に追加する
❼ 新規文書を書き出す

まず、必要なデータを取り出すために、新しいXML文書を作成します。新規文書を作成するには、**newDocument()メソッド**を利用します（❸）。次に、この文書のルート要素として「cars」要素を作成しています（❹）。

そして、**getElementsByTagName()メソッド**を使って、読み込んだXML文書から「name」要素を取り出しました（❺）。

取り出した要素はリストになっていますので、1つずつ順番に取り出します。この要素を新しいXML文書に追加して組みたてるわけです（❻）。最後に、結果文書に新しいXML文書を書き出しています（❼）。こうして、XML文書から必要なデータだけ取り出しているのです。

Lesson 10 ● XML

Sample2の関連クラス

クラス	説明
javax.xml.parsers.DocumentBuilderクラス	
Document newDocument()	新しいDocumentオブジェクトを返す
org.w3c.dom.Documentインターフェイス	
NodeList getElementsByTagName(String tagname)	要素名からノードの集合を返す
Element createElement(String tagname)	要素名から要素ノードを作成する
Text createTextNode(String data)	指定したデータからテキストノードを作成する
org.w3c.dom.Nodeインターフェイス	
Node appendChild(Node newChild)	ノードに子を追加する
Node getFirstChild()	ノードの最初の子を取得する
Node getNextSibling()	次の子を取得する
org.w3c.dom.NodeListインターフェイス	
int getLength()	ノード数を返す
Node item(int i)	指定位置の項目を返す

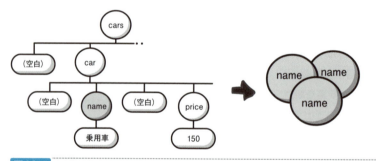

図10-4 要素の取り出し

XML文書から要素を取り出すことができます。

10.2 データ形式の変換

CSVファイルをXML文書に変換する

　この章でみてきたXMLは、標準的なデータ形式として広く普及してきています。このため、さまざまなデータ形式を、XMLへと変換できるプログラムを作成できればたいへん便利です。この節では、Javaプログラムを使ってデータ形式を変換する方法をみていくことにしましょう。

　たとえば、項目をカンマ（,）で区切った次のファイルをみてください。

Sample.csv

```
品名,価格,色
乗用車,150,白
トラック,500,紺
オープンカー,200,黄
```

　このように、カンマで区切った形式のファイルを、CSV（Comma Separated Value）ファイルと呼びます。これは、次のようなデータをあらわしたものです。

品名	価格	色
乗用車	150	白
トラック	500	紺
オープンカー	200	黄

　次のコードによって、このCSVファイルをXML文書に変換することができます。XML文書に変換してみましょう。

Lesson 10 ● XML

Sample3.java ▶ CSVファイルをXML文書に変換する

```java
import java.io.*;
import java.util.*;
import javax.xml.parsers.*;
import javax.xml.transform.*;
import javax.xml.transform.stream.*;
import javax.xml.transform.dom.*;
import org.w3c.dom.*;

public class Sample3
{
    public static void main(String[] args) throws Exception
    {
        //DOMの準備をする
        DocumentBuilderFactory dbf
            = DocumentBuilderFactory.newInstance();
        DocumentBuilder db
            = dbf.newDocumentBuilder();

        //文書を新規作成する
        Document doc = db.newDocument();

        //ルート要素を作成する
        Element root = doc.createElement("車リスト");
        doc.appendChild(root);

        //CSV文書の準備をする
        BufferedReader br =
            new BufferedReader(new FileReader("Sample.csv"));

        //CSV文書のタイトル行を保存する
        ArrayList<String> colname = new ArrayList<String>();
        String line = br.readLine();
        StringTokenizer stt = new StringTokenizer(line, ",");
        while(stt.hasMoreTokens()){
            colname.add(stt.nextToken());
        }

        //CSV文書を変換する
        while((line = br.readLine()) != null){
            StringTokenizer std = new StringTokenizer(line, ",");
            Element car = doc.createElement("車");
            root.appendChild(car);

            for(int i=0; i<colname.size(); i++){
```

❶1行目を項目名と
して切り出します

306

10.2 データ形式の変換

```
            Element elm =
            doc.createElement((String)colname.get(i));
            Text txt = doc.createTextNode(std.nextToken());
            elm.appendChild(txt);
            car.appendChild(elm);
        }

    }
    br.close();

    //文書を書き出す
    TransformerFactory tff
        = TransformerFactory.newInstance();
    Transformer tf
        = tff.newTransformer();
    tf.setOutputProperty(OutputKeys.ENCODING, "UTF-8");
    tf.transform(new DOMSource(doc),
        new StreamResult("result.xml"));
    System.out.println("result.xmlに出力しました。");
    }

}
```

❷ 項目名から要素を作成します
❸ 2行目以降をデータとして切り出し・・・
❹ 要素に追加します

Sample3の実行結果 (result.xmlを表示)

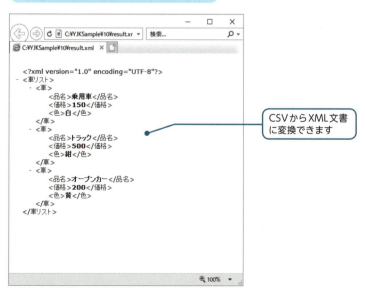

CSVからXML文書に変換できます

Lesson 10 ● XML

　CSVファイルからデータを取り出すには、**StringTokenizerクラス**を使うとかんたんです。文字列と区切り文字（,）を指定してオブジェクトを作成します。このオブジェクトのnextToken()メソッドを呼び出して、文字列から順にデータを切り出すことができるのです。切り出された文字列を**トークン**（token：字句）といいます。

　ここでは、まず1行目の項目名を切り出しています（❶）。項目名をもとに要素を作成します（❷）。次に、2行目以降のデータを切り出して、テキストノードを作成しています（❸）。そして、このノードを要素ノードに追加しているのです（❹）。
　result.xmlをWebブラウザで開くと、カンマ区切りのテキストが、XML文書に変換されていることがわかるでしょう。

Sample3の関連クラス

クラス	説明
java.util.StringTokenizerクラス	
StringTokenizer(String str, String delim)	文字列を区切り文字で区切る
boolean hasMoreTokens()	トークンがあるか調べる
String nextToken()	次のトークンを返す

トークンを取得するクラス

　区切り文字を指定してトークンを取得するクラスには、StringTokenizerクラスのほかにも**Scannerクラス**（java.utilパッケージ）があります。
　Scannerクラスは、ファイルや標準入力（キーボード）から各種値を読み込んだり、正規表現を利用する際にも使われています。

10.2 データ形式の変換

データベースの内容をXML文書にする

ところで、データベースもCSVファイルと同じように、データを保存する手段として便利な方法です。そこで今度は、データベースに格納されたデータをXML文書に変換してみることにしましょう。次のコードでXML文書へ変換することができます。

Sample4.java ▶ データベースの内容をXML文書に変換する

```java
import java.sql.*;
import java.io.*;
import javax.xml.parsers.*;
import javax.xml.transform.*;
import javax.xml.transform.stream.*;
import javax.xml.transform.dom.*;
import org.w3c.dom.*;

public class Sample4
{
    public static void main(String[] args)
    {
        try{
            //接続の準備
            String url = "jdbc:derby:cardb;create=true";
            String usr = "";
            String pw = "";

            //データベースへの接続
            Connection cn =
                DriverManager.getConnection(url, usr, pw);         ← データベースに接続します

            //問い合わせの準備
            DatabaseMetaData dm = cn.getMetaData();
            ResultSet tb = dm.getTables(null, null,
                                         "車表", null);

            Statement st = cn.createStatement();

            String qry1 = "CREATE TABLE 車表(番号 int,
                                            名前 varchar(50))";
            String[] qry2
                = {"INSERT INTO 車表 VALUES (2, '乗用車')",
```

Lesson 10 ● XML

```
            "INSERT INTO 車表 VALUES (3, 'オープンカー')",
            "INSERT INTO 車表 VALUES (4, 'トラック')"};
String qry3 = "SELECT * FROM 車表";

if(!tb.next()){                          ┌─────────────────┐
    st.executeUpdate(qry1);              │ SQL文を用意します │
    for(int i=0; i<qry2.length; i++){    └─────────────────┘
        st.executeUpdate(qry2[i]);
    }
}

//問い合わせ
ResultSet rs = st.executeQuery(qry3);

//データの取得
ResultSetMetaData rm = rs.getMetaData();
int cnum = rm.getColumnCount();

//DOMの準備をする
DocumentBuilderFactory dbf
    = DocumentBuilderFactory.newInstance();
DocumentBuilder db = dbf.newDocumentBuilder();

//文書を新規作成する
Document doc = db.newDocument();

//ルート要素を作成する
Element root = doc.createElement("cars");
doc.appendChild(root);

//要素を作成する                        ┌──────────────────────┐
while(rs.next()){                      │ 列名から要素を作成します │
    Element car = doc.createElement("car"); └──────────────────────┘
    root.appendChild(car);
    for(int i=1; i<=cnum; i++){
        Element elm = doc.createElement(
                        rm.getColumnName(i).toString());
        Text txt = doc.createTextNode(
                        rs.getObject(i).toString());
        elm.appendChild(txt);          ┌──────────────┐
        car.appendChild(elm);          │ データからテキス │
    }                                  │ トを作成します  │
}                                      └──────────────┘
                                       ┌──────────────┐
//文書を書き出す                         │ 要素に追加します │
TransformerFactory tff                 └──────────────┘
```

10.2 データ形式の変換

```
        = TransformerFactory.newInstance();
      Transformer tf = tff.newTransformer();
      tf.setOutputProperty(
          OutputKeys.ENCODING, "UTF-8");
      tf.transform(new DOMSource(doc),
          new StreamResult("result.xml"));
      System.out.println("result.xmlに出力しました。");

      //接続のクローズ
      rs.close();
      st.close();
      cn.close();
    }
    catch(Exception e){
      e.printStackTrace();
    }
  }
}
```

第8章のようにデータベースが作成されているか確認しておいてください。コードを実行すると、「車表」の内容がXML文書として取り出されます。

Sample4の実行結果（result.xmlを表示）

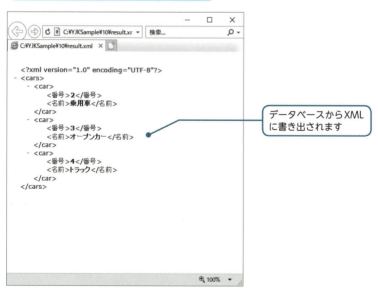

データベースからXMLに書き出されます

Lesson 10 ● XML

　ここで利用しているコードは、第8章で作成したコードでも使われています。まず、JDBCドライバを介してデータベースに接続しています。取り出した列名・データをcreateElement()メソッドなどを使って、XML文書を組みたてているのです。

　こうしたプログラムを応用すれば、データベースとXMLを連携させることができるでしょう。データを利用した強力なプログラムを作成することができます。

XMLの利点

　XMLはテキスト形式のデータで、さまざまな環境で利用することができます。またXMLは、Javaのようなプログラミング言語で操作しやすい木構造の形式をもっています。このためデータを利用する各種アプリケーションに幅広く利用されています。

10.3 XMLとWeb

XSLを使う

　これまで利用してきたXML文書は、車に関するデータをあらわしたものでした。このXML文書は車に関するデータを単純にあらわしていただけにすぎません。
　XML文書を活用していくためには、さらに

文書のレイアウトをする

という作業が必要になります。文書から必要なデータを取り出し、読みやすいレイアウトにする作業が必要になるのです。
　XML文書をレイアウトするには、XSL（eXtensible Stylesheet Language）という形式を使います。XSLはXML文書からデータを取り出し、文書のみばえに関する情報（文字の書体などの書式情報）を与えて、文書を表示するための仕様です。このうち、特にデータを取り出す仕様をXSLT（XSL Transformations）と呼んでいます。
　XSLTで必要なデータを取り出すことは、「文書の変換」と呼ばれます。文書の中から必要なデータを取り出すことは、その文書を別の構造へ変換することだと考えられるからです。
　そこでこの節では、XML文書を変換する方法についてみていきましょう。XSLTを使うと、XMLを活用する場面がさらに広がることになります。
　XSLTを使うには、

スタイルシート

と呼ばれる文書を作成します。スタイルシートの中に、XMLにしたがったテンプレートルールという変換規則を書くことになっています。次のスタイルシートの例をみてください。

Lesson 10 ● XML

Sample1.xsl ▶ 200万円以上のデータを取り出すスタイルシート

```xml
<?xml version="1.0" encoding="UTF-8" ?>

<xsl:stylesheet version="1.0"
    xmlns:xsl="http://www.w3.org/1999/XSL/Transform">
<xsl:output method="xml" encoding="UTF-8"/>

  <!--    文書     -->
  <xsl:template match="/">
    <root>
      <xsl:apply-templates
           select="cars/car[price &gt;=200]"/>
    </root>
  </xsl:template>

  <!--    車     -->
  <xsl:template match="car">
    <xsl:copy>
      <xsl:apply-templates select="name"/>
      <xsl:apply-templates select="price"/>
    </xsl:copy>
  </xsl:template>

  <!--    品名     -->
  <xsl:template match="name">
    <xsl:copy-of select="."/>
  </xsl:template>

  <!--    価格     -->
  <xsl:template match="price">
    <xsl:copy-of select="."/>
  </xsl:template>

</xsl:stylesheet>
```

- 文書に適用されるテンプレートルールです
- 「car」要素に適用されるテンプレートルールです
- 「name」要素に適用されるテンプレートルールです
- 「price」要素に適用されるテンプレートルールです

　スタイルシートは、それ自体がXML文書となっています。ここでは<xsl:template>要素に、要素を変換するテンプレートルールを記述しています。本書ではスタイルシートのくわしい内容についてはふれませんが、イメージをよくつかんでみてください。

　このスタイルシートは、車データの中から200万円以上のものだけを取り出して表示するものです。

314

10.3 XMLとWeb

スタイルシートを適用するため、次のようなコードを作成しましょう。

Sample5.java ▶ XSLスタイルシートを使う

```java
import java.io.*;
import javax.xml.transform.*;
import javax.xml.transform.stream.*;

class Sample5
{
    public static void main(String[] args) throws Exception
    {
        StreamSource in = new StreamSource(new File(args[0]));       // XML文書を読み込みます
        StreamSource ss = new StreamSource(new File(args[1]));       // スタイルシートを読み込みます
        StreamResult out = new StreamResult(new File(args[2]));

        TransformerFactory tff =
            TransformerFactory.newInstance();
        Transformer tf = tff.newTransformer(ss);                     // スタイルシートを適用します
        tf.transform(in, out);
        System.out.println(args[2] + "に出力しました。");              // 結果を出力します
    }
}
```

このコードをコンパイルしてみましょう。このアプリケーションを実行するには、次のように入力ファイル、スタイルシート、出力ファイルを指定します。

Sample5の実行方法

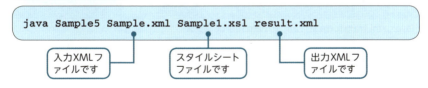

スタイルシートの適用結果は、指定したresult.xmlファイルに出力されます。そこで、result.xmlをWebブラウザで表示してみてください。

Lesson 10 ● XML

Sample5の実行結果（result.xmlを表示）

スタイルシートが適用されています

　result.xmlをWebブラウザで開くと、たしかに文書が変換されていることがわかります。車データの中から、200万円以上のデータだけが取り出されていますね。このように、Javaプログラムによってスタイルシートを適用し、変換結果を出力することができるのです。スタイルシートを使えば、さまざまな変換をしていくことができます。

　スタイルシートを適用するには、Transformerクラスの**newTransformer()メソッド**でスタイルシートを指定します。transform()メソッドを呼び出すと、XML文書が出力されます。

Sample5の関連クラス

クラス	説明
javax.xml.transform.stream.StreamSourceクラス	
StreamSource(File f)	入力文書を作成する

スタイルシート

　本書では、XMLスタイルシートの内容にまではふれていません。スタイルシートの作成・テンプレートルールの書き方は、シリーズの『やさしいXML』をごらんください。スタイルシートによって、XMLの活用方法が広がるでしょう。

10.3 XMLとWeb

XSLを指定してWebブラウザに表示する

　この節では、スタイルシートを使ったアプリケーションを作成することができるようになりました。これを応用すれば、Webサーバーと連携をはかることもできます。サーブレットを使って、スタイルシートを適用し、Webページとして表示することができるのです。

　第6章のようにサーブレットの開発環境を設定し、次のコードをコンパイル・実行してみてください。

Sample6.java ▶ XSLとWebを連携する

```java
import java.util.*;
import java.io.*;
import javax.servlet.*;
import javax.servlet.http.*;
import javax.xml.transform.*;
import javax.xml.transform.stream.*;

public class Sample6 extends HttpServlet
{
    public void doGet(HttpServletRequest request,
                      HttpServletResponse response)
    throws ServletException
    {
        try{
            //コンテンツタイプの設定
            response.setContentType("text/html;
                                    charset=UTF-8");

            //書き出し
            PrintWriter pw = response.getWriter();

            StreamSource in = new StreamSource
                ("http://localhost:8080/YJKSample10/Sample.xml");
            StreamSource ss = new StreamSource
                ("http://localhost:8080/YJKSample10/Sample2.xsl");
            StreamResult out = new StreamResult(pw);

            TransformerFactory tff =
                TransformerFactory.newInstance();
            Transformer tf = tff.newTransformer(ss);
            tf.transform(in, out);
```

スタイルシートを読み込みます

スタイルシートを適用します

Webページとして出力します

Lesson 10

317

Lesson 10 ● XML

```
        }
        catch(Exception e){
            e.printStackTrace();
        }
    }
}
```

コンパイルするとサーブレットが作成されます。本書の付録Cを参考にして、Webサーバーを実行してください。

さらに、次のスタイルシートを配置します。

Sample2.xsl ▶ HTML文書に変換するスタイルシート

```
<?xml version="1.0" encoding="UTF-8" ?>

<xsl:stylesheet version="1.0"
    xmlns:xsl="http://www.w3.org/1999/XSL/Transform">
<xsl:output method="html" encoding="UTF"/>

  <!-- 文書 -->
  <xsl:template match="/">
    <html>
      <xsl:apply-templates select="cars"/>
    </html>
  </xsl:template>

  <!-- 車リスト -->
  <xsl:template match="cars">
    <body>
      <table border="3">
        <xsl:apply-templates select="car[price &gt;= 200]"/>
      </table>
    </body>
  </xsl:template>

  <!-- 車 -->
  <xsl:template match="car">
    <tr>
      <xsl:apply-templates select="name"/>
      <xsl:apply-templates select="price"/>
      <xsl:apply-templates select="img"/>
```

318

```
      <xsl:apply-templates select="description"/>
   </tr>
</xsl:template>

<!--  品名  -->
<xsl:template match="name">
  <td>
    <xsl:value-of select="."/>
  </td>
</xsl:template>

<!--  価格  -->
<xsl:template match="price">
  <td>
    <xsl:value-of select="."/>万円
  </td>
</xsl:template>

<!--  説明  -->
<xsl:template match="description">
  <td>
    <xsl:value-of select="."/>
  </td>
</xsl:template>

<!--  図  -->
<xsl:template match="img">
  <td>
    <img>
      <xsl:attribute name="src">
        <xsl:text>../</xsl:text>
        <xsl:value-of select="@file"/>
      </xsl:attribute>
    </img>
  </td>
</xsl:template>

</xsl:stylesheet>
```

　このスタイルシートは、XML文書から要素を取り出し、HTML文書としてレイ
アウトするものです。

　Webブラウザを起動し、http://localhost:8080/YJKSample10/servlet/Sample6
にアクセスすると、次のページが表示されます。

Lesson 10 ● XML

Sample6の実行画面

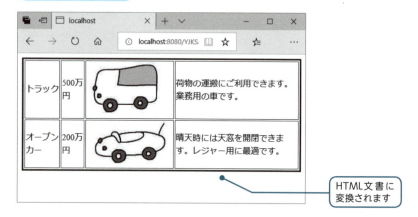

HTML文書に変換されます

　このサーブレットでは、XML文書にスタイルシートを適用しています。その結果、HTML文書が表示されたのです。
　このように、WebサーバーでXML文書にスタイルシートを適用し、Webページを作成することができます。
　WebとXML文書を連携することは、Webシステムに不可欠なものとなってきています。これまでの知識を応用すれば、実用的なシステムを構築していくことができるでしょう。

XML・XSLを学ぶ

　ここでは、XMLをJavaのクラスライブラリによって取り扱う方法をかんたんに解説しました。XMLについてのくわしい解説は、シリーズの『やさしいXML』をごらんください。XMLの文法、DOM・SAXの使用方法、XSLスタイルシートも解説しています。

10.4 レッスンのまとめ

この章では、次のようなことを学びました。

- XMLは、タグを埋め込んでデータをあらわします。
- XMLは、要素やテキストによってデータをあらわします。
- XMLを取り扱う方式として、DOM・SAXがあります。
- DOMによって、XML文書を操作することができます。
- XMLをほかのデータ形式に変換することができます。
- XSLスタイルシートを使って必要なデータを取り出すことができます。

　この章ではXMLファイルを利用する方法をかんたんに学びました。XMLは標準的なデータ形式として広く普及してきています。Javaのクラスライブラリは XMLを取り扱う機能を備えています。XMLからデータを取り出し、プログラムによって加工することができれば便利です。XMLによってデータを柔軟に利用する方法を身につけてください。

Lesson
10

練習

1. Sample.xmlを読み込み、「price」要素を取り出すアプリケーションを作成してください。次のようなXML文書となるようにします。

2. 次のようなXML文書を書き出すアプリケーションを作成してください。

Lesson 11

ネットワーク

標準クラスライブラリには、ネットワークを利用するためのクラスが用意されています。現在、実用的なプログラムを作成するときには、ネットワークを利用することが欠かせません。この章では、ネットワークを扱うプログラムについて、学んでいくことにしましょう。

Check Point!

- ネットワーク
- インターネットアドレス
- IPアドレス
- ホスト名
- ソケット
- スレッド

11.1 ネットワークの基本

ネットワークを利用する

　これまでの章で私たちは、Web上で動作するサーブレットやJSPを作成してきました。現在、こうしたネットワークを扱うプログラムは欠かせないものとなってきています。

　そこでこの章では、ネットワークを利用するために必要なクラスについて学んでおくことにしましょう。

　ネットワークを利用するためには、Web・XMLの知識だけでなく、ネットワークをへだてた場所にある、コンピュータやファイルのありかを指定する方法などを知らなければなりません。Javaのプログラムを作成するときにも、こうしたネットワークの基礎的な知識が欠かせないものとなっているのです。

URLのしくみを知る

　Webなどを利用するとき、私たちは、HTML文書や画像ファイルなどの位置をあらわすために、URL（Uniform Resource Locator）と呼ばれる指定方法を使います。これまでにも私たちはWebページやサーブレットの場所をあらわすために、次のようなURLを使ってきましたね。

　　http://softbankcr.co.jp/

　一般的なURLは、次のようなしくみで指定します。

11.1 ネットワークの基本

これらの指定は次の内容をあらわしています。

表11-1 URL

種類	説明
スキーム名	httpやftpなどのプロトコル（protocol：通信規約）をあらわす
ホスト名	ファイルなどの資源が存在するコンピュータ名をあらわす
パス	コンピュータ内での資源の位置をあらわす

URLを使うプログラムを作成してみましょう。まず、次のコードを入力してみてください。

Sample1.java ▶ URLを使う

```java
import java.io.*;
import javafx.application.*;
import javafx.stage.*;
import javafx.scene.*;
import javafx.scene.control.*;
import javafx.scene.layout.*;
import javafx.scene.input.*;
import javafx.scene.web.*;
import javafx.event.*;

public class Sample1 extends Application
{
    private TextField tf;
    private WebView wv;
    private Button bt;

    public static void main(String[] args)
    {
        launch(args);
    }
    public void start(Stage stage)throws Exception
    {
        //コントロールの作成
        tf = new TextField();
        wv = new WebView();        ← ウェブビューを作成します
        bt = new Button("読込");

        //ペインの作成
        BorderPane bp = new BorderPane();
```

Lesson 11 ● ネットワーク

```java
        VBox vb = new VBox();

        //ペインへの追加
        vb.getChildren().addAll(bt, tf);

        bp.setTop(vb);
        bp.setCenter(wv);

        //イベントハンドラの登録
        bt.setOnAction(new SampleEventHandler());

        //シーンの作成
        Scene sc = new Scene(bp, 600, 600);

        //ステージへの追加
        stage.setScene(sc);

        //ステージの表示
        stage.setTitle("サンプル");
        stage.show();
    }

    //イベントハンドラクラス
    class SampleEventHandler implements
        EventHandler<ActionEvent>
    {
        public void handle(ActionEvent e)
        {
            try{
                WebEngine we = wv.getEngine();
                we.load(tf.getText());
            }
            catch(Exception ex){
                ex.printStackTrace();
            }
        }
    }
}
```

ウェブエンジンを得ます

Webページを
ロードします

　このコードはJavaFXアプリケーションとして作成します。ただし、このコード
のようにWeb関連の部品を扱うJavaFXアプリケーションでは、javafx.webモジュ
ールを追加で指定することが必要となっています。javafx.controlsモジュールの
後に、スペースを入れずにカンマで区切って指定してください。

11.1 ネットワークの基本

Sample1のコンパイル方法

```
javac -p $env:FX --add-modules javafx.controls,javafx.web
Sample1.java
```

Sample1の実行方法

```
java -p $env:FX --add-modules javafx.controls,javafx.web
Sample1
```

Sample1の実行画面

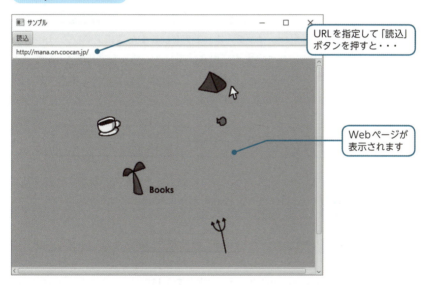

URLを指定して「読込」ボタンを押すと・・・

Webページが表示されます

　アプリケーションを実行したら、上部のテキストフィールドにURLを入力してください。「読込」ボタンを押すと、指定したURLのWebページが表示されます。
　このプログラムでは、ウェブビュー（WebView）というJavaFXのコントロールを使っています。ウェブビューは、Webページなどをレイアウトして表示するコントロールです。URLを指定するだけで、Webページを表示できるようになっています。
　ここでは、次のクラスを使っていますので、調べてみるとよいでしょう。

Lesson 11 ● ネットワーク

Sample1の関連クラス

クラス	説明
javafx.scene.web.WebViewクラス	
WebView()	ウェブビューを作成する
WebEngine getEngine()	ウェブエンジンを取得する
javafx.scene.web.WebEngineクラス	
void load(String url)	Webページを読み込む

インターネットアドレスを知る

では次に、インターネットに接続されている機器を指定する方法をおぼえることにしましょう。この指定は、**インターネットアドレス**または**IPアドレス**（Internet Protocol address）と呼ばれています。現在、インターネットアドレスとして、ネットワーク機器を特定する32ビットの数値などが使われています。本書では、特にこの数値をIPアドレスと呼ぶことにします。

118.×.×.× （32ビットの場合） ● ─── コンピュータなどの機器を
　　　　　　　　　　　　　　　　　　あらわすIPアドレスです

ただし、IPアドレスはたいへんおぼえにくい数値であるため、わかりやすい文字列を割り当てて使うことがあります。これを**ホスト名**（host name）と呼びます。

softbankcr.co.jp ● ─── 割り当てられたホスト名です

たとえば、「softbankcr.co.jp」というホスト名を「118.×.×.×」というIPアドレスのかわりに使うことができます。

ではさっそく、お使いのマシンのインターネットアドレスを表示してみることに

11.1 ネットワークの基本

しましょう。インターネットアドレスは、InetAddressクラス（java.netパッケージ）を使って扱います。

Sample2.java ▶ 実行中のマシンのインターネットアドレスを知る

```java
import java.net.*;
import javafx.application.*;
import javafx.stage.*;
import javafx.scene.*;
import javafx.scene.control.*;
import javafx.scene.layout.*;
import javafx.scene.input.*;
import javafx.event.*;

public class Sample2 extends Application
{
    private Label lb1, lb2;
    private TextField tf1, tf2;

    public static void main(String[] args)
    {
        launch(args);
    }
    public void start(Stage stage)throws Exception
    {
        try{
            InetAddress ia = InetAddress.getLocalHost();

            //コントロールの作成
            lb1 = new Label("ホスト名");
            lb2 = new Label("IPアドレス");
            tf1 = new TextField(ia.getHostName());
            tf2 = new TextField(ia.getHostAddress());

            //ペインの作成
            BorderPane bp = new BorderPane();
            VBox vb = new VBox();

            //ペインへの追加
            vb.getChildren().add(lb1);
            vb.getChildren().add(tf1);
            vb.getChildren().add(lb2);
            vb.getChildren().add(tf2);

            bp.setCenter(vb);
```

❶実行中のマシンのインターネットアドレスを取得します

❷ホスト名を取得します

❸IPアドレスを取得します

Lesson
11

329

Lesson 11 ● ネットワーク

```
         //シーンの作成
         Scene sc = new Scene(bp, 300, 200);

         //ステージへの追加
         stage.setScene(sc);

         //ステージの表示
         stage.setTitle("サンプル");
         stage.show();
      }
      catch(Exception e){
         e.printStackTrace();
      }
   }
}
```

Sample2の実行画面

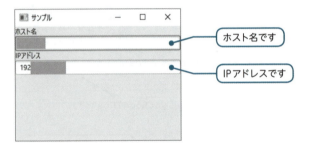

このコードは、一般的なJavaFXアプリケーションとして作成・実行することができます。

このプログラムでは、

❶ 実行中のマシンのインターネットアドレスを得る
❷ ❶からホスト名を得る
❸ ❶からIPアドレスを得る

という処理をしています。❶でgetLocalHost()メソッドを使い、❷でgetHostName()メソッド、❸でgetHostAddress()メソッドを使うのです。ホスト名とIPアドレスが表示されることがわかります。

Sample2の関連クラス

クラス	説明
java.net.InetAddressクラス	
InetAdreess getLocalHost()	実行中のマシンのインターネットアドレスを返す
String getHostName()	ホスト名を返す
String getHostAddress()	IPアドレスを返す

 ## ほかのマシンのインターネットアドレスを知る

　Sample2では、実行中のマシンのインターネットアドレスを調べました。ところで、IPアドレスかホスト名のいずれかを指定すれば、ほかのマシンのインターネットアドレスを知ることもできます。次のコードを入力してみてください。

Sample3.java ▶ ほかのマシンのインターネットアドレスを知る

```java
import java.net.*;
import javafx.application.*;
import javafx.stage.*;
import javafx.scene.*;
import javafx.scene.control.*;
import javafx.scene.layout.*;
import javafx.scene.input.*;
import javafx.event.*;

public class Sample3 extends Application
{
    private Label lb1, lb2, lb3;
    private TextField tf1, tf2, tf3;
    private Button bt;

    public static void main(String[] args)
    {
        launch(args);
    }
    public void start(Stage stage)throws Exception
    {
        try{
            InetAddress ia = InetAddress.getLocalHost();
```

Lesson 11 ● ネットワーク

```java
            //コントロールの作成
            lb1 = new Label("入力してください。");
            lb2 = new Label("ホスト名");
            lb3 = new Label("IPアドレス");
            tf1 = new TextField();
            tf2 = new TextField();
            tf3 = new TextField();
            bt = new Button("検索");

            //ペインの作成
            BorderPane bp = new BorderPane();
            VBox vb = new VBox();

            //ペインへの追加
            vb.getChildren().add(lb1);
            vb.getChildren().add(tf1);
            vb.getChildren().add(lb2);
            vb.getChildren().add(tf2);
            vb.getChildren().add(lb3);
            vb.getChildren().add(tf3);

            bp.setCenter(vb);
            bp.setBottom(bt);

            //イベントハンドラの登録
            bt.setOnAction(new SampleEventHandler());

            //シーンの作成
            Scene sc = new Scene(bp, 300, 200);

            //ステージへの追加
            stage.setScene(sc);

            //ステージの表示
            stage.setTitle("サンプル");
            stage.show();
        }
        catch(Exception e){
            e.printStackTrace();
        }
    }

    //イベントハンドラクラス
    class SampleEventHandler implements
        EventHandler<ActionEvent>
    {
```

332

11.1 ネットワークの基本

```
public void handle(ActionEvent e)
{
    try{
        InetAddress ia =
            InetAddress.getByName(tf1.getText());
        tf2.setText(ia.getHostName());
        tf3.setText(ia.getHostAddress());
    }
    catch(Exception ex){
        ex.printStackTrace();
    }
}
```

❶ ユーザーが指定したホスト名からインターネットアドレスを取得します
❷ ホスト名を取得します
❸ IPアドレスを取得します

Sample3の実行画面

指定した名前から・・・
ホスト名を調べます
IPアドレスを調べます

このプログラムでは、

❶ ユーザーが指定したホスト名からインターネットアドレスを得る

という処理を行っています。InetAddressクラスのgetByName()メソッドでインターネットアドレスを得ることができるのです（❶）。そのあとで、Sample2と同じようにホスト名とIPアドレスを調べているのです（❷・❸）。逆にIPアドレスを指定して、ホスト名を調べることもできます。なお、ネットワーク管理者によってIPアドレスにホスト名が対応づけられていない場合などには、ホスト名は表示されませんので注意してください。

Lesson 11 ● ネットワーク

Sample3の関連クラス

クラス	説明
java.net.InetAddressクラス	
InetAddress getByName(String host)	指定された名前からインターネットアドレスを得る

ホスト名とIPアドレスの対応

ホスト名とIPアドレスとの対応関係は、DNS (Domain Name System) と呼ばれるサービスを提供するサーバーによって管理されています。

また、「自分のマシン」をあらわす特別なホスト名とIPアドレスとして、慣例的にlocalhost (127.0.0.1または::1) を使いますので、おぼえておくとよいでしょう。

11.2 ソケット

クライアント・サーバーのしくみを知る

　WebやURL、インターネットアドレスを扱うことができたでしょうか？　この節では、ネットワークを支える基本処理について学ぶことにしましょう。

　ネットワークを介して、なんらかのサービスを要求するコンピュータやソフトウェアのことを**クライアント**（client）と呼びます。一方、この要求を待ち受けてサービスを提供する側を**サーバー**（server）と呼びます。

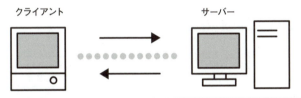

図11-1　クライアント・サーバー
サービスを要求する側をクライアントといいます。要求を待ち受けてサービスを提供する側をサーバーといいます。

　これまでも私たちは、Webサーバー・Webクライアントを使ったプログラムを作成してきましたね。Webサーバーは、ユーザーを待ち受けてHTML文書などを提供するコンピュータとソフトウェアをさしていました。また、Webクライアントは、それを受けとって表示するコンピュータをさしていたわけです。

　そこで私たちも、ごくシンプルなクライアント・サーバープログラムを作成してみることにしましょう。この節で作成するプログラムは、これまでにつくってきたWebシステムなどの基本となると考えればよいでしょう。

　これから作成するプログラムは、サーバーがクライアントからの接続を待ち受けるようになっています。そして、クライアントが接続すると、文字列を送受信するサービスが行われます。この接続は**ソケット**（socket）と呼ばれるしくみを使っ

Lesson 11 ● ネットワーク

て行われます。さっそくプログラムを作成していきましょう。

サーバーのプログラムを作成する

最初に、サーバーのコードを入力してみてください。このサーバーは、クライアントからの要求を待ち受けて、「こちらはサーバーです。」という文字列を送信する機能をもっています。

Sample4S.java ▶ サーバーを作成する

```java
import java.io.*;
import java.net.*;

public class Sample4S
{
    public static final int PORT = 10000;       ←待機するポート番号を指定します

    public static void main(String[] args)
    {
        Sample4S sm = new Sample4S();

        try{
            ServerSocket ss = new ServerSocket(PORT);    ←❶サーバーソケットを作成します

            System.out.println("待機します。");
            while(true){
                Socket sc = ss.accept();                  ←❷接続を受けつけます
                System.out.println("ようこそ。");

                PrintWriter pw = new PrintWriter
                    (new BufferedWriter
                        (new OutputStreamWriter
                            (sc.getOutputStream())));     ←出力ストリームを作成します
                pw.println("こちらはサーバーです。");
                pw.flush();
                pw.close();                               ←❸文字列を書き出します

                sc.close();                               ←❹ソケットをクローズします
            }
        }
        catch(Exception e){
```

336

```
            e.printStackTrace();
        }
    }
}
```

このサーバーは、CUI方式のアプリケーションです。コードをコンパイルしておいてください。ここでは、次のクラスが使われています。

Sample4Sの関連クラス

クラス	説明
java.net.ServerSocketクラス	
ServerSocket(int port)	ポート上にサーバーソケットを作成する
Socket accept()	クライアントからの接続要求を受ける
java.net.Socketクラス	
OutputStream getOutputStream()	ソケットの出力ストリームを返す

クライアントのプログラムを作成する

次に、クライアントのコードを作成することにします。こちらはGUIアプリケーションとして作成してみましょう。サーバーからの文字列を受信して表示する機能をもつクライアントです。

Sample4C.java ▶ クライアントを作成する

```
import java.io.*;
import java.net.*;
import javafx.application.*;
import javafx.stage.*;
import javafx.scene.*;
import javafx.scene.control.*;
import javafx.scene.layout.*;
import javafx.scene.input.*;
import javafx.event.*;

public class Sample4C extends Application
```

Lesson 11 ● ネットワーク

```
{
    public static final String HOST = "localhost";
    public static final int PORT = 10000;

    private TextArea ta;
    private Button bt;

    public static void main(String[] args)
    {
        launch(args);
    }
    public void start(Stage stage)throws Exception
    {
        try{
            InetAddress ia = InetAddress.getLocalHost();

            //コントロールの作成
            ta = new TextArea();
            bt = new Button("接続");

            //ペインの作成
            BorderPane bp = new BorderPane();

            //ペインへの追加
            bp.setCenter(ta);
            bp.setBottom(bt);

            //イベントハンドラの登録
            bt.setOnAction(new SampleEventHandler());

            //シーンの作成
            Scene sc = new Scene(bp, 300, 200);

            //ステージへの追加
            stage.setScene(sc);

            //ステージの表示
            stage.setTitle("サンプル");
            stage.show();
        }
        catch(Exception e){
            e.printStackTrace();
        }
    }
```

> 接続先のホスト名を指定します

> 接続先のポート番号を指定します

11.2 ソケット

```
//イベントハンドラクラス
class SampleEventHandler implements
    EventHandler<ActionEvent>
{
    public void handle(ActionEvent e)
    {
        try{
            Socket sc = new Socket(HOST, PORT);
            BufferedReader  br = new BufferedReader
                (new InputStreamReader
                    (sc.getInputStream()));
            String str = br.readLine();
            ta.setText(str);
            br.close();
            sc.close();
        }
        catch(Exception ex){
            ex.printStackTrace();
        }
    }
}
```

❶ ソケットを作成してサーバーに接続します
❷ 入力ストリームを作成します
❸ 文字列を読み込みます
❹ ソケットをクローズします

こちらのコードはJavaFXアプリケーションとしてコンパイルしておきます。

Sample4Cの関連クラス

クラス	説明
java.net.Socketクラス	
Socket(InetAddress address, int port)	ソケットを作成し、指定したホストのポートに接続する
InputStream getInputStream()	ソケットの入力ストリームを返す

サーバーのホスト名

ここでは、同じマシン上のサーバーに接続するために、"localhost"というホスト名を指定しています。異なるサーバーに接続するためには、別のホスト名を使ってください。

Lesson 11 ● ネットワーク

クライアントとサーバーを実行する

　この2つのプログラムを実行するには、まずWindows PowerShell（またはコマンドプロンプト）からサーバープログラムを実行します。

Sample4Sの実行方法

```
java Sample4S ↵     ← サーバーアプリケーションを実行します
```

　次に、クライアントプログラムを実行します。本書では、同じマシン上でサーバーとクライアントのデータ通信を行うことにしますので、もうひとつWindows PowerShellを起動してください。そして、新しいWindows PowerShell上で、クライアントアプリケーションを実行します。

Sample4Cの実行方法

```
java -p $env:FX --add-modules javafx.controls Sample4C ↵
```
　　　　　　　　　　　　　　　別のWindows PowerShell上でクライアントアプリケーションを実行します

　クライアントの「接続」ボタンを押すと、サーバーに接続して文字列を受信します。なお、最初にサーバーが起動されていないと、クライアントが文字列を受けとることができないので注意してください。サーバープログラムを終了するには、キーボードから Ctrl + C キーを同時に押します。

Sample4S・Sample4Cの実行画面

クライアント

ボタンを押すと、文字列を受信します

サーバー

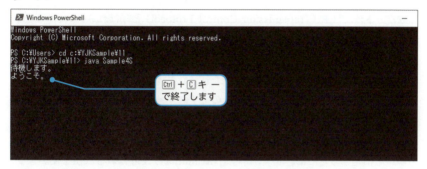

Ctrl + C キーで終了します

ソケットのしくみを知る

　最初に紹介したように、このプログラムでは**ソケット**（socket）を使って、クライアントとサーバーを接続します。ソケットによってクライアントとサーバー間の接続が確立されると、それ以降はお互い文字列を書き出したり読み込んだりできるようになります。ソケットを扱う手順は次のようになっています。

Lesson 11 ● ネットワーク

❶ サーバー上でサーバーソケット (ServerSocket) を作成し、クライアントからの接続を待ち受ける

↓

❷ クライアントがソケット (Socket) を作成すると、サーバーとクライアントの間で接続が確立される

↓

❸ サーバーが文字列を書き出し、それをクライアントが読み込む

↓

❹ ソケットをクローズする

　ソケットは、TCP（Transmission Control Protocol）と呼ばれるプロトコルを利用した接続方法です。TCPはインターネットを支える基本のプロトコルで、クライアントとサーバーの間で接続を確立したうえで、通信が行われるしくみになっています。ソケットを使うことで、TCPを使った基本のネットワークプログラムをかんたんに作成できるようになっているのです。

　ソケットでは、接続するコンピュータを特定するために、IPアドレス（またはホスト名）を指定します。さらに、そのコンピュータ内でどのプログラムに接続するのかを指定するために、ポート番号（port number）と呼ばれる数値を使います。

　サーバーは指定されたポート番号で、クライアントの接続を待ち受けます。クライアントはそのポート番号を指定して、サーバーに接続するのです。

　小さな数のポート番号（0〜1023）はWebやFTPなどといった、よく使われる別のネットワークプログラムのために予約されていますので、ここでは「10000」という大きな番号を使っています。

　実際にプログラムを作成して、2つのプログラムが連携するようすをたしかめてみてください。

342

11.2 ソケット

```
クライアント                サーバー

                    ❶サーバーソケットを作成して
                     ポート番号10000で待機する
  ❷ソケットを作成して
   ポート番号10000に接続

         接続確立

  ❸文字列を読み込む

  ❹ソケットをクローズして接続を切る
```

図11-2 ソケット

ソケットを使うと、TCPによる基本のネットワークプログラムを作成することができます。

TCPとUDP

　TCPはクライアントとサーバーとの接続を相互確立して、データの送受信を行うプロトコルです。このほか、インターネットでは、一方的にほかのコンピュータにデータを送信するためのプロトコルである、UDP（User Datagram Protocol）が使われることもあります。JavaのプログラムでUDPを扱うときには、**DatagramPacketクラス**、**DatagramSocketクラス**（java.netパッケージ）を使います。

Lesson 11

11.3 スレッド

スレッドのしくみを知る

　さて11.2節では、1回だけ文字列を送信するかんたんなネットワークプログラムを作成しました。しかし、実際のネットワークプログラムは、相手先からの接続要求やデータの受信を待機しながら、さまざまな処理をしていかなければなりません。ところがプログラムが相手先のやりとりにかかりきりになると、相手とのやりとり以外の処理をすることができなくなってしまいます。

　そこで、ネットワークを扱うプログラムでは、Javaの**スレッド**（thread）と呼ばれる機能を利用するのが普通です。ひとつのスレッドで相手を待機する処理をしながら、もうひとつのスレッドで別の処理をするのです。

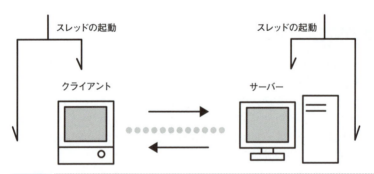

図11-3 スレッド
ネットワークプログラミングでは、スレッドを起動して待機処理を行うことがあります。

11.3 スレッド

スレッドによるプログラムを作成する

そこで私たちもさっそく、スレッドを使ったネットワークプログラムを作成してみることにしましょう。次のコードをみてください。

Sample5S.java ▶ スレッドを扱うサーバーを作成する

```java
import java.util.*;
import java.io.*;
import java.net.*;

public class Sample5S
{
   public static final int PORT = 10000;

   public static void main(String[] args)
   {
      Sample5S sm = new Sample5S();

      try{
         ServerSocket ss = new ServerSocket(PORT);

         System.out.println("待機します。");
         while(true){
            try{
               Socket sc = ss.accept();
               System.out.println("ようこそ。");

               Client cl = new Client(sc);
               cl.start();
            }
            catch(Exception e){
               e.printStackTrace();
               break;
            }
         }
      }
      catch(Exception e){
         e.printStackTrace();
      }
   }
}
```

クライアントとやりとりするスレッドを起動します

Lesson 11 ● ネットワーク

```java
class Client extends Thread
{
   private Socket sc;
   private BufferedReader br;
   private PrintWriter pw;

   public Client(Socket s)
   {
      sc = s;
   }
   public void run()
   {
      try{
         br = new BufferedReader
            (new InputStreamReader(sc.getInputStream()));
         pw = new PrintWriter
            (new BufferedWriter
               (new OutputStreamWriter
                  (sc.getOutputStream())));
      }
      catch(Exception e){
         e.printStackTrace();
      }

      while(true){
         try{
            String str = br.readLine();
            pw.println("サーバー:「" + str + "」ですね。");
            pw.flush();
         }
         catch(Exception e){
            try{
               br.close();
               pw.close();
               sc.close();
               System.out.println("さようなら。");
               break;
            }
            catch(Exception ex){
               ex.printStackTrace();
            }
         }
      }
   }
}
```

クライアントとやりとり
するスレッドの処理です

クライアントから文字列を
受信し、新しい文字列をつ
けて送信し続ける処理です

11.3 スレッド

Sample5C.java ▶ スレッドを扱うクライアントを作成する

```java
import java.io.*;
import java.net.*;
import javafx.application.*;
import javafx.stage.*;
import javafx.scene.*;
import javafx.scene.control.*;
import javafx.scene.layout.*;
import javafx.scene.input.*;
import javafx.event.*;

public class Sample5C extends Application implements Runnable
{

    public static final String HOST = "localhost";
    public static final int PORT = 10000;

    private TextField tf;
    private TextArea ta;
    private Button bt;

    private Socket sc;
    private BufferedReader br;
    private PrintWriter pw;
    private StringBuffer sb;

    public static void main(String[] args)
    {
        launch(args);
    }
    public void start(Stage stage)throws Exception
    {
        try{
            InetAddress ia = InetAddress.getLocalHost();

            //コンポーネントの作成
            tf = new TextField();
            ta = new TextArea();
            bt = new Button("送信");

            //ペインの作成
            BorderPane bp = new BorderPane();

            bp.setTop(tf);
            bp.setCenter(ta);
```

Lesson

11

Lesson 11 ● ネットワーク

```java
        bp.setBottom(bt);

        // イベントハンドラの登録
        bt.setOnAction(new SampleEventHandler());

        // シーンの作成
        Scene sc = new Scene(bp, 300, 200);

        // ステージへの追加
        stage.setScene(sc);

        // ステージの表示
        stage.setTitle("サンプル");
        stage.show();
    }
    catch(Exception e){
        e.printStackTrace();
    }

    // 接続
    Thread th = new Thread(this);
    th.start();
}
public void run()
{
    try{
        sc = new Socket(HOST, PORT);
        br = new BufferedReader
            (new InputStreamReader(sc.getInputStream()));
        pw = new PrintWriter
            (new BufferedWriter(new OutputStreamWriter
                (sc.getOutputStream())));
        sb = new StringBuffer();

        while(true){
            try{
                String str = br.readLine();
                sb.append(str + "¥n");
                ta.setText(sb.toString());
            }
            catch(Exception e){
                br.close();
                pw.close();
                sc.close();
                break;
            }
```

> サーバーとやりとりするスレッドを起動します

> サーバーとやりとりするスレッドの処理です

> サーバーからの文字列を受信し続ける処理です

```
            }
        }
        catch(Exception e){
            e.printStackTrace();
        }
    }

    //イベントハンドラクラス
    class SampleEventHandler implements
        EventHandler<ActionEvent>
    {
        public void handle(ActionEvent e)
        {
            try{
                String str = tf.getText();
                sb.append(str + "¥n");
                pw.println(str);
                pw.flush();
                tf.setText("");
            }
            catch(Exception ex){
                ex.printStackTrace();
            }
        }
    }
}
```

このプログラムも、前の節と同じようにサーバーを先に実行してください。次に、クライアントを起動します。

Lesson 11 ● ネットワーク

Sample5S・Sample5Cの実行画面

クライアント

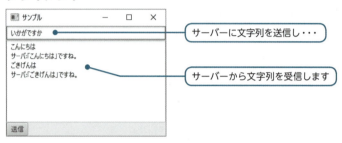

サーバー

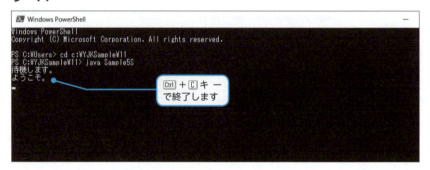

　ここでは、サーバーとクライアントともに、相手とのやりとりをするための処理を新しいスレッドとして起動しています。

　新しく起動されたスレッドは、run()メソッドの処理を行います。クライアント・サーバーのコードをみてください。このメソッド内では、どちらもwhile文の処理を繰り返すことで、相手方と文字列をやりとりする処理にかかりきりになっていますね。しかし、この処理は新しいスレッドによって処理されていますから、main()メソッドの処理と並行して行われることになります。このため、プログラムが相手とのやりとりにかかりきりになって、ほかの処理ができなくなってしまうことはありません。

　つまり、スレッドを使うことによって、複数のクライアントに同時に対応したり、相手からのデータを受信しながらデータを送信したりするしくみをもたせることができるのです。スレッドは、ネットワークプログラムには欠かせない機能となっています。

11.3 スレッド

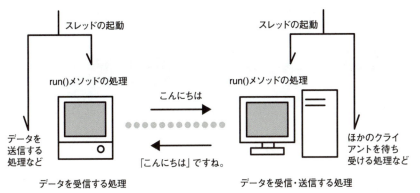

図11-4 ネットワークプログラムとスレッド
ネットワークプログラムにスレッド処理は欠かせない機能となっています。

スレッドを利用する処理

ここで紹介したように、スレッドは時間のかかる処理を行う際に利用されることがあります。このような処理としてはネットワークのほかに、データベースの処理などがあげられます。

11.4 レッスンのまとめ

この章では、次のようなことを学びました。

- URLクラスを使うと、URLを扱うことができます。
- InetAddressクラスを使うと、インターネットアドレスを扱うことができます。
- Socketクラスを使うと、クライアント・サーバーの接続を行うことができます。
- ServerSocketクラスを使うと、クライアントからの接続を待ち受けるサーバーを作成することができます。
- ネットワークを使うプログラムでは、スレッドを利用することがあります。

　この章では、ネットワークを扱うプログラムの作成方法を学びました。この章で学んだ知識を使えば、ネットワーク上の複数のコンピュータでデータをやりとりするプログラムを作成することができます。いま、ネットワークを扱うことは、実用的なプログラムを作成するために不可欠なものとなっているのです。

練習

1. 次の項目に○か×で答えてください。

   ① クライアントからの接続を待機するサーバーを作成するには、Socketクラスのオブジェクトを作成する。
   ② サーバーに接続をするクライアントを作成するには、Socketクラスのオブジェクトを作成する。
   ③ サーバーのポート番号は「80」として待機する。

2. Sample4Sのサーバーアプリケーションについて、コマンドライン引数からポート番号を指定するように変更してください。

   ```
   java SamplePS 10000
   待機します。
   ようこそ。
   ```

3. 2.から文字列を受けとる次のようなクライアントアプリケーションを作成してください。サーバーのホスト名とポート番号は、ユーザーに入力させるものとします。

Lesson 12

大規模な
プログラムの開発

これまでの章では、クラスライブラリのさまざまな機能について学んできました。これまでの知識を活用すれば、バリエーションに富んだプログラムを作成することができます。この章では、さらに大規模なプログラムを開発する際のヒントについて学んでいくことにしましょう。

Check Point!

- 仕様の設計
- 外観の設計
- データ・機能の設計
- クラスの設計
- コードの記述
- プログラムの変更・拡張

12.1 プログラムの設計

 ### 大規模なプログラムの開発

　本書では、さまざまなクラスライブラリの機能について学んできました。私たちはこれまでの章で、いろいろな応用的なプログラムを作成しています。これまでに学んだような小さなプログラムであれば、クラスライブラリを利用して、かんたんに作成することができるでしょう。しかし、大規模で実践的なプログラムの場合には、計画を立てて作成していく必要があります。そこで、最後のこの章では、大規模なプログラムを開発する際のヒントをみていくことにしましょう。

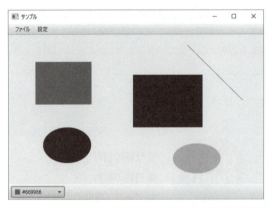

図12-1 プログラムを作成する
　プログラムは、計画を立てて作成する必要があります。

 ### 仕様を考える

　プログラムを作成する際には、どのような作業からはじめればよいのでしょうか？

12.1 プログラムの設計

プログラムを作成する際にはまず、

そのプログラムでどんなことをするのか

を考える必要があります。あたりまえのことのようですが、何をつくるのかが漠然としたままでは作業を進めることはできません。まずどんなプログラムをつくるのかを明確にしていく必要があるのです。

たとえば、「マウスで絵を描く」アプリケーションを作成することを考えましょう。しかし、「マウスで絵を描く」というだけではまだ明確ではありません。「絵を描く」とはどういうことなのでしょうか？ また、「マウスで描く」とはどういうことなのでしょうか？ もう少し具体的にしていきます。

まず「絵を描く」ことについて考えてみます。ただ絵を描くといっても、

- 四角形を描く
- 楕円を描く
- 直線を描く

といった具体的な作業が考えられるでしょう。

また、「マウスで描く」ことについてもくわしく考えてみます。たとえば、次のようにマウスで描くことにしましょう。

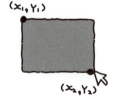
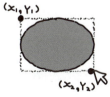
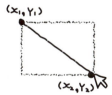

「マウスでクリックした左上の点（開始座標x1, y1）からマウスをはなした右下の点（終了座標x2, y2）までに図形を描く」

Lesson 12 ● 大規模なプログラムの開発

ということにするのです。
　さらに、これらの図形データを、ファイルに保存することも考えておきたい機能です。
　このように、私たちはまず、

プログラムがどのように動作するのか

という「仕様」を明確に決めていくことになります。プログラムがどのようなものであるかを決めていくわけです。仕様を考え、明確にしていくことは、プログラムを作成するにあたってたいせつな手順となります。
　ただし、この段階でプログラムの仕様をきっちり厳格に決めてしまえばよい、というわけではありません。プログラムの仕様はコードを入力する作業とは切り離せません。コードを作成・入力していくにあたっては、プログラムの枠組みを考え直さなければならない状況もあります。まず、プログラムをはじめるにあたって必要な点を明確にしておくために、仕様について吟味するのです。

プログラムの仕様を明確にする。

図12-2　プログラムの仕様を明確にする
　　　　コードを作成するためには、プログラムの仕様を明確にする必要があります。

12.1 プログラムの設計

外観を設計する

ところで本書では、さまざまなGUI部品について学んできました。GUI部品を利用したアプリケーションでは、外観を設計する作業とコードを作成する作業が切り離せません。そこで、ここでは今までに学んだ部品を組みあわせて、プログラムの外観を設計することにしましょう。

まず、マウスの動作を受けとるコントロールとして、キャンバスを使うことにします。

- キャンバスを使用する (Canvas)

さらに、絵を描くための設定をメニューで用意することにします。

- メニューを使用する (Menu)

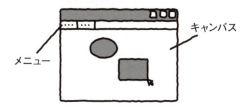

アプリケーションをボーダーペインでレイアウトし、キャンバスを中央に、メニューは上に配置するものとします。

またメニューの内容も具体的に考えておきましょう。次のようなメニューを考えます。

ここでは、「ファイル」メニュー・「設定」メニューを考えました。「ファイル」メニューを選択することで、ファイルを開く作業・ファイルを保存する作業を選

Lesson 12 ● 大規模なプログラムの開発

択できるようにします。また、「設定」メニューを選択することによって、図形を選択できるようにします。図形は四角形・楕円・直線のいずれかを選択できるようにします。さらにマウスで色の選択もできるようにします。

　この段階で詳細なメニュー内容まで設計することはむずかしいかもしれません。しかし、ユーザーにどのような操作を行わせるのかを考えることは必要です。ユーザーの操作に適したGUI部品を考え、どのような部品を使うべきか、決めておく必要があるからです。この段階で、一度メニューの構成などを書き出しておくとよいでしょう。

　このように、プログラムを設計するためには、GUI部品・クラスライブラリに親しんでおくことは欠かせません。本書をふりかえって復習してみてください。

GUI部品でプログラムの外観を設計する。

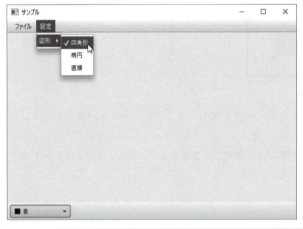

図12-3 外観を設計する
　プログラムの外観を設計する必要があります。

360

12.2 データ・機能の設計

データをまとめる

　プログラムの外観を決定したら、次にプログラムの内部構造を決定していきましょう。いろいろなアプローチ方法が考えられますが、プログラムで扱う「データ」について注目してみると考えやすくなります。

　このプログラムでは、3種類の図形を描くのでした。図形をあらわすデータとして、たとえば次のものが考えられます。

- 開始座標 (x1, y1)
- 終了座標 (x2, y2)
- 色 (Color)
- 種類

　このプログラムでは、ユーザーがマウスで操作した入力を受けとります。そして、これらの図形データを管理します。さらに、この図形データを画面に絵として表示し、ファイルとして保存します。つまり、図形データを管理することが、このプログラムの大きな役割となるのです。

 プログラムに必要なデータを考える。

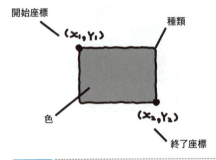

図12-4 データを考える
プログラムに必要なデータを考える必要があります。

 ## クラス階層を設計する

　さて、Javaはオブジェクト指向プログラミング言語です。Javaではモノに着目してプログラムを設計するのに都合がよい言語となっています。モノに関するデータと操作をクラスにまとめ、堅牢なプログラムを作成することができます。

　そこで、図形データを管理するため、このプログラムでもモノに注目してクラスを設計していくことにしましょう。

　たとえば、具体的なモノのイメージといえば、次のクラスが考えられます。

「四角形 (Rect)」クラス
「楕円 (Oval)」クラス
「直線 (Line)」クラス

　ただし、このまま3つのクラスを設計することがよいかどうかは、よく吟味して考える必要があります。3つの図形には、共通するデータ・機能があります。これらを個々の3つに分割するのはよい方法とはいえません。

　ここでは3つの具体的なクラスのほか、共通する性質をまとめる抽象的なクラスとしてもう1つクラスを追加します。

「図形 (Shape)」クラス

を考えるとよいかもしれません。4つのクラスの関係は、次のようになっています。

12.2 データ・機能の設計

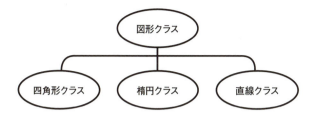

　図形クラスと3つのクラスは、スーパークラス・サブクラスの関係として設計します。つまり、図形クラスを定義し、そこから3つのクラスを拡張するのです。
　もちろん、この方法が唯一の正解ではありません。クラスを設計する際には、データ・機能をよく吟味することが必要なのです。

図12-5　クラス階層を設計する
　　　　データ・機能をもとにクラス階層を設計する必要があります。

クラス階層を設計する。

機能をまとめる

それでは図形関連のクラスの内容を考えていきましょう。まずデータから考えていきます。

❶ 開始座標
❷ 終了座標
❸ 色

Lesson 12 ● 大規模なプログラムの開発

これらのデータは図形クラスにもたせるものとします。

また、これらのデータを操作する機能などとして、次のものが考えられます。

❶ 開始座標を設定する

❷ 終了座標を設定する

❸ 色を設定する

❹ 自分自身を描画する

❶～**❸**はどの図形も同様の処理となると考えられます。そこで、これらの機能は「図形クラス」にまとめることにしましょう。一方、**❹**の描画方法は、図形ごとに異なります。そこで、描画は具体的なクラス内で行うことにしましょう。

以上のことから、全体として次のようなクラスを考えます。

```java
import java.io.*;
import javafx.scene.canvas.*;
import javafx.scene.paint.*;

abstract class Shape implements Serializable
{
    static final int RECT = 0;
    static final int OVAL = 1;
    static final int LINE = 2;

    double x1, y1, x2, y2;
    double r, g, b;

    abstract public void draw(GraphicsContext gc);

    public void setColor(double r, double g, double b)
    {
        this.r = r;
        this.g = g;
        this.b = b;
    }
    public void setStartPoint(double x, double y)
    {
        x1 = x; y1 = y;
    }
    public void setEndPoint(double x, double y)
    {
        x2 = x; y2 = y;
    }
```

図形をあらわすスーパークラスです

種類をあらわすデータです

開始座標・終了座標をあらわすデータです

色をあらわすデータです

色を設定するメソッドです

開始座標を設定するメソッドです

終了座標を設定するメソッドです

364

12.2 データ・機能の設計

```
}
class Rect extends Shape implements Serializable
{
    public void draw(GraphicsContext gc)
    {
        gc.setFill(Color.color(r, g, b));
        gc.fillRect(x1, y1, x2-x1, y2-y1);
    }
}
class Oval extends Shape implements Serializable
{
    public void draw(GraphicsContext gc)
    {
        gc.setFill(Color.color(r, g, b));
        gc.fillOval(x1, y1, x2-x1, y2-y1);
    }
}
class Line extends Shape implements Serializable
{
    public void draw(GraphicsContext gc)
    {
        gc.setStroke(Color.color(r, g, b));
        gc.strokeLine(x1, y1, x2, y2);
    }
}
```

（四角形をあらわすサブクラスです）
（楕円をあらわすサブクラスです）
（直線をあらわすサブクラスです）

　共通するデータ・機能をShapeクラスにまとめました。また、描画処理は具体的なクラスの中に記述することにします。

重要 データと機能をクラスにまとめる。

図12-6　データ・機能をクラスにまとめる
データ・機能を吟味し、クラスを考えます。

アプリケーションのクラスも考える

　図形に関するデータを考え、図形関連のクラスを設計してみました。しかし、プログラムを動作させるには、これだけではまだ十分ではありません。このJavaアプリケーションには、ほかにもまだ管理しなければならないデータがあります。たとえば、キャンバス上に描いた1枚の「絵」データや、現在選択されている色・図形データはどうでしょうか。アプリケーションでは、さまざまなデータを管理する必要があるのです。

　図形を描いたときにはじめて管理すればよいデータは、図形クラスで管理しました。そこで、アプリケーション全体で管理しなければならないデータは、アプリケーションをあらわすクラスで管理することしましょう。

　まず、キャンバス上に描いた1枚の「絵」は、各図形オブジェクトのリストとして管理します。「絵」を管理するには、第8章で使ったArrayListを使うことにします。

- 図形リスト　　⟶　　ArrayList型の変数shapeListで管理する

　また、現在選択されている図形・色は、整数データであらわすことにします。

- 現在選択されている図形　⟶　int型の変数currentShapeで管理する
- 現在選択されている色　　⟶　int型の変数currentColorで管理する

　これらのデータをアプリケーションクラスにもたせて管理するのです。

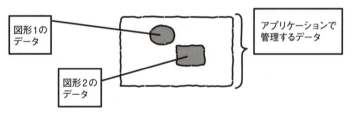

図12-7 データを管理するクラスを考える
　　　　管理しなければならないデータを考え、クラスにまとめていきます。

12.2 データ・機能の設計

重要 データを管理するクラスを考える。

初期設定を行う

クラスを使うときに、データを初期設定することを忘れないでください。初期設定をきちんと行うことで、データがおかしな値をとらないようにするのです。データの初期化は、コンストラクタ内に記述します。図形オブジェクトが管理するデータの初期化は、図形クラスのコンストラクタ内に記述します。アプリケーションが管理するデータの初期化は、アプリケーションクラスのコンストラクタ内に記述します。

キャンバスに関する処理を書く

それでは、アプリケーションの処理を考えていくことにしましょう。キャンバスに関する処理から考えておきます。まず、

キャンバスをマウスで押したとき

には、どのような処理をしたらよいでしょうか。ここではまず描画中の図形の座標を記憶しておくことにします。

```
if(e.getEventType() == MouseEvent.MOUSE_PRESSED){
    //描画中の座標を記録する
}
```

マウスで押したときの処理です

ここでは、とりあえず日本語で処理手順を書いていくことにします。
同じように、

マウスをはなしたときの処理

も考えます。

Lesson 12 ● 大規模なプログラムの開発

　図形オブジェクトを作成して色・座標の設定を行ったうえで、リストに図形を追加します。最後に図形を描画します。
　処理の内容を考えながら、プログラムの構造をつくっていく必要があります。

```
else if(e.getEventType() == MouseEvent.MOUSE_RELEASED){
    //図形オブジェクトを作成する
    //図形オブジェクトの色を設定する
    //図形オブジェクトの座標を設定する
    //図形オブジェクトをリスト末尾に追加する
    //図形を描画する
}
```

マウスをはなしたときの処理です

重要 処理を順番に考える。

❶

キャンバス上を
マウスで押したとき

❷

ドラッグしてマウス
をはなしたとき

図12-8 処理を順番に考える
　プログラムの処理を考えます。

メニューに関する処理を書く

　続いて、メニューを選択した場合の処理も考えてみてください。どうすればよいでしょうか。メニューを選択したときには、次のような処理を行うことにしましょう。

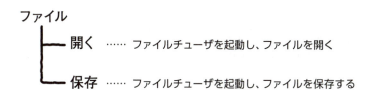

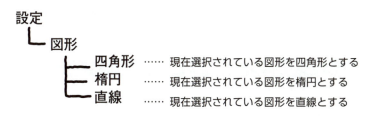

　ファイルチューザの起動方法は、これまでの章を参照するとよいでしょう。ここでは、ファイルの拡張子として「.g」をつけ、「××.g」という名前のファイルを使うことにします。

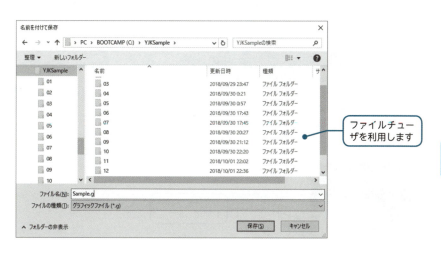

　ファイルを読み込む際には、図形リストからオブジェクトを1つずつ取り出し、描画するものとします。描画する際にはオブジェクトのメソッドで描画します。

Lesson 12 ● 大規模なプログラムの開発

```
for(int i=0; i < shapeList.size(); i++){
    //図形オブジェクトをリストから取り出す
    //図形オブジェクト自身によって描画する
}
```

　また、ファイルをオブジェクトごと保存するため、ObjectInputStreamクラスを利用します。次のクラスの機能を調べてみるとよいでしょう。

クラス	説明
java.io.ObjectInputStreamクラス	
Object readObject()	オブジェクトを読み込む
java.io.ObjectOutputStreamクラス	
writeObject(Object obj)	オブジェクトを書き込む

　また、色を選択するために、**カラーピッカー**（ColorPicker）を利用します。カラーピッカーは色を選択するコントロールです。カラーピッカーの機能も調べてみてください。

クラス	説明
javafx.scene.control.ColorPickerクラス	
ColorPicker()	カラーピッカーを作成する

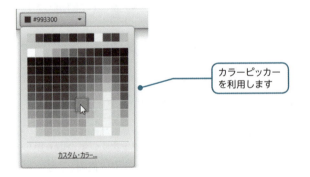

カラーピッカーを利用します

　このように、高度なJavaプログラムを作成する際には、クラスライブラリを使いこなすことが欠かせません。クラスライブラリのリファレンスを調べることで、

12.2 データ・機能の設計

どんなコードを書けばよいのか、考えてみてください。

重要　クラスライブラリのクラスを利用する。

オブジェクトの保存

　Javaでは、ファイルにオブジェクトを直接書き出すことができます。これをオブジェクトの**シリアライゼーション**といいます。シリアライゼーションを行うには、保存しようとするクラスで**Serializableインターフェイス**を実装します。ここでは、図形クラスでこのインターフェイスを実装するものとします。

12.3 コードの作成

コードを作成する

　これでアプリケーションのおおまかな枠組みを決めることができました。それでは、記述した処理内容をもとにJavaのコードを記述していきましょう。

　アプリケーション本体の処理を記述したSample.javaと、図形クラスなどを記述したShape.javaにファイルを分割することにしました。ここでは、次のようなコードを作成します。

Sample.java ▶ マウスで絵を描くアプリケーション

```
import java.io.*;
import java.util.*;
import javafx.application.*;
import javafx.stage.*;
import javafx.scene.*;
import javafx.scene.control.*;
import javafx.scene.layout.*;
import javafx.scene.input.*;
import javafx.scene.paint.*;
import javafx.scene.canvas.*;
import javafx.event.*;

public class Sample extends Application
{
   private MenuBar mb;
   private Menu[] mn = new Menu[3];
   private MenuItem[] mi = new MenuItem[2];
   private RadioMenuItem[] rmi = new RadioMenuItem[3];
   private ToggleGroup tg;
   private ColorPicker cp;
   private Canvas cv;
   private ToolBar tb;
```

12.3 コードの作成

```java
private ArrayList<Shape> shapeList;        //図形リスト
private int currentShape;                   //選択図形
private Color currentColor;                 //選択色
private double x1, x2, y1, y2;              //描画中の座標

public static void main(String[] args)
{
    launch(args);
}
public void start(Stage stage)throws Exception
{
    //コントロールの作成・設定
    cv = new Canvas(600, 340);
    mb = new MenuBar();
    cp = new ColorPicker();
    tb = new ToolBar();

    mn[0] = new Menu("ファイル");
    mn[1] = new Menu("設定");
    mn[2] = new Menu("図形");

    mi[0] = new MenuItem("開く");
    mi[1] = new MenuItem("保存");

    rmi[0] = new RadioMenuItem("四角形");
    rmi[1] = new RadioMenuItem("楕円");
    rmi[2] = new RadioMenuItem("直線");

    mn[0].getItems().add(mi[0]);
    mn[0].getItems().add(mi[1]);

    mn[1].getItems().add(mn[2]);

    mn[2].getItems().add(rmi[0]);
    mn[2].getItems().add(rmi[1]);
    mn[2].getItems().add(rmi[2]);

    mb.getMenus().add(mn[0]);
    mb.getMenus().add(mn[1]);

    tb.getItems().add(cp);

    tg  = new ToggleGroup();
    rmi[0].setToggleGroup(tg);
    rmi[1].setToggleGroup(tg);
    rmi[2].setToggleGroup(tg);
```

Lesson
12

373

Lesson 12 ● 大規模なプログラムの開発

```java
    //ペインの作成
    BorderPane bp = new BorderPane();

    //ペインへの追加
    bp.setTop(mb);
    bp.setCenter(cv);
    bp.setBottom(tb);

    //イベントハンドラの登録
     for(int i=0; i<mi.length; i++)
    {
        mi[i].setOnAction(new SampleEventHandler());
    }
     for(int i=0; i<rmi.length; i++)
    {
        rmi[i].setOnAction(new SampleEventHandler());
    }
    cp.setOnAction(new SampleEventHandler());

    cv.addEventHandler(MouseEvent.MOUSE_PRESSED,
        (new SampleMouseEventHandler()));
    cv.addEventHandler(MouseEvent.MOUSE_RELEASED,
        (new SampleMouseEventHandler()));

    //初期化をする
    shapeList = new ArrayList<Shape>();
    currentShape = Shape.RECT;
    currentColor = Color.BLUE;
    cp.setValue(currentColor);
    rmi[0].setSelected(true);
    x1=-1; y1=-1; x2=-1; y2=-1;

    //シーンの作成
    Scene sc = new Scene(bp, 600, 400);

    //ステージへの追加
    stage.setScene(sc);

    //ステージの表示
    stage.setTitle("サンプル");
    stage.show();
}

//イベントハンドラクラス
class SampleEventHandler implements
```

12.3 コードの作成

```java
EventHandler<ActionEvent>
   {
      public void handle(ActionEvent e)
      {
         if(e.getSource() == mi[0]){
            try{
               FileChooser fc = new FileChooser();
               fc.getExtensionFilters().add(
                  new FileChooser.ExtensionFilter(
                     "グラフィックファイル", "*.g"));
               File flo = fc.showOpenDialog(new Stage());
               if(flo != null){
                  //ファイルを読み込む
                  ObjectInputStream oi
                     = new ObjectInputStream(
                        new FileInputStream(flo));
                  Shape tmp = null;
                  shapeList.clear();
                  while((tmp = (Shape)oi.readObject())
                           != null){
                     shapeList.add(tmp);
                  }
                  oi.close();
               }
            }
            catch(Exception ex){
               ex.printStackTrace();
            }
            GraphicsContext gc = cv.getGraphicsContext2D();
            gc.clearRect(0, 0, 600, 340);
            for(int i=0; i < shapeList.size(); i++){
               //図形オブジェクトをリストから取り出す
               Shape  sh = (Shape) shapeList.get(i);
               //図形オブジェクト自身によって描画する
               sh.draw(gc);
            }
         }
         else if(e.getSource() == mi[1]){
            try{
               FileChooser fc = new FileChooser();
               fc.getExtensionFilters().add(
                  new FileChooser.ExtensionFilter(
                     "グラフィックファイル", "*.g"));
               File fls = fc.showSaveDialog(new Stage());
               if(fls != null){
                  ObjectOutputStream oo
```

Lesson
12

375

Lesson 12 ● 大規模なプログラムの開発

```
                            = new ObjectOutputStream(
                                new FileOutputStream(fls));
                    for(int i=0; i<shapeList.size(); i++){
                        oo.writeObject(shapeList.get(i));
                    }
                    oo.writeObject(null);
                    oo.close();
                }
            }
            catch(Exception ex){
                ex.printStackTrace();
            }
        }
        //四角形に設定する
        else if(e.getSource() == rmi[0]){
            currentShape = Shape.RECT;
        }
        //楕円に設定する
        else if(e.getSource() == rmi[1]){
            currentShape = Shape.OVAL;
        }
        //直線に設定する
        else if(e.getSource() == rmi[2]){
            currentShape = Shape.LINE;
        }
        //色の選択画面を表示する
        else if(e.getSource() == cp){
            currentColor = cp.getValue();
        }
    }
}
class SampleMouseEventHandler implements
    EventHandler<MouseEvent>
{
    public void handle(MouseEvent e)
    {
        if(e.getEventType() == MouseEvent.MOUSE_PRESSED){
            //描画中の座標を記録する
            x1 = e.getX();
            y1 = e.getY();
        }
        else if(e.getEventType() ==
                    MouseEvent.MOUSE_RELEASED){
            x2 = e.getX(); y2 = e.getY();
            //図形を作成しないとき
            if(x1 < 0  || y1 < 0 || (x1 == x2 && y1 == y2))
```

12.3 コードの作成

```
        return;
    //図形オブジェクトを作成する
    Shape sh = null;
    if(currentShape == Shape.RECT){
        sh = new Rect();
    }
    else if(currentShape == Shape.OVAL){
        sh = new Oval();
    }
    else if(currentShape == Shape.LINE){
        sh = new Line();
    }
    //図形オブジェクトの色を設定する
    double r = currentColor.getRed();
    double g = currentColor.getGreen();
    double b = currentColor.getBlue();
    sh.setColor(r, g, b);

    //図形オブジェクトの座標を設定する
    if(currentShape != Shape.LINE){
        if(x1 > x2){
            x2 = x1;
            x1 = e.getX();
        }
        if(y1 > y2){
            y2 = y1;
            y1 = e.getY();
        }
    }
    sh.setStartPoint(x1, y1);
    sh.setEndPoint(x2, y2);

    //図形オブジェクトをリスト末尾に追加する
    shapeList.add(sh);

    //図形を描画する
    GraphicsContext gc = cv.getGraphicsContext2D();
    sh.draw(gc);
        }
    }
  }
}
```

Lesson

12

377

Lesson 12 ● 大規模なプログラムの開発

Shape.java ▶ 図形をあらわすクラス

```java
import java.io.*;
import javafx.scene.canvas.*;
import javafx.scene.paint.*;

abstract class Shape implements Serializable
{
   static final int RECT = 0;
   static final int OVAL = 1;
   static final int LINE = 2;

   double x1, y1, x2, y2;
   double r, g, b;

   abstract public void draw(GraphicsContext gc);

   public void setColor(double r, double g, double b)
   {
      this.r = r;
      this.g = g;
      this.b = b;
   }
   public void setStartPoint(double x, double y)
   {
      x1 = x; y1 = y;
   }
   public void setEndPoint(double x, double y)
   {
      x2 = x; y2 = y;
   }
}
class Rect extends Shape implements Serializable
{
   public void draw(GraphicsContext gc)
   {
      gc.setFill(Color.color(r, g, b));
      gc.fillRect(x1, y1, x2-x1, y2-y1);
   }
}
class Oval extends Shape implements Serializable
{
   public void draw(GraphicsContext gc)
   {
      gc.setFill(Color.color(r, g, b));
      gc.fillOval(x1, y1, x2-x1, y2-y1);
```

378

12.3 コードの作成

```
   }
}
class Line extends Shape implements Serializable
{
   public void draw(GraphicsContext gc)
   {
      gc.setStroke(Color.color(r, g, b));
      gc.strokeLine(x1, y1, x2, y2);
   }
}
```

　コードは、読みやすく記述することが必要です。クラス・メソッド・条件判断・
繰り返しなどの構造がわかりやすくなるように、字下げをして書きます。また、コ
ード中でどのような処理を行っているのか、随所にコメントを入れておくこともた
いせつなことです。大規模なプログラムでは、コードだけ記述しても、あとから
読んだときに理解できないコードとなってしまいます。

　さらに、プログラムには追加・変更がつきものです。このプログラムにも、三
角形を描く機能を追加したり、描いた図形を移動・削除する機能を追加すること
があるかもしれません。クラス設計などをよく吟味し、こうした機能の追加・変更
に対応できるようにしておくことが欠かせません。このように、プログラムの作成
にあたっては、さまざまな点に注意する必要があります。

　さて、本書ではクラスライブラリを利用してさまざまなプログラムを作成してき
ました。バリエーションに富んだプログラムを作成できたことでしょう。

　Javaによって大規模なプログラムの開発・設計を行っていく際には、さらにオ
ブジェクト指向の考え方が重要となります。シリーズの『やさしいJava オブジェ
クト指向編』では、大規模なプログラムの開発についても扱っています。本書と
ともに、さらに知識を深めてみてください。

Lesson

12

Lesson 12 ● 大規模なプログラムの開発

各種ツール

大規模なプログラムを作成する際には、各種ツール・環境を利用すると便利です。本書で利用したTomcatをはじめ、Javaにおいてよく利用されるツールとして以下のものがあげられます。

環境	内容
Eclipse	GUI開発環境を構築する
Tomcat	Webアプリケーションサーバーを構築する
Struts	Webアプリケーションフレームワーク
Ant	ビルド環境を構築する

12.4 レッスンのまとめ

この章では、次のようなことを学びました。

- プログラムを作成するには、仕様を定義します。
- プログラムを作成するには、外観を設計します。
- プログラムを作成するには、データ・機能を設計します。
- プログラムを作成するには、クラスを設計します。
- プログラムを作成するには、適切な処理を設計・記述します。
- プログラムの変更・拡張に対応できるようにすることがたいせつです。

　この章では大きなプログラムを作成する手順をみていきました。もちろん、プログラムの作成方法は1つに限られることはありません。臨機応変に対応することが必要です。しかし、プログラムを完成させるまでの手順を理解しておけば、大きなプログラムにも対応しやすくなります。目先の動作にとらわれず、変更・拡張にも対応できるプログラムを作成していくことができることでしょう。

Lesson
12

Appendix A

練習の解答

Appendix A ● 練習の解答

Lesson 1 はじめの一歩

1.

```java
public class SampleP1
{
   public static void main(String[] args)
   {
      System.out.println("こんにちは ");
      System.out.println("さようなら ");
   }
}
```

2.

```java
import javafx.application.*;
import javafx.stage.*;
import javafx.scene.*;
import javafx.scene.control.*;
import javafx.scene.layout.*;

public class SampleP2 extends Application
{
   public static void main(String[] args)
   {
      launch(args);
   }
   public void start(Stage stage)throws Exception
   {
      BorderPane bp = new BorderPane();

      Scene sc = new Scene(bp, 300, 200);

      stage.setScene(sc);
      stage.setTitle("こんにちは ");
      stage.show();
   }
}
```

Lesson 2 クラスライブラリ

省略

384

Lesson 3 GUIの基本

1.

```
import javafx.application.*;
import javafx.stage.*;
import javafx.scene.*;
import javafx.scene.control.*;
import javafx.scene.layout.*;
import javafx.event.*;

public class SampleP1 extends Application
{
    private Label lb;
    private Button bt;

    public static void main(String[] args)
    {
        launch(args);
    }
    public void start(Stage stage)throws Exception
    {
        //コントロールの作成
        lb = new Label("いらっしゃいませ。");
        bt = new Button("購入");

        //ペインの作成
        BorderPane bp = new BorderPane();

        //ペインへの追加
        bp.setTop(lb);
        bp.setCenter(bt);

        //イベントハンドラの登録
        bt.setOnAction(new SampleEventHandler());

        //シーンの作成
        Scene sc = new Scene(bp, 300, 200);

        //ステージへの追加
        stage.setScene(sc);

        //ステージの表示
        stage.setTitle("サンプル");
        stage.show();
    }
```

Appendix A ● 練習の解答

```
    // イベントハンドラクラス
    class SampleEventHandler implements
        EventHandler<ActionEvent>
    {
        public void handle(ActionEvent e)
        {
            bt.setText("Thanks!");
        }
    }
}
```

2.

```
import javafx.application.*;
import javafx.stage.*;
import javafx.scene.*;
import javafx.scene.control.*;
import javafx.scene.layout.*;
import javafx.scene.input.*;
import javafx.event.*;

public class SampleP2 extends Application
{
    private Button bt;

    public static void main(String[] args)
    {
        launch(args);
    }
    public void start(Stage stage)throws Exception
    {
        // コントロールの作成
        bt = new Button("ようこそ。");

        // ペインの作成
        BorderPane bp = new BorderPane();

        // ペインへの追加
        bp.setCenter(bt);

        // イベントハンドラの登録
        bt.addEventHandler(MouseEvent.MOUSE_ENTERED,
                new SampleEventHandler());
        bt.addEventHandler(MouseEvent.MOUSE_EXITED,
                new SampleEventHandler());
```

```
        //シーンの作成
        Scene sc = new Scene(bp, 300, 200);

        //ステージへの追加
        stage.setScene(sc);

        //ステージの表示
        stage.setTitle("サンプル");
        stage.show();
    }

    //イベントハンドラクラス
    class SampleEventHandler implements
        EventHandler<MouseEvent>
    {
        public void handle(MouseEvent e)
        {
            if(e.getEventType() == MouseEvent.MOUSE_ENTERED){
                bt.setText("いらっしゃいませ。");
            }
            else if(e.getEventType() ==
                        MouseEvent.MOUSE_EXITED){
                bt.setText("ようこそ。");
            }
        }
    }
}
```

3.

```
import javafx.application.*;
import javafx.stage.*;
import javafx.scene.*;
import javafx.scene.control.*;
import javafx.scene.layout.*;
import javafx.scene.input.*;
import javafx.event.*;

public class SampleP3 extends Application
{
    private Label lb1, lb2;

    public static void main(String[] args)
    {
        launch(args);
    }
```

Appendix A ● 練習の解答

```
    public void start(Stage stage)throws Exception
    {
        //コントロールの作成
        lb1 = new Label("キーを押してください。");
        lb2 = new Label();

        //ペインの作成
        BorderPane bp = new BorderPane();

        //ペインへの追加
        bp.setTop(lb1);
        bp.setBottom(lb2);

        //シーンの作成
        Scene sc = new Scene(bp, 300, 200);

        //イベントハンドラの登録
        sc.setOnKeyPressed(new SampleEventHandler());

        //ステージへの追加
        stage.setScene(sc);

        //ステージの表示
        stage.setTitle("サンプル");
        stage.show();
    }
    //イベントハンドラクラス
    class SampleEventHandler implements EventHandler<KeyEvent>
    {
        public void handle(KeyEvent e)
        {
            KeyCode k = e.getCode();
            lb2.setText(k.toString() + "ですね。");
        }
    }
}
```

Lesson 4　コントロールの応用

1.

```
import javafx.application.*;
import javafx.stage.*;
import javafx.scene.*;
import javafx.scene.control.*;
```

388

```java
import javafx.scene.layout.*;
import javafx.scene.paint.*;
import javafx.scene.input.*;
import javafx.event.*;
import javafx.geometry.*;

public class SampleP1 extends Application
{
    private Label lb;
    private RadioButton rb1, rb2, rb3, tmp;
    private ToggleGroup tg;

    public static void main(String[] args)
    {
        launch(args);
    }
    public void start(Stage stage)throws Exception
    {
        //コントロールの作成
        lb  = new Label("いらっしゃいませ。");
        rb1 = new RadioButton("黄");
        rb2 = new RadioButton("赤");
        rb3 = new RadioButton("青");
        tg  = new ToggleGroup();

        //トグルグループへの追加
        rb1.setToggleGroup(tg);
        rb2.setToggleGroup(tg);
        rb3.setToggleGroup(tg);

        rb1.setSelected(true);
        lb.setBackground(new Background
                    (new BackgroundFill(Color.YELLOW,
                                              null, null)));

        //ペインの作成
        BorderPane bp = new BorderPane();
        HBox hb = new HBox();

        //ペインへの追加
        hb.getChildren().add(rb1);
        hb.getChildren().add(rb2);
        hb.getChildren().add(rb3);
        hb.setAlignment(Pos.CENTER);

        bp.setTop(lb);
```

Appendix A ● 練習の解答

```
      bp.setCenter(hb);

      // イベントハンドラの登録
      rb1.setOnAction(new SampleEventHandler());
      rb2.setOnAction(new SampleEventHandler());
      rb3.setOnAction(new SampleEventHandler());

      // シーンの作成
      Scene sc = new Scene(bp, 300, 200);

      // ステージへの追加
      stage.setScene(sc);

      // ステージの表示
      stage.setTitle("サンプル");
      stage.show();
   }

   // イベントハンドラクラス
   class SampleEventHandler implements
      EventHandler<ActionEvent>
   {
      public void handle(ActionEvent e)
      {
         RadioButton tmp = (RadioButton) e.getSource();
         if(tmp == rb1)
            lb.setBackground(new Background
                              (new BackgroundFill(
                                 Color.YELLOW, null, null)));
         else if(tmp == rb2)
            lb.setBackground(new Background
                              (new BackgroundFill(
                                 Color.RED, null, null)));
         else if(tmp == rb3)
            lb.setBackground(new Background
                              (new BackgroundFill(
                                 Color.BLUE, null, null)));
      }
   }
}
```

2.

```
import javafx.application.*;
import javafx.stage.*;
import javafx.scene.*;
```

```java
import javafx.scene.control.*;
import javafx.scene.layout.*;
import javafx.scene.input.*;
import javafx.event.*;
import javafx.scene.image.*;

public class SampleP2 extends Application
{
    private Label lb;
    private CheckBox ch;
    private Image im;
    private ImageView iv;

    public static void main(String[] args)
    {
        launch(args);
    }
    public void start(Stage stage)throws Exception
    {
        //コントロールの作成
        lb = new Label("車です。");
        ch = new CheckBox("画像の表示");

        im = new Image(getClass().getResourceAsStream(
                                  "car.jpg"));
        iv = new ImageView(im);

        //ペインの作成
        BorderPane bp = new BorderPane();

        //ペインへの追加
        bp.setCenter(lb);
        bp.setBottom(ch);

        //イベントハンドラの登録
        ch.setOnAction(new SampleEventHandler());

        //シーンの作成
        Scene sc = new Scene(bp, 300, 200);

        //ステージへの追加
        stage.setScene(sc);

        //ステージの表示
        stage.setTitle("サンプル");
        stage.show();
```

Appendix A ● 練習の解答

```
   }
   // イベントハンドラクラス
   class SampleEventHandler implements
      EventHandler<ActionEvent>
   {
      public void handle(ActionEvent e)
      {
         CheckBox tmp = (CheckBox)e.getSource();
         if(tmp.isSelected() == true){
            lb.setGraphic(iv);
         }
         else if(tmp.isSelected() == false){
            lb.setGraphic(null);;
         }
      }
   }
}
```

3.

```
import javafx.application.*;
import javafx.stage.*;
import javafx.scene.*;
import javafx.scene.control.*;
import javafx.scene.layout.*;
import javafx.scene.input.*;
import javafx.scene.text.*;
import javafx.event.*;
import javafx.geometry.*;

public class SampleP3 extends Application
{
   private Label lb;
   private RadioButton rb1, rb2, rb3;
   private ToggleGroup tg;

   public static void main(String[] args)
   {
      launch(args);
   }
   public void start(Stage stage)throws Exception
   {
      // コントロールの作成
      lb  = new Label("Hello!");
      lb.setFont(Font.font("Serif", FontWeight.NORMAL, 24));
      rb1 = new RadioButton("普通");
```

Appendix A ● 練習の解答

```java
        rb2 = new RadioButton("太字");
        rb3 = new RadioButton("イタリック");
        tg  = new ToggleGroup();

        //トグルグループへの追加
        rb1.setToggleGroup(tg);
        rb2.setToggleGroup(tg);
        rb3.setToggleGroup(tg);

        rb1.setSelected(true);

        //ペインの作成
        BorderPane bp = new BorderPane();
        HBox hb = new HBox();

        //ペインへの追加
        hb.getChildren().add(rb1);
        hb.getChildren().add(rb2);
        hb.getChildren().add(rb3);
        hb.setAlignment(Pos.CENTER);

        bp.setTop(lb);
        bp.setCenter(hb);

        //イベントハンドラの登録
        rb1.setOnAction(new SampleEventHandler());
        rb2.setOnAction(new SampleEventHandler());
        rb3.setOnAction(new SampleEventHandler());

        //シーンの作成
        Scene sc = new Scene(bp, 300, 200);

        //ステージへの追加
        stage.setScene(sc);

        //ステージの表示
        stage.setTitle("サンプル");
        stage.show();
    }

//イベントハンドラクラス
class SampleEventHandler implements
    EventHandler<ActionEvent>
{
    public void handle(ActionEvent e)
    {
```

App
A

Appendix A ● 練習の解答

```
        RadioButton tmp = (RadioButton) e.getSource();
        if(tmp == rb1)
           lb.setFont(Font.font("Serif", FontWeight.NORMAL,
                                   24));
        else if(tmp == rb2)
           lb.setFont(Font.font("Serif", FontWeight.BOLD,
                                    24));
        else if(tmp == rb3)
           lb.setFont(Font.font("Serif", FontPosture.ITALIC,
                                    24));
     }
   }
}
```

Lesson 5 コントロールの活用

1.

```
import java.time.*;
import java.time.format.*;
import javafx.application.*;
import javafx.stage.*;
import javafx.scene.*;
import javafx.scene.control.*;
import javafx.scene.layout.*;
import javafx.scene.input.*;
import javafx.event.*;
import javafx.collections.*;
import javafx.beans.value.*;

public class SampleP1 extends Application
{
   private Label lb;
   private ListView<String> lv;

   public static void main(String[] args)
   {
      launch(args);
   }
   public void start(Stage stage)throws Exception
   {
      //コントロールの作成
      lb = new Label("いらっしゃいませ。");
      lv = new ListView<String>();
```

```java
    //コントロールの設定
    ObservableList<String> ol
       = FXCollections.observableArrayList();

    DateTimeFormatter df
       = DateTimeFormatter.ofPattern("yyyy/MM/dd");
    LocalDateTime t = LocalDateTime.now();

    for(int i=0; i<50; i++){
       ol.add(df.format(t.plusDays(i)));
    }

    lv.setItems(ol);

    //ペインの作成
    BorderPane bp = new BorderPane();

    //ペインへの追加
    bp.setTop(lb);
    bp.setCenter(lv);

    //イベントハンドラの登録
    lv.getSelectionModel().selectedItemProperty().
       addListener(new SampleChangeListener());

    //シーンの作成
    Scene sc = new Scene(bp, 300, 200);

    //ステージへの追加
    stage.setScene(sc);

    //ステージの表示
    stage.setTitle("サンプル");
    stage.show();
}
//イベントハンドラクラス
class SampleChangeListener implements
   ChangeListener<String>
{
   public void changed(ObservableValue ob, String bs,
                       String as)
   {
      lb.setText(as + "ですね。");
   }
}
```

Appendix A ● 練習の解答

```
    }
```

2.

```
import javafx.application.*;
import javafx.stage.*;
import javafx.scene.*;
import javafx.scene.control.*;
import javafx.scene.layout.*;
import javafx.scene.input.*;
import javafx.event.*;

public class SampleP2 extends Application
{
    private Label lb;
    private Button bt;

    public static void main(String[] args)
    {
        launch(args);
    }
    public void start(Stage stage)throws Exception
    {
        //コントロールの作成
        lb = new Label("いらっしゃいませ。");
        bt = new Button("購入");

        //ペインの作成
        BorderPane bp = new BorderPane();

        //ペインへの追加
        bp.setTop(lb);
        bp.setCenter(bt);

        //イベントハンドラの登録
        bt.setOnAction(new SampleEventHandler());

        //シーンの作成
        Scene sc = new Scene(bp, 300, 200);

        //ステージへの追加
        stage.setScene(sc);

        //ステージの表示
        stage.setTitle("サンプル");
        stage.show();
```

Appendix A ● 練習の解答

```
   }
   //イベントハンドラクラス
   class SampleEventHandler implements
      EventHandler<ActionEvent>
   {
      public void handle(ActionEvent e)
      {
         Alert al = new Alert(Alert.AlertType.INFORMATION);
         al.setTitle("購入");
         al.getDialogPane().setHeaderText(
            "大変ありがとうございました。");
         al.show();
      }
   }
}
```

Lesson 6 サーブレット

1.

SampleP1.html

```
<!DOCTYPE html>
<html>
<head><title>サンプル</title></head>
<body><div style="text-align: center;">
<h2>ようこそ</h2>
<hr/>
お名前をどうぞ<br/>
<br/>
<form action="http://localhost:8080/YJKSample06/servlet/
SampleP1" method="GET">
<input type="text" name="name"/>
<input type="submit" value="送信"/>
</form>
</div></body>
</html>
```

SampleP1.java

```
import java.io.*;
import javax.servlet.*;
import javax.servlet.http.*;
```

397

Appendix A ● 練習の解答

```java
public class SampleP1 extends HttpServlet
{
    public void doGet(HttpServletRequest request,
                      HttpServletResponse response)
    throws ServletException
    {
        try{
            //フォームデータの取得
            String name = request.getParameter("name");

            //コンテンツタイプの設定
            response.setContentType
                ("text/html; charset=UTF-8");

            //HTML文書の書き出し
            PrintWriter pw = response.getWriter();
            if(name.length() != 0){
                pw.println("<!DOCTYPE html><html>¥n"
                + "<head><title>¥n" + name
                + "</title></head>¥n"
                + "<body><div style=¥"text-align: center;¥">¥n"
                + "<h2>ようこそ</h2>¥n"
                + name + "さん、いらっしゃいませ。<br/>¥n"
                + "</div></body>¥n"
                + "</html>¥n");
            }
            else{
                pw.println("<!DOCTYPE html><html>¥n"
                + "<head><title>エラー</title></head>¥n"
                + "<body><div style=¥"text-align: center;¥">¥n"
                + "<h2>エラー</h2>¥n"
                + "入力してください。<br/>¥n"
                + "</div></body>¥n"
                + "</html>¥n");
            }
        }
        catch(Exception e){
            e.printStackTrace();
        }
    }
}
```

Appendix A ● 練習の解答

2.

SampleP2.html

```
<!DOCTYPE html>
<html>
<head><title>サンプル</title></head>
<body><div style="text-align: center;">
<img src="car.jpg"/><br/>
<h2>ようこそ</h2>
<hr/>
お選びください。<br/>
<br/>
<form action="http://localhost:8080/YJKSample06/servlet/
SampleP2" method="GET">
<input type="text" name="cars"/>
<input type="submit" value="送信"/>
</form>
</div></body>
</html>
```

SampleP2.java

```
import java.io.*;
import javax.servlet.*;
import javax.servlet.http.*;

public class SampleP2 extends HttpServlet
{
    public void doGet(HttpServletRequest request,
                     HttpServletResponse response)
    throws ServletException
    {
        try{
            //フォームデータの取得
            String carname = request.getParameter("cars");

            //コンテンツタイプの設定
            response.setContentType
                ("text/html; charset=UTF-8");

            //HTML文書の書き出し
            PrintWriter pw = response.getWriter();
            if(carname.length() == 0){
                pw.println("<!DOCTYPE html><html>\n"
                    + "<head><title>エラー</title></head>\n"
```

Appendix A ● 練習の解答

```
        + "<body><div style=¥"text-align: center;¥">¥n"
        + "<h2>エラー</h2>¥n"
        + "入力してください。<br/>¥n"
        + "</div></body>¥n"
        + "</html>¥n");
    }
    else if(carname.equals("タクシー")){
    pw.println("<!DOCTYPE html><html>¥n"
        + "<head><title>¥n" + carname
        + "</title></head>¥n"
        + "<body><div style=¥"text-align: center;¥">¥n"
        + "<h2>¥n" +  carname + "</h2>¥n"
        + carname
        + "をお買い上げいただくことはできません。<br/>¥n"
        + "</div></body>¥n"
        + "</html>¥n");
    }
    else {
        pw.println("<!DOCTYPE html><html>¥n"
            + "<head><title>¥n" + carname
        + "</title></head>¥n"
        + "<body><div style=¥"text-align: center;¥">¥n"
        + "<h2>¥n" +  carname + "</h2>¥n"
        + carname
        + "のお買い上げありがとうございました。<br/>¥n"
        + "</div></body>¥n"
        + "</html>¥n");
    }
    }
    catch(Exception e){
        e.printStackTrace();
    }
  }
}
```

Lesson 7　JSP

1.

SampleP1.html

```
<!DOCTYPE html>
<html>
<head><title>サンプル</title></head>
<body><div style="text-align: center;">
```

400

```
<h2>ようこそ</h2>
<hr/>
お名前をどうぞ<br/>
<br/>
<form action="http://localhost:8080/YJCSample07/SampleP1.jsp"
 method="GET">
<input type="text" name="name"/>
<input type="submit" value="送信"/>
</form>
</div></body>
</html>
```

SampleP1.jsp

```
<%@ page contentType="text/html; charset=UTF-8" %>
<%
    String name = request.getParameter("name");
%>

<!DOCTYPE html>
<html>
<head>
<title><%= name %></title>
</head>
<body>
<div style="text-align: center;">
<h2>ようこそ</h2>
<%= name%>
さん、いらっしゃいませ。<br/>
</div>
</body>
</html>
```

2.

```
<%@ page contentType="text/html; charset=UTF-8" %>
<%@ page import="java.util.*" %>

<%!
    HttpSession hs;
    Integer cn;
    Date dt;
    String str1, str2;
%>
<%
```

Appendix A ● 練習の解答

```
    //セッションの取得
    hs = request.getSession(true);
    cn = (Integer) hs.getAttribute("count");
    dt = (Date) hs.getAttribute("date");

    //回数の設定
    if(cn == null){
    cn = new Integer(1);
        dt = new Date();
        str1 = "はじめてのおこしですね。";
        str2 = "";
    }
    else{
        cn = new Integer(cn.intValue() + 1);
        dt = new Date();
        str1 = cn + "回目のおこしですね。";
        str2 = "(前回：" + dt + ")";
    }

    //セッションの設定
    hs.setAttribute("count", cn);
    hs.setAttribute("date", dt);
%>

<!DOCTYPE html>
<html>
<head>
<title>サンプル</title>
</head>
<body>
<div style="text-align: center;">

<h2>ようこそ</h2>
<%= str1 %><br/>
<%= str2 %><br/>
お選びください。<br/>
<a href="car1.html">乗用車</a><br/>
<a href="car2.html">トラック</a><br/>
<a href="car3.html">オープンカー</a><br/>
</div>
</body>
</html>
```

402

Appendix A ● 練習の解答

3.

SampleP3.html

```
<!DOCTYPE html>
<html>
<head><title>サンプル</title></head>
<body><div style="text-align: center;">
<img src="car.jpg"/><br/>
<h2>ようこそ</h2>
<hr/>
お選びください。<br/>
<br/>
<form action="http://localhost:8080/YJKSample07/servlet/Sampl
eP3" method="GET">
<input type="text" name="cars"/>
<input type="submit" value="送信"/>
</form>
</div></body>
</html>
```

CarBean.java

```
package mybeans;
import java.io.*;

public class CarBean implements Serializable
{
    private String carname;
    private String cardata;

    public CarBean()
    {
        carname = null;
        cardata = null;
    }
    public void setCarname(String cn)
    {
        carname = cn;
    }
    public String getCardata()
    {
        return cardata;
    }
    public void makeCardata()
    {
```

403

Appendix A ● 練習の解答

```java
        cardata = "車種:" + carname;
    }
}
```

SampleP3.java

```java
import mybeans.*;
import javax.servlet.*;
import javax.servlet.http.*;

public class SampleP3 extends HttpServlet
{
    public void doGet(HttpServletRequest request,
        HttpServletResponse response) throws ServletException
    {
        try{
            //フォームデータの取得
            String carname = request.getParameter("cars");

            //Beanの作成
            CarBean cb = new CarBean();
            cb.setCarname(carname);
            cb.makeCardata();

            //リクエストに設定
            request.setAttribute("cb", cb);

            //サーブレットコンテキストの取得
            ServletContext sc = getServletContext();

            //リクエストの転送
            if(carname.length() == 0){
                sc.getRequestDispatcher("/error.html")
                    .forward(request, response);
            }
            else if(carname.equals("タクシー")){
                sc.getRequestDispatcher("/SampleP3T.jsp")
                    .forward(request, response);
            }
            else{
                sc.getRequestDispatcher("/SampleP3.jsp")
                    .forward(request, response);
            }
        }
        catch(Exception e){
```

Appendix A ● 練習の解答

```
        e.printStackTrace();
    }
  }
}
```

SampleP3.jsp

```
<%@ page contentType="text/html; charset=UTF-8" %>
<jsp:useBean id="cb" class="mybeans.CarBean"
scope="request"/>

<!DOCTYPE html>
<html>
<head>
<title>サンプル</title>
</head>
<body>
<div style="text-align: center;">
<h2><jsp:getProperty name="cb" property="cardata"/>
</h2>
<jsp:getProperty name="cb" property="cardata"/>
のお買い上げありがとうございました。<br/>
</div>
</body>
</html>
```

SampleP3T.jsp

```
<%@ page contentType="text/html; charset=UTF-8" %>
<jsp:useBean id="cb" class="mybeans.CarBean"
scope="request"/>

<!DOCTYPE html>
<html>
<head>
<title>サンプル</title>
</head>
<body>
<div style="text-align: center;">
<h2>おわび</h2>
<jsp:getProperty name="cb" property="cardata"/>
をお買い上げいただくことはできません。<br/>
</div>
</body>
</html>
```

Appendix A ● 練習の解答

Lesson 8 JDBC

1.

```java
import java.sql.*;

public class SampleP1
{
   public static void main(String[] args)
   {
      try{
         //接続の準備
         String url = "jdbc:derby:fooddb;create=true";
         String usr = "";
         String pw = "";

         //データベースへの接続
         Connection cn
            = DriverManager.getConnection(url, usr, pw);

         //問い合わせの準備
         DatabaseMetaData dm = cn.getMetaData();
         ResultSet tb
            = dm.getTables(null, null, "果物表", null);

         Statement st = cn.createStatement();

         String qry1 = "CREATE TABLE 果物表(番号 int,
            名前 varchar(50), 取扱店 varchar(50))";
         String[] qry2 = {
            "INSERT INTO 果物表 VALUES (1,'みかん','青山商店')",
            "INSERT INTO 果物表 VALUES (2,'りんご','東京市場')",
            "INSERT INTO 果物表 VALUES (3,'バナナ','鈴木貨物')",
            "INSERT INTO 果物表 VALUES (4,'いちご','東京市場')",
            "INSERT INTO 果物表 VALUES (5,'なし','青山商店')",
            "INSERT INTO 果物表 VALUES (6,'栗','横浜デパート')",
            "INSERT INTO 果物表 VALUES (7,'モモ','横浜デパート')",
            "INSERT INTO 果物表 VALUES (8,'びわ','佐藤商店')",
            "INSERT INTO 果物表 VALUES (9,'柿','青山商店')",
            "INSERT INTO 果物表 VALUES (10,'スイカ','東京市場')"};
         String qry3 = "SELECT * FROM 果物表";

         if(!tb.next()){
            st.executeUpdate(qry1);
            for(int i=0; i<qry2.length; i++){
               st.executeUpdate(qry2[i]);
            }
```

```
            }

            //問い合わせ
            ResultSet rs = st.executeQuery(qry3);

            //データの取得
            ResultSetMetaData rm = rs.getMetaData();
            int cnum = rm.getColumnCount();
            while(rs.next()){
               for(int i=1; i<=cnum; i++){
                   System.out.print(rm.getColumnName(i) +  ":"+
                                    rs.getObject(i) + "   ");
               }
               System.out.println("");
            }

            //接続のクローズ
            rs.close();
            st.close();
            cn.close();
         }
         catch(Exception e){
            e.printStackTrace();
         }
      }
   }
```

2.

```
import java.sql.*;

public class SampleP2
{
   public static void main(String[] args)
   {
      if(args.length != 3){
         System.out.println("パラメータの数が違います。");
         System.exit(1);
      }

      try{
         //接続の準備
         String url = "jdbc:derby:fooddb;create=true";
         String usr = "";
         String pw = "";
```

Appendix A ● 練習の解答

```java
        //データベースへの接続
        Connection cn =
            DriverManager.getConnection(url, usr, pw);

        //問い合わせの準備
        Statement st = cn.createStatement();
        String qry1 = "INSERT INTO 果物表 VALUES ("
            + args[0] + ", '"
            + args[1] + "','"
            + args[2] + "')";
        String qry2 = "SELECT * FROM 果物表";

        //問い合わせ
        st.executeUpdate(qry1);
        ResultSet rs = st.executeQuery(qry2);

        //データの取得
        ResultSetMetaData rm = rs.getMetaData();
        int cnum = rm.getColumnCount();

        while(rs.next()){
            for(int i=1; i<=cnum; i++){
                System.out.print(rm.getColumnName(i) +   ":"
                    + rs.getObject(i) + "   ");
            }
            System.out.println("");
        }

        //接続のクローズ
        rs.close();
        st.close();
        cn.close();
    }
    catch(Exception e){
        e.printStackTrace();
    }
    }
}
```

Lesson 9　ファイル操作

1. ① ×　　② ○　　③ ×

2.

```
import java.io.*;
import javafx.application.*;
import javafx.stage.*;
import javafx.scene.*;
import javafx.scene.control.*;
import javafx.scene.layout.*;
import javafx.scene.input.*;
import javafx.event.*;

public class SampleP2 extends Application
{
    private Label lb;
    private TextArea ta;
    private Button bt1, bt2;

    public static void main(String[] args)
    {
        launch(args);
    }
    public void start(Stage stage)throws Exception
    {
        //コントロールの作成
        lb = new Label("ファイルを選択してください。");
        ta = new TextArea();
        bt1 = new Button("読込");
        bt2 = new Button("保存");

        //ペインの作成
        BorderPane bp = new BorderPane();
        HBox hb = new HBox();

        //ペインへの追加
        hb.getChildren().add(bt1);
        hb.getChildren().add(bt2);

        bp.setTop(lb);
        bp.setCenter(ta);
        bp.setBottom(hb);

        //イベントハンドラの登録
        bt1.setOnAction(new SampleEventHandler());
        bt2.setOnAction(new SampleEventHandler());

        //シーンの作成
        Scene sc = new Scene(bp, 300, 200);
```

Appendix A ● 練習の解答

```java
    // ステージへの追加
    stage.setScene(sc);

    // ステージの表示
    stage.setTitle("サンプル");
    stage.show();
}

// イベントハンドラクラス
class SampleEventHandler implements
    EventHandler<ActionEvent>
{
    public void handle(ActionEvent e)
    {
        FileChooser fc = new FileChooser();
        fc.getExtensionFilters().
            add(new FileChooser.ExtensionFilter(
                "javaファイル", "*.java"));
        if(e.getSource() == bt1){
            try{
                File flo = fc.showOpenDialog(new Stage());
                if(flo != null){
                    BufferedReader br =
                        new BufferedReader(new FileReader(flo));
                    StringBuffer sb = new StringBuffer();
                    String str = null;
                    while((str = br.readLine()) != null){
                        sb.append(str + "¥n");
                    }
                    ta.setText(sb.toString());
                    br.close();
                }
            }
            catch(Exception ex){
                ex.printStackTrace();
            }
        }
        else if(e.getSource() == bt2){
            try{
                File fls = fc.showSaveDialog(new Stage());
                if(fls != null){
                    BufferedWriter bw =
                        new BufferedWriter(new FileWriter(fls));
                    String str = ta.getText();
                    bw.write(str);
```

```
                bw.close();
            }
        }
        catch(Exception ex){
            ex.printStackTrace();
        }
    }
  }
}
```

Lesson 10 XML

1.

```
import java.io.*;
import javax.xml.parsers.*;
import javax.xml.transform.*;
import javax.xml.transform.stream.*;
import javax.xml.transform.dom.*;
import org.w3c.dom.*;

public class SampleP1
{
   public static void main(String[] args) throws Exception
   {
      //DOMの準備をする
      DocumentBuilderFactory dbf
         = DocumentBuilderFactory.newInstance();
      DocumentBuilder db
         = dbf.newDocumentBuilder();

      //文書を読み込む
      Document doc
         = db.parse(new FileInputStream("Sample.xml"));

      //文書を新規作成する
      Document doc2 = db.newDocument();

      //ルート要素を追加する
      Element root = doc2.createElement("車");
      doc2.appendChild(root);

      //要素を取り出す
```

Appendix A ● 練習の解答

```
        NodeList lst = doc.getElementsByTagName("price");

        for(int i=0; i<lst.getLength(); i++){
           Node n = lst.item(i);
           for(Node ch = n.getFirstChild();
                     ch != null;
                     ch = ch.getNextSibling()){

               Element elm = doc2.createElement("価格");
               Text txt = doc2.createTextNode(ch.getNodeValue());
               elm.appendChild(txt);
               root.appendChild(elm);
           }
        }

        //文書を書き出す
        TransformerFactory tff
           = TransformerFactory.newInstance();
        Transformer tf
           = tff.newTransformer();
        tf.setOutputProperty(OutputKeys.ENCODING, "UTF-8");
        tf.transform(new DOMSource(doc2),
                     new StreamResult("result.xml"));
        System.out.println("result.xmlに出力しました。");
    }
}
```

2.

```
import java.io.*;
import javax.xml.parsers.*;
import javax.xml.transform.*;
import javax.xml.transform.stream.*;
import javax.xml.transform.dom.*;
import org.w3c.dom.*;

public class SampleP2
{
   public static void main(String[] args) throws Exception
   {
      //DOMの準備をする
      DocumentBuilderFactory dbf
         = DocumentBuilderFactory.newInstance();
      DocumentBuilder db
         = dbf.newDocumentBuilder();
```

Appendix A ● 練習の解答

```
    //文書を新規作成する
    Document doc = db.newDocument();

    //ルート要素を追加する
    Element root = doc.createElement("果物リスト");
    doc.appendChild(root);

    //要素を追加する
    Element fruit = doc.createElement("果物");
    root.appendChild(fruit);

    Element elm1 = doc.createElement("名前");
    Text txt1 = doc.createTextNode("みかん");
    elm1.appendChild(txt1);
    fruit.appendChild(elm1);

    Element elm2 = doc.createElement("仕入先");
    Text txt2 = doc.createTextNode("青山商店");
    elm2.appendChild(txt2);
    fruit.appendChild(elm2);

    //文書を書き出す
    TransformerFactory tff
       = TransformerFactory.newInstance();
    Transformer tf
       = tff.newTransformer();
    tf.setOutputProperty(OutputKeys.ENCODING, "UTF-8");
    tf.transform(new DOMSource(doc), new
       StreamResult("result.xml"));
    System.out.println("result.xmlに出力しました。");
  }
}
```

Lesson 11 ネットワーク

1. ① ×　　② ○　　③ ×

2.

```
import java.io.*;
import java.net.*;

public class SamplePS
{
   public static void main(String[] args)
```

Appendix A ● 練習の解答

```
    {
        SamplePS sm = new SamplePS();

        if(args.length != 1){
            System.out.println("パラメータの数が違います。");
            System.exit(1);
        }

        try{
            ServerSocket ss =
                new ServerSocket(Integer.parseInt(args[0]));

            System.out.println("待機します。");
            while(true){
                Socket sc = ss.accept();
                System.out.println("ようこそ。");

                PrintWriter pw
                    = new PrintWriter
                        (new BufferedWriter
                            (new OutputStreamWriter
                                (sc.getOutputStream())));
                pw.println("こちらはサーバです。");
                pw.flush();
                pw.close();

                sc.close();
            }
        }
        catch(Exception e){
            e.printStackTrace();
        }
    }
}
```

3.

```
import java.io.*;
import java.net.*;
import javafx.application.*;
import javafx.stage.*;
import javafx.scene.*;
import javafx.scene.control.*;
import javafx.scene.layout.*;
import javafx.scene.input.*;
import javafx.event.*;
```

Appendix A ● 練習の解答

```java
public class SamplePC extends Application
{
    private Label lb1, lb2;
    private TextField tf1, tf2;
    private TextArea ta;
    private Button bt;

    public static void main(String[] args)
    {
        launch(args);
    }
    public void start(Stage stage)throws Exception
    {
        try{
            //コントロールの作成
            lb1 = new Label("ホスト");
            lb2 = new Label("ポート");
            tf1 = new TextField();
            tf2 = new TextField();
            ta = new TextArea();
            bt = new Button("接続");

            //ペインの作成
            GridPane gp = new GridPane();
            BorderPane bp = new BorderPane();

            //ペインへの追加
            gp.add(lb1, 0, 0);
            gp.add(lb2, 0, 1);
            gp.add(tf1, 1, 0);
            gp.add(tf2, 1, 1);
            bp.setTop(gp);
            bp.setCenter(ta);
            bp.setBottom(bt);

            //イベントハンドラの登録
            bt.setOnAction(new SampleEventHandler());

            //シーンの作成
            Scene sc = new Scene(bp, 300, 200);

            //ステージへの追加
            stage.setScene(sc);

            //ステージの表示
```

App
A

Appendix A ● 練習の解答

```
            stage.setTitle("サンプル");
            stage.show();
        }
        catch(Exception e){
            e.printStackTrace();
        }
    }

    // イベントハンドラクラス
    class SampleEventHandler implements
        EventHandler<ActionEvent>
    {
        public void handle(ActionEvent e)
        {
            try{
                InetAddress ia =
                    InetAddress.getByName(tf1.getText());
                String host = ia.getHostName();
                int port = Integer.parseInt(tf2.getText());

                Socket sc = new Socket(host, port);
                BufferedReader  br = new BufferedReader
                    (new InputStreamReader
                        (sc.getInputStream()));
                String str = br.readLine();
                ta.setText(str);
                br.close();
                sc.close();
            }
            catch(Exception ex){
                ex.printStackTrace();
            }
        }
    }
}
```

Appendix B

Quick Reference

リソース

- OpenJDKダウンロード
  https://jdk.java.net/
- JDKドキュメント（標準クラスライブラリ関連）
  https://docs.oracle.com/javase/jp/11/docs/api/
- OpenJFXダウンロード
  https://openjfx.io/
- JavaFXドキュメント（JavaFX関連）
  https://openjfx.io/javadoc/11/
- Apache Derby（データベース関連）
  https://db.apache.org/derby/
- Apache Tomcat（Webサーバー関連）
  https://tomcat.apache.org/
- Servletドキュメント（サーブレット関連）
  https://tomcat.apache.org/tomcat-9.0-doc/servletapi/

主なクラスライブラリ

主なクラスライブラリ

クラス	説明
javafx.stage.Stageクラス	
void setScene(Scene value)	ステージにシーンを設定する
void setTitle(String value)	ステージのタイトルを設定する
void show()	ステージをウィンドウとして表示する
javafx.scene.Sceneクラス	
Scene(Parent root, double width, double height)	サイズを指定してシーンを作成する
javafx.scene.input.KeyEventクラス	
KeyCode getCode()	キーのコードを取得する
javafx.scene.layout.Paneクラス	
ObservableList<Node> getChildren()	子のリストを取得する

Appendix B ● Quick Reference

クラス	説明
javafx.scene.layout.BorderPaneクラス	
BorderPane()	ボーダーペインを作成する
void setTop(Node value)	上に配置する
void setBottom(Node value)	下に配置する
void setCenter(Node value)	中央に配置する
void setLeft(Node value)	左に配置する
void setRight(Node value)	右に配置する
static void setAlignment(Node child, Pos value)	コントロールの位置を設定する
javafx.scene.layout.FlowPaneクラス	
FlowPane()	フローペインを作成する
javafx.scene.layout.GridPaneクラス	
GridPane()	グリッドペインを作成する
void add(Node child, int columnIndex, int rowIndex)	列番号と行番号を指定して配置する
javafx.scene.layout.HBoxクラス	
HBox()	水平のレイアウトを作成する
javafx.scene.layout.VBoxクラス	
VBox()	垂直のレイアウトを作成する
javafx.scene.control.Labeledクラス	
void setFont(Font value)	テキストのフォントを設定する
javafx.scene.text.Fontクラス	
static Font font(String family, FontPosture posture, double size)	ファミリー名・かたち・サイズからフォントを取得する
static Font font(String family, FontWeight weight, double size)	ファミリー名・太さ・サイズからフォントを取得する
javafx.scene.control.Labeledクラス	
void setGraphic(Node value)	ラベルのアイコンを設定する
void setContentDisplay(ContentDisplay value)	アイコンの位置を設定する
javafx.scene.layout.Regionクラス	
void setBackground(Background value)	背景を設定する
javafx.scene.layout.Backgroundクラス	
Background(BackgroundFill... fills)	背景塗りつぶしを指定して背景を作成する
Background(BackgroundImage... images)	背景イメージを指定して背景を作成する

App
B

Appendix B ● Quick Reference

クラス	説明
javafx.scene.layout.BackgroundFillクラス	
BackgroundFill(Paint fill, CornerRadii radii, Insets insets)	背景塗りつぶしを作成する
javafx.scene.layout.BackgroundImageクラス	
BackgroundImage(Image image, BackgroundRepeat repeatX, BackgroundRepeat repeatY, BackgroundPosition position, BackgroundSize size)	背景イメージを作成する
javafx.scene.Nodeクラス	
void setDisabled(boolean value)	無効にする
javafx.scene.control.CheckBoxクラス	
CheckBox(String text)	指定したテキストをもつチェックボックスを作成する
boolean isSelected()	チェックボックスの選択状態を取得する
javafx.scene.control.RadioButtonクラス	
RadioButton(String text)	指定したテキストをもつラジオボタンを作成する
void setSelected(boolean value)	選択状態を設定する
javafx.scene.control.ToggleGroupクラス	
ToggleGroup()	トグルグループを作成する
javafx.scene.control.TextFieldクラス	
TextField()	テキストフィールドを作成する
javafx.scene.control.ComboBox\<T\>クラス	
ComboBox()	コンボボックスを作成する
javafx.collections.FXCollectionsクラス	
static \<E\> ObservableList\<E\> observableArrayList(E... items)	対象となる配列を要素を指定して作成する
javafx.scene.control.ListView\<T\>クラス	
ListView()	リストビューを作成する
MultipleSelectionModel\<T\> getSelectionModel()	モデルを取得する
javafx.scene.control.SelectionModel\<T\>クラス	
ReadOnlyObjectProperty\<T\> selectedItemProperty()	選択項目を取得する
javafx.scene.control.TableView\<S\>クラス	
TableView()	テーブルビューを作成する

420

Appendix B ● Quick Reference

クラス	説明
ObservableList<TableColumn<S,?>> getColumns()	列リストを取得する
javafx.scene.control.TableColumn<S,T>クラス	
TableColumn(String text)	テーブルの列を作成する
void setCellValueFactory(Callback<TableColumn.CellDataFeatures<S,T>,ObservableValue<T>> value)	セル値を生成するクラスを設定する
javafx.scene.control.cell.PropertyValueFactory<S,T>クラス	
PropertyValueFactory(String property)	プロパティ値を生成するクラスを作成する
javafx.scene.control.MenuBarクラス	
MenuBar()	メニューバーを作成する
ObservableList<Menu> getMenus()	メニューバー内のメニューを取得する
javafx.scene.control.Menuクラス	
Menu(String text)	指定されたテキストをもつメニューを作成する
ObservableList<MenuItem> getItems()	メニュー内のメニューアイテムを取得する
javafx.scene.control.MenuItemクラス	
MenuItem(String text)	指定されたテキストをもつメニューアイテムを作成する
javafx.scene.control.SeparatorMenuItemクラス	
SeparatorMenuItem()	セパレータメニューアイテムを作成する
javafx.scene.control.ToolBarクラス	
ToolBar()	ツールバーを作成する
ObservableList<Node> getItems()	ツールバーの項目を取得する
javafx.scene.control.Separatorクラス	
Separator()	セパレータ線を作成する
javafx.scene.control.Tooltipクラス	
Tooltip(String text)	ツールチップを作成する
javafx.scene.control.Alertクラス	
public Alert(Alert.AlertType alertType)	アラートを作成する
javafx.scene.control.Dialog<R>クラス	
void setTitle(String title)	タイトルを設定する
DialogPane getDialogPane()	ダイアログペインを取得する
void show()	ダイアログを表示する
javafx.scene.control.DialogPaneクラス	
void setHeaderText(String headerText)	ヘッダテキストを設定する

Appendix B ● Quick Reference

クラス	説明
void show()	ダイアログを表示する
javafx.scene.control.Dialog<R>クラス	
Optional<R> showAndWait()	ダイアログを表示し、回答を取得する
java.util.Optional<T>クラス	
T get()	選択値を取得する
javafx.scene.canvas.Canvasクラス	
Canvas(double width, double height)	サイズを指定してキャンバスを作成する
GraphicsContext getGraphicsContext2D()	グラフィックコンテキストを取得する
javafx.scene.canvas.GraphicsContextクラス	
void setFill(Paint p)	塗りつぶしを設定する
void fillOval(double x, double y, double w, double h)	楕円を描画する
javafx.stage.FileChooserクラス	
FileChooser()	ファイルチューザを作成する
File showOpenDialog(Window ownerWindow)	ファイルを開くダイアログボックスを表示する
javafx.scene.control.TextAreaクラス	
TextArea()	テキストエリアを作成する
javafx.stage.FileChooserクラス	
ObservableList<FileChooser. ExtensionFilter> getExtensionFilters()	拡張子フィルタを取得する
javafx.stage.FileChooser.ExtensionFilterクラス	
ExtensionFilter(String description, List<String> extensions)	拡張子フィルタを作成する
javafx.scene.control.TitledPaneクラス	
TitledPane(String title, Node content)	タイトルと内容を指定してタイトルペインを作成する
javafx.scene.control.Accordionクラス	
Accordion()	アコーディオンを作成する
ObservableList<TitledPane> getPanes()	アコーディオンのタイトルペインを取得する
javafx.scene.control.TextInputControlクラス	
void selectRange(int anchor, int caretPosition)	範囲を選択する
void home()	先頭に移動する
javafx.scene.web.WebViewクラス	
WebView()	ウェブビューを作成する

Appendix B ● Quick Reference

クラス	説明
WebEngine getEngine()	ウェブエンジンを取得する
javafx.scene.web.WebEngineクラス	
void load(String url)	Webページを読み込む
javafx.scene.control.ColorPickerクラス	
ColorPicker()	カラーピッカーを作成する
java.time.LocalDateTimeクラス	
static LocalDateTime now()	現在の時刻を取得する
DayOfWeek getDayOfWeek()	曜日を取得する
LocalDateTime plusDays(long days)	日付を加算する
java.time.format.DateTimeFormatterクラス	
static DateTimeFormatter ofPattern(String pattern)	指定したパターンでフォーマッタを作成する
String format(TemporalAccessor temporal)	フォーマットする
java.util.regex.Patternクラス	
Pattern compile(String regex)	正規表現をパターンとして返す
Matcher matcher(CharSequence cs)	パターンとマッチする正規表現エンジンを得る
java.util.regex.Matcherクラス	
boolean replaceAll(String s)	指定文字列にすべて置換する
boolean find()	パターンを検索する
int start()	直前のパターンマッチ開始位置を得る
int end()	直前のパターンマッチ終了位置+1を得る
java.sql.DriverManagerクラス	
Connection getConnection (String url, String usr, String pwd)	データベースに接続する
java.sql.Connectionインターフェイス	
Statement createStatement()	SQL文を送るためのオブジェクトを作成する
DatabaseMetaData getMetaData()	データベース情報を取得する
java.sql.DatabaseMetaDataインターフェイス	
ResultSet getTables(String ct, String pt,Sting name,String[] type)	指定した表が存在するかを調べる
java.sql.Statementインターフェイス	
ResultSet executeQuery(String sql)	問い合わせを行うSQL文を実行する
ResultSet executeUpdate(String sql)	削除・更新・追加を行うSQL文を実行する

App
B

Appendix B ● Quick Reference

クラス	説明
java.sql.ResultSetインターフェイス	
Object getObject(int column)	列番号から列名を取得する
ResultSetMetaData getMetaData()	列の数や型などを取得する
Boolean next()	現在行を1行下に移動する
java.sql.ResultSetMetaDataインターフェイス	
String getColumnName(int column)	列番号から列名を取得する
javax.xml.parsers.DocumentBuilderFactoryクラス	
DocumentBuilderFactory newInstance()	DocumentBuilderFactoryのオブジェクトを取得する
DocumentBuilder newDocumentBuilder()	DocumentBuilderのオブジェクトを取得する
javax.xml.parsers.DocumentBuilderクラス	
Document parse(InputStream is)	構文解析を行う
Document newDocument()	新しいDocumentオブジェクトを返す
javax.xml.transform.TransformerFactoryクラス	
TransformerFactory newInstance()	TransformerFactoryの新しいオブジェクトを取得する
Transformer newTransformer()	Transformerオブジェクトを取得する
javax.xml.transform.Transformerクラス	
void setOutputProperty(String name, String value)	出力の設定を行う
void transform(Source xmlSource, Result outputTarget)	入力文書を結果文書に出力する
javax.xml.transform.dom.DOMSourceクラス	
DOMSource(Document doc)	入力文書を作成する
javax.xml.transform.stream.StreamResultクラス	
StreamResult(File f)	結果文書を作成する
javax.xml.transform.stream.StreamSourceクラス	
StreamSource(File f)	入力文書を作成する
java.util.StringTokenizerクラス	
StringTokenizer(String str, String delim)	文字列を区切り文字で区切る
boolean hasMoreTokens()	トークンがあるか調べる
String nextToken()	次のトークンを返す
org.w3c.dom.Documentインターフェイス	
Element getDocumentElement()	ルート要素を返す

Appendix B • Quick Reference

クラス	説明
NodeList getElementsByTagName (String tagname)	要素名からノードの集合を返す
Element createElement(String tagname)	要素名から要素ノードを作成する
Text createTextNode(String data)	指定したデータからテキストノードを作成する

org.w3c.dom.Nodeインターフェイス

Node appendChild(Node newChild)	ノードに子を追加する
Node getFirstChild()	ノードの最初の子を取得する
Node getNextSibling()	次の子を取得する
short getNodeType()	ノードの型を返す
String getNodeValue()	ノードの値を返す
String getNodeName()	ノードの名前を返す
NodeList getChildNodes()	ノードの子リストを返す

org.w3c.dom.NodeListインターフェイス

int getLength()	ノード数を返す
Node item(int i)	指定位置の項目を返す

java.io.Fileクラス

File(String pathname)	パス名を指定してFileオブジェクトを作成する
String getName()	ファイル・ディレクトリ名を返す
String getAbsolutePath()	絶対パス名を返す
long length()	ファイルのバイト数を返す
boolean renameTo(File dest)	指定したファイル名に変更する
boolean isDirectory()	ファイルがディレクトリかどうか返す
File[] listFiles(FilenameFilter fn)	ファイル名で絞り込んだファイルのリストを得る

java.io.FilenameFilterインターフェイス

boolean accept(File f, String n)	ファイル名をファイルリストに加えるか調べる

java.io.FileFilterインターフェイス

boolean accept(File pathname)	パス名をファイルリストに追加する

java.io.FileInputStreamクラス

FileInputStream(File file)	ファイルから入力するストリームを作成する

java.io.BufferedInputStreamクラス

BufferedInputStream(InputStream in)	バッファつき入力ストリームを作成する

App
B

Appendix B ● Quick Reference

クラス	説明
int read()	バイト単位で読み込む
java.io.FileOutputStreamクラス	
FileOutputStream(File file)	ファイルに出力するストリームを作成する
java.io.BufferedOutputStreamクラス	
BufferedOutputStream(OutputStream out)	バッファつき入力ストリームを作成する
void write(int b)	バイトを書き込む
java.io.RandomAccessFileクラス	
RandomAccessFile(File file, String mode)	ランダムアクセスを行うストリームを作成する
void seek(long pos)	現在位置を移動する
int read()	バイトを読み込む
java.net.InetAddressクラス	
InetAdreess getLocalHost()	実行中のマシンのインターネットアドレスを返す
String getHostName()	ホスト名を返す
String getHostAddress()	ホストアドレスを返す
InetAddress getByName(String host)	指定された名前からインターネットアドレスを得る
java.net.ServerSocketクラス	
ServerSocket(int port)	ポート上にサーバーソケットを作成する
Socket accept()	クライアントからの接続要求を受ける
java.net.Socketクラス	
Socket(InetAddress address, int port)	ソケットを作成し、指定ポートに接続する
OutputStream getOutputStream()	ソケットの出力ストリームを返す
InputStream getInputStream()	ソケットの入力ストリームを返す

拡張クラスライブラリ

クラス	説明
javax.servlet.http.HttpServletRequestインターフェイス	
HttpSession getSession(boolean create)	現在のリクエストに関連づけられたセッションを取得する
javax.servlet.ServletRequestインターフェイス	
String getParameter(String name)	「名前」からフォーム上の「値」を得る
javax.servlet.ServletResponseインターフェイス	
void setContentType(String type)	レスポンスのコンテンツ種類を設定する

Appendix B ● Quick Reference

クラス	説明
PrintWriter getWriter()	HTML文書などの出力先を取得する

javax.servlet.http.HttpSessionインターフェイス

Object getAttribute(String name)	セッションに関連づけられた値を取得する
void setAttribute(String name, Object o)	セッションに名前と値を関連づける

javax.servlet.ServletContextインターフェイス

RequestDispacher getRequestDispatcher (String path)	リクエストディスパッチャを取得する

javax.servlet.RequestDispatcherインターフェイス

void forward(ServletRequest request, ServletResponse response)	リクエストを転送する

javax.servlet.Filterインターフェイス

void destroy()	フィルタ破棄時に呼び出される
void init(FilterConfig filterConfig)	フィルタ初期化に呼び出される
void doFilter(ServletRequest request, ServletResponse response, FilterChain chain)	フィルタ処理時に呼び出される

javax.servlet.FilterChainインターフェイス

void doFilter(ServletRequest request, ServletResponse response)	次のフィルタを呼び出す

JSPの書式

種類	書式	内容
スクリプティング要素		
宣言 (declaration)	<%!・・・%> または <jsp:declaration>・・・</jsp:declaration>	変数やメソッドなどを宣言する
式 (expression)	<%=・・・%> または <jsp:expression>・・・</jsp:expression>	式を評価して文字列とする
スクリプトレット (scriptlet)	<%・・・%> または <jsp:scriptlet>・・・</jsp:scriptlet>	Javaのコードを記述する
その他		
ディレクティブ (directive)	<%@　page import="クラス名" %> または <jsp:directive.page import="クラス名" />	インポートを行う
	<%@　page contentType="コンテンツタイプ" %> または <jsp:directive.page contentType= "コンテンツタイプ" />	Webブラウザに送られる文書のコンテンツタイプを設定する

App
B

427

Appendix B ● Quick Reference

種類	書式	内容
アクション (action)	<jsp:forward page="転送先のURL" />	リクエストを転送する
	<jsp:include page="読み込むファイルのURL" />	ファイルを読み込む
	<jsp:useBean id="変数名" class="Beanの クラス" />	JavaBeansを使う
	<jsp:setProperty name="変数名" property= "データ名" value="値" />	オブジェクトのデー タを設定する
	<jsp:getProperty name="変数名" property= "データ名" />	オブジェクトのデー タを取得する
式言語 (expression language、EL)	${・・・}	式言語を記述する
コメント (comment)	<%--・・・--%>	コメントを記述する

web.xmlの指定

タグ	説明
<display-name>	Webアプリケーションの名前
<description>	Webアプリケーションの説明
<filter>	フィルタに関する指定
<filter-name>	フィルタ名
<filter-class>	フィルタをあらわすクラス名
<filter-mapping>	フィルタのマッピング
<filter-name>	フィルタ名
<url-pattern>	フィルタのURL
<servlet>	サーブレットに関する指定
<servlet-name>	サーブレット名
<servlet-class>	サーブレットをあらわすクラス名
<servlet-mapping>	サーブレットのマッピング
<servlet-name>	サーブレット名
<url-pattern>	サーブレットのURL
<listener>	リスナに関する指定
<listener-class>	リスナをあらわすクラス名
<welcome-file-list>	ファイル名が指定されない場合の表示指定
<welcome-file>	表示するファイル名
<error-page>	エラーページの指定
<error-code>	エラーコード

Appendix B ● Quick Reference

タグ	説明
<exception-type>	例外
<location>	表示するエラーページ
<taglib>	JSPのカスタムタグの指定
<taglib-location>	タグライブラリのファイル名
<taglib-uri>	タグライブラリのURI
<security-constraint>	アクセス制限の指定
<web-resource-collection>	アクセス制限が必要なリソースの集合
<web-resource-name>	アクセス制限が必要なリソース名
<url-pattern>	アクセス制限が必要なURL
<auth-constraint>	アクセスできる権限
<login-config>	認証方法の指定
<auth-method>	認証の種類
<security-role>	権限名の定義
<role-name>	権限名

App
B

Appendix C

開発環境のセットアップ

Appendix C ● 開発環境のセットアップ

Windows PowerShellを使う

本書ではプログラムを Windows PowerShell（またはコマンドプロンプト）上で作成します。基本を身につけておいてください。

1. Windows PowerShellを起動する

Windows PowerShell（またはコマンドプロンプト）を起動します。次の方法で起動してください。

- Windows 7

  ［スタート］ボタン→［すべてのプログラム］→［アクセサリ］→［コマンドプロンプト］

- Windows 8.1/10

  デスクトップ画面の左下隅の［スタート］ボタンを右クリックしてメニューを開き、［Windows PowerShell］または［コマンドプロンプト］を選択

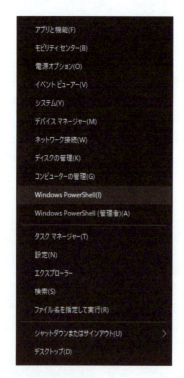

Appendix C ● 開発環境のセットアップ

2. 現在のディレクトリが表示される

Windows PowerShellを起動すると、「現在のディレクトリ」が表示されます。Windows PowerShell上では、Windowsのフォルダのことをディレクトリ（directory）と呼び、現在操作の対象となっているフォルダのことを「現在のディレクトリ」と呼んでいるのです。

たとえば、「C:¥Users」の場合は、Cドライブの下のUsersディレクトリ（フォルダ）のことをあらわしています。

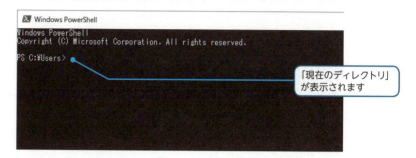

「現在のディレクトリ」が表示されます

3. ディレクトリを移動する

Javaのプログラムを作成する場合には、ディレクトリを移動して操作をしなければならない場合があります。ディレクトリを移動するには、「cd」というコマンドに続けて、移動したいディレクトリを入力することになります。

ディレクトリは、次のように「¥」で区切って指定します。たとえば、「Cドライブの下のYJKSampleディレクトリ内の01ディレクトリ」であれば、「c:¥YJKSample¥01」となります。

次のようにコマンドを入力して Enter キーを押すと、指定したディレクトリに移動することができます。cdコマンドのあとに、スペースキーで空白をあけてディレクトリを指定してください。

スペースキーで空白をあけます

433

Appendix C ● 開発環境のセットアップ

[PowerShell screenshot: 入力して Enter キーを押します / 指定したディレクトリに移動しました]

OpenJDKを入手する

OpenJDKはオープンソースのJava言語開発環境です。JDK（Java Development Kit）と呼ばれるJavaの基本的な開発環境の1つとなっています。本書ではJavaプログラムを作成するためにOpenJDKを使用します。

1. OpenJDKをダウンロードする

OpenJDKをダウンロードします。本書はバージョン11（JDK 11）を使用しています。Windowsをお使いの場合は、zip圧縮されたファイルをダウンロードしてください。

- OpenJDK
  https://jdk.java.net/

Appendix C ● 開発環境のセットアップ

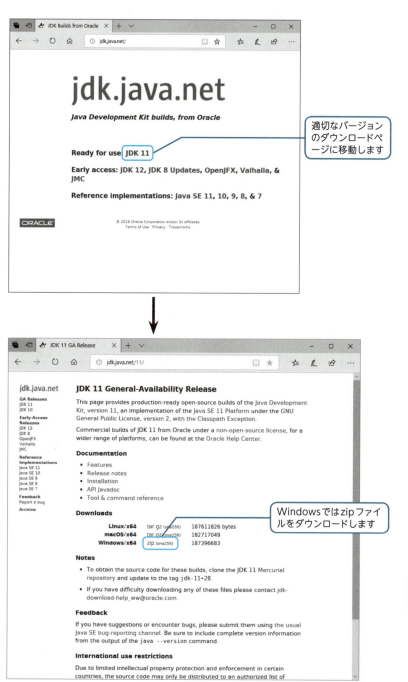

Appendix C ● 開発環境のセットアップ

2. OpenJDKをインストールする

入手したzipファイルの内容（「jdk-バージョン名」フォルダ）を展開し、適切な場所に配置（コピー）してください（インストール）。本書では「C:¥Program Files¥Java¥jdk-11」フォルダとして配置するものとします。

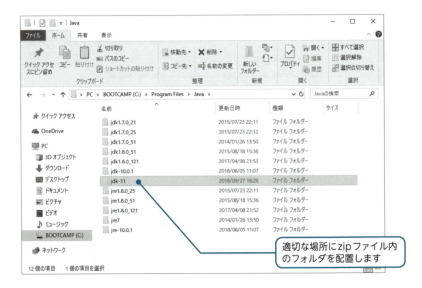

適切な場所にzipファイル内のフォルダを配置します

なお、Oracle社が配布するJDKであるOracle JDKを利用する場合は、インストーラによってこのJDKのインストールまでを行うことができます。OracleJDKのくわしい利用条件についてはOracle社のサイトを参照してください。

3. 環境変数「PATH」を設定する

プログラムを作成するためのソフトウェア（441ページから解説するコンパイラ・インタプリタなど）をかんたんに起動できるように、環境変数「PATH」という値（パス）を設定します。次の手順で設定してください。

❶ 「システムのプロパティ」から環境変数の設定画面を開きます。
Windows 7：「スタート」ボタン→［コントロールパネル］→［システムとセキュリティ］→［システム］→［システムの詳細設定］
Windows 8.1：デスクトップ画面の左下隅の「スタート」ボタンを右クリックしてメニューを開く→［システム］→［システムの詳細設定］
Windows 10：「スタート」ボタン→［Windowsシステムツール］→［コ

ントロールパネル］→［システムとセキュリティ］→［システム］→［システムと詳細設定］

ダイアログボックスが開いたら、［詳細設定］パネルにある「環境変数」ボタンを選択してください。

❷ ［システム環境変数］の［変数］で、［PATH］（Path）の項を探します。［PATH］の項がある場合には、［PATH］を選択してから「編集」ボタンを選択します。開いた画面で「新規」ボタンを押し、「JDKをインストールしたディレクトリ名¥bin」を入力してください。入力した行は「上へ」ボタンを押して一覧の先頭に表示されるようにしてください。
なお、［PATH］の値が1行で表示される場合には、行の先頭に「JDKをインストールしたディレクトリ名¥bin;」と「;」（セミコロン）で区切って挿入してください。

Appendix C ● 開発環境のセットアップ

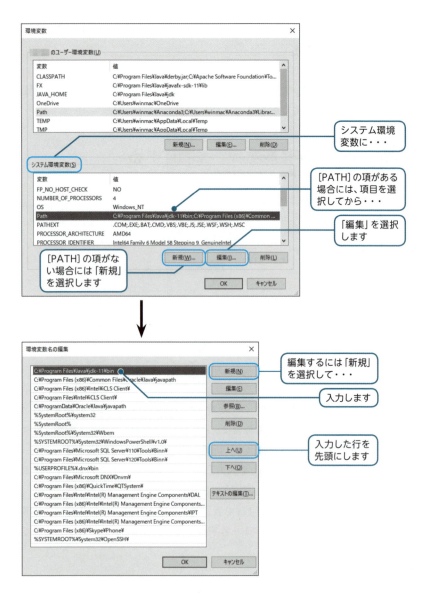

また［システム環境変数］に［PATH］の項がなかった場合には、［システム環境変数］の「新規」ボタンを選択します。［変数名］に「PATH」、［変数値］に「JDKをインストールしたディレクトリ名¥bin」と入力してください。

OpenJFXを入手・設定する

OpenJFXはオープンソースのJavaFXライブラリです。本書ではグラフィカルなGUIプログラムを作成するために、OpenJFXを使用します。

1. OpenJFXをダウンロードする

OpenJFXのページのダウンロードページから、OpenJFXをダウンロードします（本書ではJavaFX Windows SDKのバージョン11）。

■ OpenJFX
https://openjfx.io/

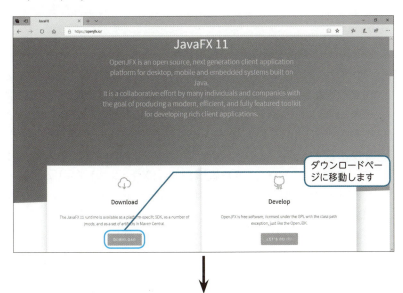

Appendix C ● 開発環境のセットアップ

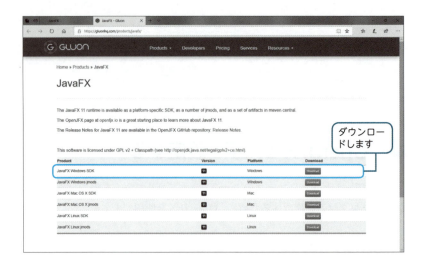

2. OpenJFXをインストールする

入手したzipファイルの内容(「javafx-sdk-バージョン名」フォルダ)を展開して、適切な場所に配置(コピー)してください(インストール)。本書では「C:¥Program Files¥Java¥javafx-sdk-11」フォルダとして配置するものとします。

3. インストール場所を環境変数で設定する

プログラムを実行しやすくするために、本書では環境変数にインストール場所を指定するものとします。先ほどのOpenJDKの環境変数「PATH」の設定手順と同様に、「システムのプロパティ」から「環境変数」の設定画面を開いてください。

今度は[(ユーザー名)のユーザー環境変数]にある「新規」ボタンを選択して、[変数名]に「FX」、[変数値]に「JavaFXをインストールしたディレクトリ名¥lib」を追加します。本書では「C:¥Program Files¥Java¥javafx-sdk-11¥lib」を変数値として追加することになります。

なお、環境変数を有効にするために再起動が必要なこともあります。

Appendix C ● 開発環境のセットアップ

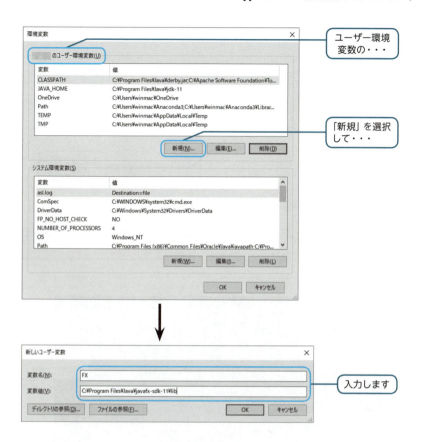

 プログラムを作成・実行する

本書ではさまざまなプログラムを作成・実行します。一般的なプログラムのほかに、グラフィカルなプログラム（GUIプログラム）であるJavaFXアプリケーションなどを作成します。ここでは一般的なプログラムの実行方法とJavaFXアプリケーションの実行方法を説明します。

● 一般的なプログラムの実行手順

1. メモ帳などのテキストエディタを起動して、本書で紹介しているコードを入力・保存して、ソースファイルを作成します。ソースファイル名は「<クラス名>.java」とします。

Appendix C ● 開発環境のセットアップ

（・・・❶ ソースファイルの作成）

本書のとおりに作成します

2. Windows PowerShell（コマンドプロンプト）を起動して、cdコマンドでソースファイルを保存したディレクトリに移動します。

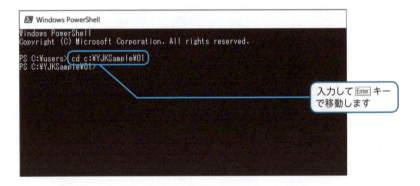

入力して Enter キーで移動します

3. コンパイラを起動して、プログラムを作成します。「javac <ソースファイル名>」と入力してから Enter キーを押してください。たとえば、ソースファイルが「Sample1.java」という名前であれば、下のように入力すると、「Sample1.class」というクラスファイルが同じディレクトリに作成されます。
Windows PowerShellに特に何も表示されずに、ディレクトリ名がもう一度表示されたら、コンパイルの完了です。

（・・・❷ コンパイルの実行）

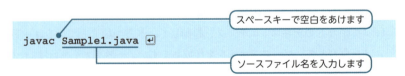

スペースキーで空白をあけます

ソースファイル名を入力します

Appendix C ● 開発環境のセットアップ

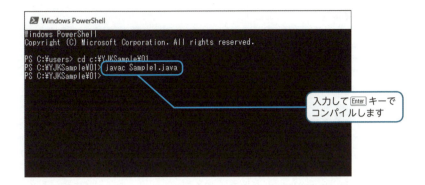

入力して Enter キーで
コンパイルします

4. インタプリタを起動して、プログラムを実行します。「java <クラス名>」と入力してから Enter キーを押してください。たとえば、クラスファイルが「Sample1.class」という名前であれば、次のように入力します。
  （・・・❸ プログラムの実行）

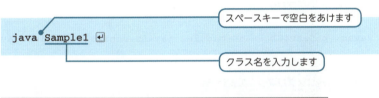

スペースキーで空白をあけます

クラス名を入力します

実行されました

■ JavaFXアプリケーションの実行手順

　JavaFXアプリケーションも一般的なJavaプログラムと同様にメモ帳などで作成します。ただし、コンパイル・実行にあたっては、ライブラリとモジュール名を追加して指定をする必要があります。このためには、次のように指定します。

Appendix C ● 開発環境のセットアップ

■ コンパイル

```
javac -p ＜ライブラリを配置した場所＞ --add-modules ＜必要な追加モジュー
ル名＞ ＜ソースファイル名＞
```

■ 実行

```
java -p ＜ライブラリを配置した場所＞ --add-modules ＜必要な追加モジュー
ル名＞ ＜クラス名＞
```

本書ではjavafx.controlsが必要な追加モジュール名となっています。たとえば、本書のようにJavaFXライブラリを配置した場所を環境変数「FX」で指定している場合には、ソースファイル名が「Sample2.java」のとき、次のようにコンパイル・実行します。

本書でのJavaFXプログラムのコンパイル方法

```
javac -p $env:FX --add-modules javafx.controls Sample2.java
```

本書でのJavaFXプログラムの実行方法

```
java -p $env:FX --add-modules javafx.controls Sample2
```

なお、Windows PowerShellのかわりにコマンドプロンプトを使う場合は、環境変数の値をあらわす上記の「$env:FX」の部分を、「"%FX%"」に変更してください。

 Derbyを入手する

第8章のデータベースでは、データベースシステムが必要です。本書ではApache Derbyを使用します。

● Derbyを入手する

本書で使用するDerby（本書ではバージョン10.14.2）は、Apacheサイトからダウンロードします。以下のページからダウンロードページに移動してください。

Windowsの場合はバイナリ（bin）版のzipファイルをダウンロードします。

- **Apache Derby**

    https://db.apache.org/derby/

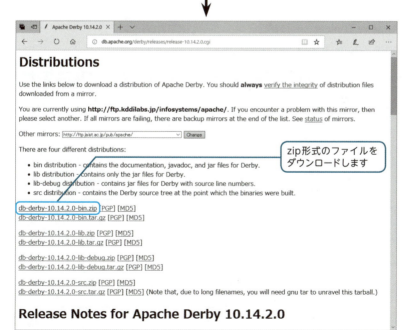

Appendix C ● 開発環境のセットアップ

● Derbyをインストールする

ダウンロードしたzipの内容を展開してください。展開したフォルダ（バージョン10.14.2では「db-derby-10.14.2.0-bin」フォルダ）内の「lib」フォルダを開きます。「lib」フォルダ内にある「derby.jar」を適切なディレクトリにコピーして配置します（インストール）。本書では「C:¥Program Files¥Java¥derby.jar」として配置するものとします。

Tomcatを入手する

第6章〜第10章のサーブレット・JSPでは、サーブレット実行環境が必要です。本書ではApache Tomcatを使用します。

● Tomcatを入手する

本書で使用するTomcat 9.0（バージョン9.0.12）はサイトからダウンロードします。以下のページからダウンロードページに移動し、インストーラ形式のファイル（exe形式）をダウンロードしてください。

- **Apache Tomcat**
  https://tomcat.apache.org/

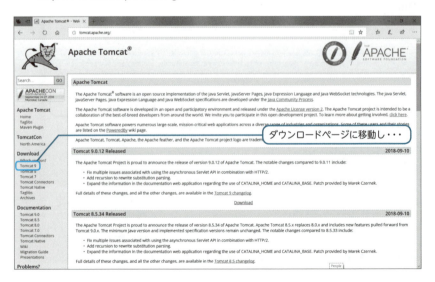

Appendix C ● 開発環境のセットアップ

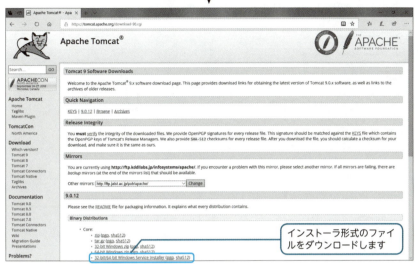

■ Tomcatをインストールする

　ダウンロードした実行形式のインストーラファイルをダブルクリックして実行し、ウィザードにしたがってインストールを進めます。まずはライセンス同意書に同意します。

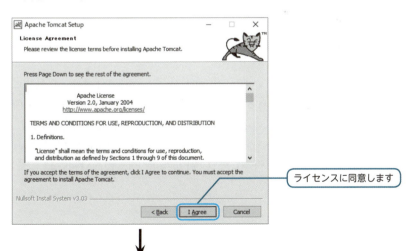

Appendix C ● 開発環境のセットアップ

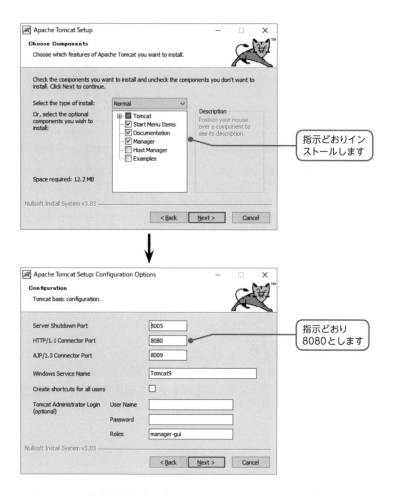

　次に、Java実行環境（JRE）のJava Virtual Machineを指定します。自動的に検索されたJRE環境が表示されることもありますが、本書ではOpenJDKの場所を手動で指定して、OpenJDKの下にあるJava Virtual Machineを指定します。「…」ボタンを押してOpenJDKをインストールしたフォルダを指定してください。本書ではOpenJDKをインストールした「C:¥Program Files¥Java¥jdk-11」としています。

Appendix C ● 開発環境のセットアップ

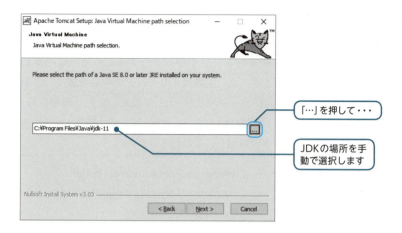

「…」を押して・・・

JDKの場所を手動で選択します

また、本書では作業をしやすくするために、Tomcatを「C:¥Apache Software Foundation¥Tomcat 9.0」にインストールするものとします。通常インストールされるディレクトリと異なるので注意してください。

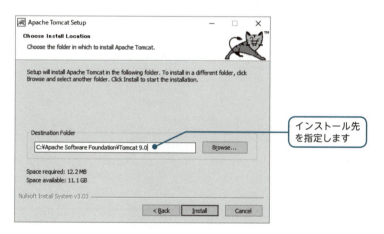

インストール先を指定します

DerbyとTomcatを使う

データベースとサーブレットを利用するには、DerbyとTomcatの設定・実行が必要です。次のように行います。

Appendix C ● 開発環境のセットアップ

使用前の設定

1. 環境変数「CLASSPATH」を設定する

サーブレットとデータベースをコンパイル・実行するために、環境変数「CLASSPATH」を設定します。この変数は440ページで環境変数「FX」を設定した方法と同様に、「ユーザー環境変数」として設定します。「環境変数」の画面を開き、[ユーザー環境変数]にある「新規」または「編集」ボタンを押して設定してください。本書の場合、次の値とします。

❶ データベース (Derby) …… C:¥Program Files¥Java¥derby.jar
❷ サーブレット (Tomcat) …… C:¥Apache Software Foundation¥Tomcat 9.0¥lib¥servlet-api.jar
❸ 現在のディレクトリ ………… .(ピリオド)

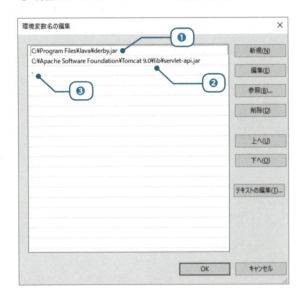

❶はデータベースプログラムをコンパイル・実行するために指定する、derby.jarの配置場所です。
❷はサーブレットをコンパイルするために指定する、servlet-api.jarが配置されている場所です。
❸の「.」(ピリオド)は、現在のディレクトリを使うための設定です。
なお、変数値を1行で入力する場合には、次のように入力してください。スペースの位置と「;」(セミコロン)に気をつけて入力してください。ほかの項

目がすでに入力されている場合には、先頭にセミコロンをつけてほかの項目のあとに追加します。

```
C:¥Program Files¥Java¥derby.jar;C:¥Apache Software
Foundation¥Tomcat 9.0¥lib¥servlet-api.jar;.
```

なお、設定したCLASSPATHを有効にするために、再起動が必要なこともあります。

2. Tomcatの設定を行う

Tomcat上でデータベースを動作させる設定を行います。Windowsのメニューから「Apache Tomcat 9.0 Tomcat9」→「Configure Tomcat」を選択し、設定画面を開きます。

[Java]パネルの[Java Classpath]に、derby.jarを配置した場所を設定します。本書の場合は末尾に「;C:¥Program Files¥Java¥derby.jar」と追加してください。ほかの項目とは先頭の「;（セミコロン）」で区切ることに注意して入力してください。

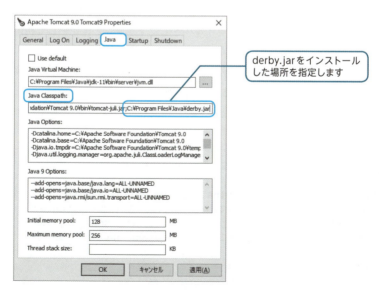

derby.jarをインストールした場所を指定します

Appendix C ● 開発環境のセットアップ

アプリケーションファイルを配置する

設定が終わったら、本書で解説するサーブレット・JSPファイルを作成します。本書で作成したサーブレット・JSPに関するファイルは、Tomcatをインストールしたディレクトリの下の「webapps」フォルダ内に配置します。ここに「YJKSample06」～「YJKSample10」というフォルダを作成します。そして、次のようにファイルを配置します。

- HTML・JSPファイル …… 作成したフォルダの直下に配置する
- サーブレット ……「classes」フォルダ内に配置する
- Bean ……「パッケージ名 (mybeans)」フォルダに配置する
- 設定ファイル (web.xml) ……「WEB-INF」フォルダ内に配置する

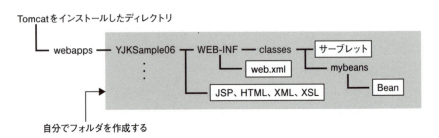

本書サポートページで配布しているサンプルファイルでは、配置済みのフォルダを用意していますので、配布ファイル中からフォルダごとコピーして利用することもできます。

なお、設定ファイル (web.xml) には、サーブレットを実行するための設定をテキストエディタで記述します。たとえば、次のようになります。

web.xmlの例

```
<?xml version="1.0" encoding="ISO-8859-1"?>

<web-app xmlns="http://xmlns.jcp.org/xml/ns/javaee"
  xmlns:xsi="http://www.w3.org/2001/XMLSchema-instance"
  xsi:schemaLocation="http://xmlns.jcp.org/xml/ns/javaee
  http://xmlns.jcp.org/xml/ns/javaee/web-app_4_0.xsd"
  version="4.0"
  metadata-complete="true">
```

Appendix C ● 開発環境のセットアップ

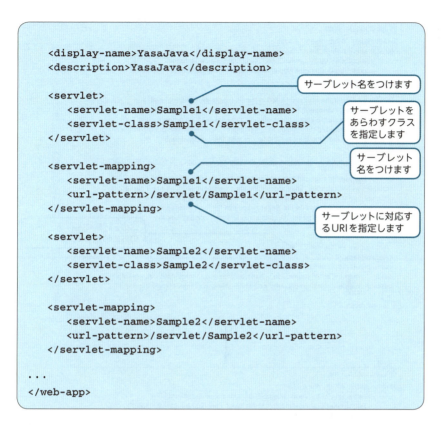

　第6章のSample8を実行するには、ユーザー名・パスワードの設定が必要です。Tomcat環境内の「conf」フォルダ内にある**tomcat-users.xml**を編集して使用します。本書ではユーザー名「tomcat」をあらわす<role rolename = "tomcat" >と<user username= "tomcat"・・・>の2行を<!--と-->の外に移動し、そのパスワードを「tomcat」に設定します。

　つまり、以下の2行によってユーザー名「tomcat」・パスワード「tomcat」の組みあわせが有効になります。もし以下の2行が存在しない場合は、<!--　-->に囲まれていない位置に自分で追加してください。

```
<role rolename="tomcat"/>
<user username="tomcat" password="tomcat" roles="tomcat">
```

453

Appendix C ● 開発環境のセットアップ

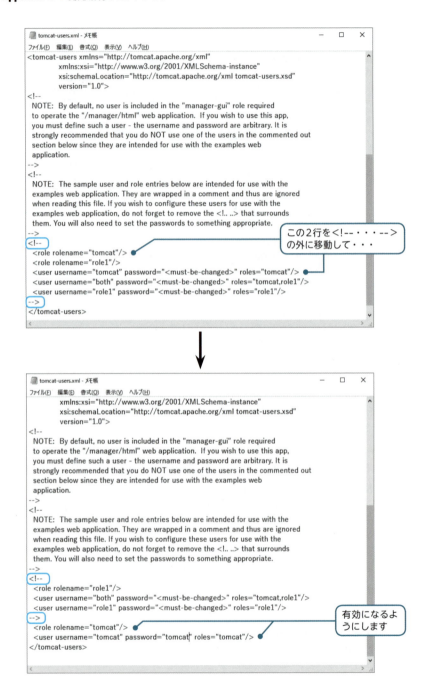

Appendix C ● 開発環境のセットアップ

Tomcatを実行する

1. Tomcatを起動する

❶ Windows 7/10では、[スタート]メニューから起動します。[スタート]メニューのアプリ（プログラム）一覧で、[Apache Tomcat 9.0 Tomcat9]→[Monitor Tomcat]を右クリックし、[管理者として実行]（Windows 10では[その他]→[管理者として実行]）を選択します。Windows 8.1では、Modern UIのアプリ一覧を表示して、「Apache Tomcat 9.0 Tomcat9」の「Monitor Tomcat」をクリックします。

❷ アイコン上で右クリックし、[Start service]を選択します。

❸ Webサーバーが起動します。

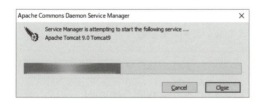

❹ 起動が完了すると、アイコンが緑色に変化します。

Appendix C ● 開発環境のセットアップ

❺ 起動を確認するには、Webブラウザを起動します。URLに「http://localhost:8080」と入力します。ページが表示されればWebサーバーが起動しています。ここで「localhost」は、Webサーバーがお使いのマシンにあることを指定しています。また、「8080」をポート番号といいます。お使いのマシンに通常の方法でインストールした場合は、ここで入力した「http://localhost:8080」というURLでページが表示されます。

2. **サーブレット・JSPを実行する**

本書では、次のようにWebブラウザにURLを入力して、配置したサーブレットやJSPを実行します。くわしくは本文を参考にしてください。

- **サーブレットの場合**

  http://localhost:8080/YJKSample06/servlet/Sample1

- **JSPの場合**

  http://localhost:8080/YJKSample06/Sample1.jsp

Appendix C ● 開発環境のセットアップ

■ HTMLの場合

http://localhost:8080/YJKSample06/Sample1.html

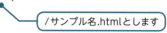

/サンプル名.htmlとします

3. Tomcatを終了する

❶ タスクトレイのアイコン上で右クリックし、[Stop service]を選択します。

❷ アイコン上で右クリックし、[Exit]を選択します。

Index

記号

$（正規表現）	283, 284
${・・・}	188, 428
*（正規表現）	284
.（オブジェクトの指定）	66
.（正規表現）	283
.jsp	186
<%・・・%>	188, 192, 427
<%!・・・%>	188, 427
<%--・・・--%>	188, 428
<%=・・・%>	188, 192, 427
<%@・・・%>	188
<%@ include・・・%>	199
<jsp:・・・/>	189
<jsp:getProperty />	212
<jsp:include・・・/>	198, 199
<jsp:setProperty />	212
<jsp:useBean />	212
<login-config>	177
<security-constraint>	177
<security-role>	177
<web-app>	171
[ ]（正規表現）	283, 284
^（正規表現）	283, 284

A

accept()メソッド（FileFilterクラス）	288, 425
accept()メソッド（FilenameFilterインターフェイス）	276, 425
accept()メソッド（ServerSocketクラス）	337, 426
Accordionクラス	276, 422
Accordion()メソッド	276, 422
ActionEventクラス	52
add()メソッド（GridPaneクラス）	69, 419
addEventHandler()メソッド	44, 51
addListener()メソッド	105
Alertクラス	126, 421
Alert()メソッド	126, 421
Ant	380

B

Apache Derby ➡ Derby	
Apache Tomcat ➡ Tomcat	
API	14
appendChild()メソッド	304, 425
Applicationクラス	30
ArrayListクラス	102
AWT（Abstract Window Toolkit）	27

Backgroundクラス	81, 419
Background()メソッド	81, 419
BackgroundFillクラス	81, 420
BackgroundFill()メソッド	81, 419
BackgroundImageクラス	81, 420
BackgroundImage()メソッド	81, 420
BASIC認証	177, 179
Bean	213
BorderPaneクラス	63, 419
BorderPane()メソッド	63, 419
BufferedInputStreamクラス	268, 425
BufferedInputStream()メソッド	268, 425
BufferedOutputStreamクラス	269, 426
BufferedOutputStream()メソッド	269, 426
ButtonBaseクラス	91

C

Canvasクラス	131, 422
Canvas()メソッド	131, 422
CheckBoxクラス	87, 420
CheckBox()メソッド	87, 420
Colorクラス	74
ColorPickerクラス	370, 423
ColorPicker()メソッド	370, 423
ComboBoxクラス	101, 420
ComboBox()メソッド	101, 420
compile()メソッド	280, 423
Connectionインターフェイス	233, 423
contextDestroyed()メソッド	176
ContentDisplay列挙型	80
contextIntialized()メソッド	176

Index

createElement()メソッド 304, 312, 425
createStatement()メソッド 233, 423
CREATE TABLE文 227
createTextNode()メソッド 304, 425
CSV 305
　　～ファイルをXML文書に変換する ... 305
CUI（Character User Interface）.................. 24

D

DatabaseMetaDataインターフェイス 233,
　 423
DatagramPacketクラス 343
DatagramSocketクラス 343
DateTimeFormatterクラス 114, 423
Derby 226, 418, 449
　　～を入手する 444
Desktopクラス 287, 288
destroy()メソッド（サーブレット）............ 146
destroy()メソッド（Filterインターフェイス）
　　... 174, 176, 427
Dialogクラス 127, 128, 421, 422
DialogPaneクラス 127, 421
DNS（Domain Name System）.................. 334
Documentインターフェイス 304, 424
DocumentBuilderクラス 299, 300, 304, 424
DocumentBuilderFactoryクラス 300, 424
doFilter()メソッド 174, 176, 427
doGet()メソッド 146
DOM（Document Object Model）.............. 296
DOMSourceクラス 300, 424
DOMSource()メソッド 300, 424
doPost()メソッド 146
drawImage()メソッド 131
DriverManagerクラス 233, 423

E

Eclipse 380
EmbeddedDriver 232
end()メソッド 283, 423
enum 64
EventHandlerインターフェイス 43
EventObjectクラス 87
executeQuery()メソッド 233, 423
executeUpdate()メソッド 423
ExtensionFilterクラス 269, 422
ExtensionFilter()メソッド 269, 422

F

Fileクラス 252, 254, 276, 425
File()メソッド 252, 425
FileChooserクラス 258, 269, 422
FileChooser()メソッド 258, 422
FileInputStreamクラス 268, 425
FileInputStream()メソッド 268, 425
FileOutputStreamクラス 269, 426
FileOutputStream()メソッド 269, 426
FileFIlterインターフェイス 288, 425
FilenameFilterインターフェイス 276, 425
fillOval()メソッド 131, 422
fillPolygon()メソッド 131
fillRect()メソッド 131
Filterインターフェイス 176, 427
FilterChainインターフェイス 176, 427
find()メソッド 280, 283, 423
FlowPaneクラス 66, 419
FlowPane()メソッド 66, 419
Fontクラス 78, 419
font()メソッド 78, 419
FontPosture列挙型 77
FontWeight列挙型 77
format()メソッド 114, 423
forward()メソッド 166, 427
FXCollectionsクラス 101, 420
FXML 132
FXMLLoader 132

G

get()メソッド 128, 422
GETリクエスト 152
getAbsolutePath()メソッド 252, 425
getAttribute()メソッド 160, 427
getByName()メソッド 333, 334, 426
getBytes()メソッド 156
getChildNodes()メソッド 425
getChildren()メソッド 66, 418
getCode()メソッド 55, 418
getColumnCount()メソッド 233
getColumnName()メソッド 233, 424
getColumns()メソッド 111, 421
getConnection()メソッド 233, 423
getDayOfWeek()メソッド 114, 423
getDesktop()メソッド 287, 288
getDialogPane()メソッド 127, 421
getDocumentElement()メソッド 424

Index

getElementsByTagName()メソッド 303, 304, 425

getEngine()メソッド 328, 423

getEventType()メソッド 51, 52, 367, 368

getExtensionFilters()メソッド 269, 422

getFirstChild()メソッド 304, 425

getGraphicsContext2D()メソッド 131, 422

getHostAddress()メソッド 330, 331, 426

getHostName()メソッド 330, 331, 426

getInputStream()メソッド 339, 426

getItems()メソッド 118, 122, 421

getLength()メソッド 304, 425

getLocalHost()メソッド 330, 331, 426

getMenus()メソッド 118, 421

getMetaData()メソッド 233, 423, 424

getName()メソッド 252, 425

getNextSibling()メソッド 304, 425

getNodeName()メソッド 425

getNodeType()メソッド 425

getNodeValue()メソッド 425

getObject()メソッド 233, 424

getOutputStream()メソッド 337, 426

getPanes()メソッド 276, 422

getParameter()メソッド 150, 151, 426

getRequestDispatcher()メソッド 166, 427

getSelectionModel()メソッド 106, 420

getSession()メソッド 160, 426

getSource()メソッド 87

getTables()メソッド 233, 423

getWriter()メソッド 146, 427

GraphicsContextクラス 131, 422

GridPaneクラス 69, 419

GridPane()メソッド 69, 419

GUI（Graphical User Interface） 24

H

hasMoreTokens()メソッド 308, 424

HBoxクラス 71, 419

HBox()メソッド 71, 419

home()メソッド 283, 422

HTML文書 214

　　〜を埋め込む 197

HTTP 137

HttpServletクラス 145

HttpServletRequestインターフェイス 160, 426

HttpSessionインターフェイス 160, 427

HttpSessionListenerインターフェイス 176

I

InetAddressクラス 329, 331, 333, 334, 426

init()メソッド（Applicationクラス） 30

init()メソッド（Filterインターフェイス） 174, 176, 427

init()メソッド（HttpServletクラス） 146

INSERT文 228

IPアドレス 328, 334

isDirectory()メソッド 425

isSelected()メソッド 87, 420

item()メソッド 304, 425

J

java <クラス名> 7, 443, 444

Java言語 2

　　文法 12, 13

java.awtパッケージ 14

java.awt.Desktopクラス 288

java.beansパッケージ 14

JavaBeans 204, 214

　　〜のクラス 205

　　プロパティ 207

javac <ソースファイル名> 7, 442, 444

javaf.util.EventObjectクラス 87

JavaFX 24, 27, 439

　　〜プログラムのコンパイルと実行 8

JavaFXドキュメント 418

javafx.applicationパッケージ 14

javafx.collections.FXCollectionsクラス 101, 420

javafx.event.ActionEventクラス 52

javafx.geometry.POS列挙型 62

javafx.scene.canvas.Canvasクラス 131, 422

javafx.scene.canvas.GraphicsContextクラス 131, 422

javafx.scene.controlパッケージ 91, 94

javafx.scene.control.Accordionクラス 276, 422

javafx.scene.control.Alertクラス 126, 421

javafx.scene.control.Alert.AlertType列挙型 126

javafx.scene.control.cell.PropertyValueFactoryクラス 111, 421

javafx.scene.control.CheckBoxクラス 87, 420

Index

javafx.scene.control.ColorPickerクラス
.... 370, 423
javafx.scene.control.ComboBoxクラス
.... 101, 420
javafx.scene.control.ContentDisplay列挙型
.... 80
javafx.scene.control.Dialogクラス
.... 127, 128, 421, 422
javafx.scene.control.DialogPaneクラス
.... 127, 421
javafx.scene.control.Labelクラス 74, 419
javafx.scene.control.Labeledクラス
.... 74, 78, 81, 419
javafx.scene.control.ListViewクラス
.... 106, 420
javafx.scene.control.Menuクラス 118, 421
javafx.scene.control.MenuBarクラス
.... 118, 421
javafx.scene.control.MenuItemクラス
.... 118, 421
javafx.scene.control.RadioButtonクラス
.... 90, 420
javafx.scene.control.SelectionModelクラス
.... 106, 420
javafx.scene.control.Separatorクラス
.... 122, 421
javafx.scene.control.SeparatorMenuItemクラ
ス 118, 421
javafx.scene.control.TableColumnクラス
.... 111, 421
javafx.scene.control.TableViewクラス
.... 111, 420
javafx.scene.control.TextAreaクラス
.... 263, 422
javafx.scene.control.TextFieldクラス .. 94, 420
javafx.scene.control.TextInputControlクラス
.... 283, 422
javafx.scene.control.TitledPaneクラス
.... 276, 422
javafx.scene.control.ToggleGroupクラス
.... 90, 420
javafx.scene.control.ToolBarクラス .. 122, 421
javafx.scene.control.Tooltipクラス 122, 421
javafx.scene.input.KeyEventクラス 55, 418
javafx.scene.input.MouseEventクラス 48
javafx.scene.layout.Backgroundクラス
.... 81, 419

javafx.scene.layout.BackgroundFillクラス
.... 81, 420
javafx.scene.layout.BackgroundImageクラス
.... 81, 420
javafx.scene.layout.BorderPaneクラス
.... 63, 419
javafx.scene.layout.FlowPaneクラス .. 66, 419
javafx.scene.layout.GridPaneクラス 69, 419
javafx.scene.layout.HBoxクラス 71, 419
javafx.scene.layout.Paneクラス 66, 418
javafx.scene.layout.Regionクラス 81, 419
javafx.scene.layout.VBoxクラス 71, 419
javafx.scene.Nodeクラス 84, 420
javafx.scene.paint.Colorクラス 74
javafx.scene.Sceneクラス 32, 418
javafx.scene.text.Fontクラス 78, 419
javafx.scene.text.FontPosture列挙型 77
javafx.scene.text.FontWeight列挙型 77
javafx.scene.web.WebEngineクラス ...328, 423
javafx.scene.web.WebViewクラス 328, 422
javafx.stage.FileChooserクラス
.... 258, 269, 422
javafx.stage.FileChooser.ExtensionFilterクラス
.... 269, 422
javafx.stage.Stageクラス 32, 418
java.ioパッケージ 14, 250, 252
java.io.BufferedInputStreamクラス .. 268, 425
java.io.BufferedOutputStreamクラス
.... 269, 426
java.io.Fileクラス 252, 254, 276, 425
java.io.FileFilterインターフェイス 288, 425
java.io.FileInputStreamクラス 268, 425
java.io.FilenameFilterインターフェイス
.... 276, 425
java.io.FileOutputStreamクラス 269, 426
java.io.ObjectInputStreamクラス 370
java.io.ObjectOutputStreamクラス 370
java.io.RandomAccessFileクラス .. 273, 426
java.langパッケージ 14
java.mathパッケージ 14
java.netパッケージ 14, 343
java.net.InetAddressクラス 331, 334, 426
java.net.ServerSocketクラス 337, 426
java.net.Socketクラス 337, 339, 426
java.rmiパッケージ 14
java.securityパッケージ 14
java.sqlパッケージ 14, 224

461

Index

java.sql.Connectionインターフェイス
.... 233, 423
java.sql.DatabaseMetaDataインターフェイス
.... 233, 423
java.sql.DriverManagerクラス 233, 423
java.sql.ResultSetインターフェイス ... 233, 424
java.sql.ResultSetMetaDataインターフェイス
.... 233, 424
java.sql.Statementインターフェイス .. 233, 423
java.textパッケージ 14
java.time.format.DateTimeFormatterクラス
.... 114, 423
java.time.LocalDateTimeクラス 114, 423
java.utilパッケージ 14, 102
java.util.Optional<T>クラス 128, 422
java.util.regexパッケージ 277
java.util.regex.Matcherクラス .. 280, 283, 423
java.util.regex.Patternクラス 280, 423
java.util.StringTokenizerクラス 308, 424
javax.accessibilityパッケージ 14
javax.namingパッケージ 15
javax.servlet.Filterインターフェイス
.... 176, 427
javax.servlet.FilterChainインターフェイス
.... 176, 427
javax.servlet.httpパッケージ 145
javax.servlet.http.HttpServletRequestインタ
ーフェイス 160, 426
javax.servlet.http.HttpSessionインターフェイ
ス 160, 427
javax.servlet.http.HttpSessionListenerインタ
ーフェイス 176
javax.servlet.RequestDispatcherインターフェ
イス 166, 427
javax.servlet.ServletContextインターフェイス
.... 166, 427
javax.servlet.ServletContextListenerインター
フェイス 176
javax.servlet.ServletRequestインターフェイス
.... 151, 426
javax.servlet.ServletResponseインターフェ
イス 146, 426
javax.soundパッケージ 15
javax.swingパッケージ 14
javax.xml.parsersパッケージ 15
javax.xml.parsers.DocumentBuilderクラス
.... 300, 304, 424

javax.xml.parsers.DocumentBuilderFactory
クラス 300, 424
javax.xml.transformパッケージ 15
javax.xml.transform.dom.DOMSourceクラス
.... 300, 424
javax.xml.transform.stream.StreamResultクラ
ス 301, 424
javax.xml.transform.stream.StreamSource
クラス 316, 424
javax.xml.transform.Transformerクラス
.... 300, 424
javax.xml.transform.TransformerFactoryクラ
ス 300, 424
JDBC 226
JDBCドライバ 226, 234
jdbc:derby:データベース名 232
JDK 14, 418, 434
JDKドキュメント 418
JSP (JavaServer Pages) ... 138, 184, 213, 214
　　〜とXML 189
　　〜とサーブレット 187
　　〜とサーブレットを連携する 200
　　〜の書式 188, 427
　　〜ページにHTML文書を埋め込む ... 197
JSTL (JSP Standard Tag library) 216

K

KeyEventクラス 55, 418

L

Labelクラス 74, 419
Label()メソッド 74
Labeledクラス 74, 78, 81, 419
length()メソッド 252, 425
lineTo()メソッド 131
listFiles()メソッド 276, 425
ListViewクラス 106, 420
ListView()メソッド 106, 420
load()メソッド (FXMLLoaderクラス) 132
load()メソッド (WebEngineクラス) .. 328, 423
LocalDateTimeクラス 114, 423
localhost 334

M

Matcherクラス 277, 280, 283, 423
matcher()メソッド 280, 423
Menuクラス 118, 421

Index

Menu()メソッド 118, 421
MenuBarクラス 118, 421
MenuBar()メソッド 118, 421
MenuItemクラス 118, 421
MenuItem()メソッド 118, 421
MouseEventクラス 48
MVCモデル 215

N

newDocument()メソッド 303, 304, 424
newDocumentBuilder()メソッド 300, 424
newInstance()メソッド 300, 424
newTransformer()メソッド 300, 316, 424
next()メソッド 233, 424
nextToken()メソッド 308, 424
Nodeインターフェイス 304, 425
Nodeクラス 84, 420
NodeListインターフェイス 304, 425
now()メソッド 114, 423

O

ObjectInputStreamクラス 370
ObjectOutputStreamクラス 370
observableArrayList()メソッド 101, 420
ObservableList 106
ObservableListインターフェイス 100
ofPattern()メソッド 114, 423
open()メソッド 287, 288
OpenJDK 418, 434
OpenJFX 418, 439
Optional<T>クラス 128, 422
org.apache.derby.jdbc.EmbeddedDriver .. 234
org.w3c.dom.Documentインターフェイス
.... 304, 424
org.w3c.dom.Nodeインターフェイス
.... 304, 425
org.w3c.dom.NodeListインターフェイス
.... 304, 425

P

Paneクラス 66, 418
parse()メソッド 299, 300, 424
Patternクラス 277, 280, 423
plusDays()メソッド 114, 423
POS列挙型 62
POSTリクエスト 153
PowerShell 3, 432

PropertyValueFactoryクラス 111, 421
PropertyValueFactory()メソッド 111, 421

R

RadioButtonクラス 90, 420
RadioButton()メソッド 90, 420
RandomAccessFileクラス 270, 273, 426
RandomAccessFile()メソッド 273, 426
read()メソッド（BufferedInputStreamクラス）
.... 268, 426
read()メソッド（RandomAccessFileクラス）
.... 273, 426
Readerクラス 262
readObject()メソッド 370
Regionクラス 81, 419
renameTo()メソッド 254, 425
replaceAll()メソッド 280, 423
RequestDispatcherインターフェイス
.... 166, 427
ResultSetインターフェイス 233, 424
ResultSetMetaDataインターフェイス
.... 233, 424

S

SAX（Simple API for XML） 296
Scannerクラス 308
Sceneクラス 32, 418
Scene()メソッド 32, 418
seek()メソッド 273, 426
SELECT文 229
selectedItemProperty()メソッド ... 106, 420
SelectionModelクラス 106, 420
selectRange()メソッド 283, 422
Separatorクラス 122, 421
Separator()メソッド 122, 421
SeparatorMenuItemクラス 118, 421
SeparatorMenuItem()メソッド 118, 421
Serializableインターフェイス 371
ServerSocketクラス 337, 426
ServerSocket()メソッド 337, 426
service()メソッド 146
Servlet 3.1 418
ServletContextインターフェイス 166, 427
ServletContextListenerインターフェイス .. 176
ServletRequestインターフェイス 151, 426
ServletResponseインターフェイス 146, 426
sessionCreated()メソッド 176

463

Index

sessionDestroyed()メソッド 176
setAlignment()メソッド 62, 63, 419
setAttribute()メソッド 160, 427
setBackground()メソッド 81, 419
setBottom()メソッド 63, 419
setCellValueFactory()メソッド 111, 421
setCenter()メソッド 63, 419
setContentDisplay()メソッド 81, 419
setContentType()メソッド 146, 426
setDisabled()メソッド 84, 420
setFill()メソッド 131, 422
setFont()メソッド 78, 419
setGraphic()メソッド 81, 419
setHeaderText()メソッド 127, 421
setLeft()メソッド 63, 419
setOnAction()メソッド 44
setOutputProperty()メソッド 300, 424
setRight()メソッド 63, 419
setScene()メソッド 32, 418
setSelected()メソッド 90, 420
setTextFill()メソッド 74
setTitle()メソッド 32, 127, 418, 421
setTooltip()メソッド 123
setTop()メソッド 63, 418
Shift_JIS 156
show()メソッド（DialogPaneクラス）
.... 127, 421
show()メソッド（Dialog<R>クラス）
.... 127, 421
show()メソッド（Stageクラス） ... 32, 127, 418
showAndWait()メソッド 128, 422
showOpenDialog()メソッド 258, 422
size()メソッド 102
Socketクラス 337, 339, 426
Socket()メソッド 339, 426
SQL 225
Stageクラス 32, 418
start()メソッド（Applicationクラス） 30
start()メソッド（Matcherクラス） 283, 423
Statementインターフェイス 233, 423
stop()メソッド（Applicationクラス） 30
StreamResultクラス 300, 424
StreamResult()メソッド 300, 424
StreamSourceクラス 316, 424
StreamSource()メソッド 316, 424
StringTokenizerクラス 308
StringTokenizer()メソッド 308, 424

strokeOval()メソッド 131
strokePolygon()メソッド 131
strokeRect()メソッド 131
Struts 380

T

TableColumnクラス 111, 421
TableColumn()メソッド 111, 421
TableViewクラス 111, 420
TableView()メソッド 111, 420
TCP 342, 343
TextAreaクラス 263, 422
TextArea()メソッド 263, 422
TextFieldクラス 94, 420
TextField()メソッド 94, 420
TextInputControlクラス 94, 283, 422
TitledPane()メソッド 276, 422
ToggleGroup()メソッド 90, 420
Tomcat 139, 380, 418, 449
　　～を実行する 455
　　～を入手する 446
tomcat-users.xml 453
ToolBarクラス 122, 421
ToolBar()メソッド 122, 421
Tooltipクラス 122, 421
Tooltip()メソッド 122, 421
transform()メソッド 300, 424
Transformerクラス 299, 300, 424
TransformerFactoryクラス 300, 424

U

UDP 343
URL 324, 325
UTF-8 156

V

VBoxクラス 71, 419
VBox()メソッド 71, 419

W

Webアプリケーション 136
Webサーバー 142
WebEngineクラス 328, 423
WebViewクラス 328, 422
WebView()メソッド 328, 422
web.xml 170, 171, 428, 452
WHERE 235

Index

Windows PowerShell	3, 432
write()メソッド	269, 426
writeObject()メソッド	370
Writerクラス	262

X

XML（eXtensible Markup Language）	294
JSPと〜	189
〜の利点	312
XML文書	295
CSVファイルを〜に変換する	305
データベースの内容を〜にする	309
〜の要素を取り出す	301
〜を読み書きする	297
XSL（eXtensible Stylesheet Language）	313
〜を指定してWebブラウザに表示する	317
XSLT（XSL Transformations）	313

あ行

アクション	188, 198, 428
アコーディオン	276
アプリケーション	3
クラス	366
アラート	124, 126, 127
暗黙のオブジェクト	193
委譲	46
イベント	38
イベント処理	38
〜を行うクラス	43
イベントソース	38
イベントハンドラ	39
イベントハンドラクラス	43
色	74
インターネットアドレス	328, 331
インターフェイス	13
インタプリタ	4
インポート	13
ウェブビュー	327
演算子（SQL）	236
オーバーライド	13, 31
オーバーロード	13
オブジェクト	13
〜の保存	371
〜を作成する	29

か行

外観	359
拡張	13
拡張クラスライブラリ	426
カスタムタグ	216
カラーピッカー	370
機能	363
キャンバス	129, 359, 367
クッキー	161
クライアント	335
クラス	13
〜を拡張する	30
クラス階層	362
クラスファイル	4
クラス名	4
クラスライブラリ	14, 15, 418
リファレンス	16
クラスを調べる	16
グラフィックコンテキスト	130
グリッドペイン	67
継承	13
コアAPI	14
コード	3
〜の作成	372
コマンドプロンプト	3, 432, 444
コマンドライン引数	237
コメント	188, 428
コレクション	100, 102
コンストラクタ	13
コンテンツタイプ	138
コントローラ	215
コントロール	28
コンパイラ	3
コンパイル	3
コンポーネント	204
コンボボックス	98

さ行

サーバー	335
サーブレット	138, 140, 143, 213, 214
JSPと〜	187
〜とJSPを連携する	200
ほかの〜と連携する	167
サーブレットコンテナ	145
サブクラス	13
シーケンシャルアクセス	269
シーン	28

465

Index

ジェネリクス	101
式	188, 192, 427
式言語	188, 216, 428
字句 ➡ トークン	
実装	13
修飾子	13
仕様	356
条件	235
初期設定	367
シリアライゼーション	371
垂直ボックス	69
水平ボックス	69
スーパークラス	13
スキーム名	324, 325
スクリプティング要素	188, 427
スクリプトレット	188, 192, 427
スタイルシート	313, 316
ステージ	28
スレッド	169, 344
正規表現	283
セッション	157
セッション ID	161
セパレータ	118
宣言	188, 427
総称型 ➡ ジェネリクス	
ソース	38
ソースコード	3
ソースファイル	3
ソケット	335, 341

た行

タイトルペイン	276
タグ	295
タグライブラリ	216
チェックボックス	82, 85
通信規約 ➡ プロトコル	
ツールチップ	122, 123
ツールバー	119
ディレクティブ	188, 427
ディレクトリ	433
データ	361
データベース	224
〜の内容を XML 文書にする	309
〜への接続情報	234
テーブルビュー	107
テキストエリア	74, 263
テキスト入力コントロール	94

テキストファイル	259
テキストフィールド	74, 92
デスクトップ	284
デプロイメントディスクリプタ	170
デリゲーション ➡ 委譲	
テンプレートルール	313
トークン	308
トグルグループ	88

な行

内部クラス	46
認証	177
ネットワーク	324
ノード	297

は行

背景の設定	81
バイトコード	4
バイトストリーム	268
バイナリファイル	264
パス	324, 325
パッケージ	13, 14
ビュー	215
表	227
データを追加する	228
〜の作成	227
標準クラスライブラリ	14
ファイル	250
ファイルチューザ	254
フィールド	13
フィルタ	172, 268
フォーム	147, 190
フォント	77
フォントファミリー名	77
フレームワーク	31
フローペイン	64
プログラム	
〜の設計	356
〜を作成・実行する	441
プロトコル	325
プロパティ	110, 207
〜の取得	207
〜の設定	207
文書の変換	313
ペイン	28, 60
ボーダーペイン	60
ポート番号	342

Index

ホスト名	324, 325, 328, 334
ボタン	33, 82
ボタンコントロール	91

ま行

マウスイベント	48
無名クラス	44
メソッド	13
メタ文字	283
メニュー	115, 368
メニューアイテム	115
メニューバー	115
メンバ	13
文字クラス	284
文字コード	156
文字ストリーム	262
モジュール	7
文字列を検索する	280
モデル	215

や行

要素	295

ら行

ラジオボタン	82, 88
ラベル	28, 72, 74, 75, 78
〜に画像を設定する	78
ラベルにフォントを設定する	75
ラムダ式	44
ランダムアクセス	269
リクエスト	137
リクエストの転送	162, 200
リスト	102
リストビュー	103
リスナ	176
リファレンス	16
リレーショナルデータベース	224
ルート要素	295
レスポンス	137
列挙型	64

467

●著者略歴

高橋 麻奈

1971年東京生まれ。東京大学経済学部卒業。主な著作に『やさしいC』『やさしいC++』『やさしいC#』『やさしいC アルゴリズム編』『やさしいJava』『やさしいXML』『やさしいPHP』『やさしいJava オブジェクト指向編』『やさしいPython』『マンガで学ぶネットワークのきほん』『やさしいJavaScriptのきほん』（SBクリエイティブ）、『入門テクニカルライティング』『ここからはじめる統計学の教科書』（朝倉書店）、『心くばりの文章術』（文藝春秋）、『親切ガイドで迷わない統計学』『親切ガイドで迷わない大学の微分積分』（技術評論社）などがある。

本書のサポートページ
http://mana.on.coocan.jp/yasajk.html

やさしいJava　活用編　第6版

2002年 6月 1日	初版発行
2005年 9月10日	第2版 発行
2009年 9月 3日	第3版 発行
2013年 9月 3日	第4版 発行
2016年10月10日	第5版 発行
2019年 3月 1日	第6版第1刷発行

著　者	高橋 麻奈
制　作	風工舎
発行者	小川 淳
発行所	SBクリエイティブ株式会社
	〒106-0032　東京都港区六本木2-4-5
	営　業　03-5549-1201
印　刷	株式会社シナノ
カバーデザイン	新井 大輔
帯・扉イラスト	コバヤシヨシノリ

落丁本、乱丁本は小社営業部にてお取り替えします。
定価はカバーに記載されています。

Printed in Japan　　　　ISBN978-4-8156-0083-9